万水 ANSYS 技术丛书

ANSYS SCADE Suite 建模基础

荆　华　　沈轶烨　等编著

中国水利水电出版社
www.waterpub.com.cn
·北京·

内 容 提 要

SCADE 产品模块众多，适用于安全关键领域的嵌入式系统和软件的研制，涵盖功能安全分析、系统架构设计、控制算法设计、人机界面设计、多学科仿真应用等多个方面。本书主要讲解其中的控制算法设计软件 SCADE Suite，并重点围绕三个角度进行编写：从初学者的角度出发，循序渐进地安排内容结构和知识点分布；从使用者的角度出发，介绍 SCADE 的基本使用方法和常用操作技巧；从工程人员的角度出发，讲述有代表性的实例、介绍通用的行业经验。

本书收录了大量有较强代表性的示例，示例中的模型都力求准确无误，可以在 PC 环境下仿真运行。

本书可作为理工科高校计算机类研究生、航空宇航类研究生、导航制导与控制类研究生以及高年级本科生的教学用书，也可供相关领域的师生、科研和工程技术人员参考。

本书所有示例和练习题参考答案可以从万水书苑以及中国水利水电出版社网站下载，网址为：http://www.wsbookshow.com 和 http://www.waterpub.com.cn/softdown/。

图书在版编目（ＣＩＰ）数据

ANSYS SCADE Suite建模基础 / 荆华等编著. -- 北京：中国水利水电出版社，2018.8
（万水ANSYS技术丛书）
ISBN 978-7-5170-6803-7

Ⅰ. ①A… Ⅱ. ①荆… Ⅲ. ①计算机仿真－系统建模－应用软件 Ⅳ. ①TP391.92

中国版本图书馆CIP数据核字(2018)第202138号

策划编辑：杨元泓	责任编辑：张玉玲	封面设计：李 佳

书　　名	万水 ANSYS 技术丛书 ANSYS SCADE Suite 建模基础 ANSYS SCADE SUITE JIANMO JICHU
作　　者	荆　华　沈轶烨　等编著
出版发行	中国水利水电出版社 （北京市海淀区玉渊潭南路 1 号 D 座　100038） 网址：www.waterpub.com.cn E-mail：mchannel@263.net（万水） 　　　　sales@waterpub.com.cn 电话：（010）68367658（营销中心）、82562819（万水）
经　　售	全国各地新华书店和相关出版物销售网点
排　　版	北京万水电子信息有限公司
印　　刷	三河市鑫金马印装有限公司
规　　格	184mm×260mm　16 开本　23.5 印张　582 千字
版　　次	2018 年 8 月第 1 版　2018 年 8 月第 1 次印刷
印　　数	0001—3000 册
定　　价	82.00 元

前　　言

SCADE 诞生于 20 世纪 80 年代的法国，从欧洲的航空业与核能业的工程应用起步，经过 30 多年的发展，逐渐成为在航空航天、国防军工、轨道交通、核能重工、汽车电子等行业具有广泛应用的商业产品。

由于 SCADE 专注于流程规范、标准严苛的安全关键行业，行业的特性使得其多应用于研制具有相当密级的、高难度的重大项目，因此 SCADE 在国内仍处于"养在深闺人未识"的状况。时至今日，市场上鲜有中文版的 SCADE 书籍可供大家参考学习，SCADE 的推广应用也就有些"高处不胜寒"了。

在业内众多基于模型的研制工具中，作为唯一在多个安全关键行业中以开发工具形式通过最高等级鉴定的产品，SCADE 的独特优势逐渐被越来越多的国内企业认可。随着 SCADE 在包括 C919 大型客机、高铁列控系统、第三代核电仪控系统、军工先进战机等重大高端装备项目中的开展应用，业界亟需 SCADE 的相关培训教程。

"要写怎样的一本 SCADE 书使它更适合于初学者呢？"

这是我们写作本书时反复问自己的一个问题。SCADE 产品模块众多，适用于安全关键领域的嵌入式系统和软件的研制，涵盖功能安全分析、系统架构设计、控制算法设计、人机界面设计、多学科仿真应用等多个方面。本书主要介绍控制算法设计软件 SCADE Suite，并重点围绕三个角度进行讲解：

- 从初学者的角度出发，循序渐进地安排内容结构和知识点分布。
- 从使用者的角度出发，介绍 SCADE 的基本使用方法和常用操作技巧。
- 从工程人员的角度出发，讲述有代表性的实例，介绍通用的行业经验。

本书收录了大量有较强代表性的示例，示例中的模型都力求准确无误，可以在 PC 环境下仿真运行。

作为 ANSYS 公司 SCADE 产品的高校合作计划伙伴之一，我们电子科技大学不揣冒昧，在已经做过三年课堂教学的基础上，结合业内多家 SCADE 用户的经验，编写了这本 SCADE 软件基础教程。希望借此抛砖引玉，吸引更多的专家学者加入到推广这款优秀产品的队伍中来。

本书可作为理工科高校计算机类研究生、航空宇航类研究生、导航制导与控制类研究生以及高年级本科生的教学用书，也可供相关领域的师生、科研和工程技术人员参考。

本书章节介绍

读者可以按部就班地顺序阅读全书章节，系统地学习 SCADE Suite。有使用经验的读者，也可以根据目录直接到相应章节查询相关内容。

第 1 章主要介绍 SCADE 产品的背景、特点和未来的发展方向。本章包含一个简单的 Getting Start 案例，让读者快速上手。

第 2 章主要介绍 SCADE Suite 的界面布局、基本语法和常用建模操作。学习完本章内容后，可进行以数据流为基础的建模操作。

第 3 章主要介绍 SCADE Suite 中的状态机建模操作。SCADE 的状态机又称安全状态机（Safe State Machine，SSM），适用于精确描述具有抢占、并发、同步等复杂迁移转换特性的控制流。

第 4 章主要介绍 SCADE Suite 的高级建模操作，主要包括数组建模操作、结构体建模操作、迭代器建模操作、条件激活操作、多态建模操作。

第 5 章主要介绍基于 SCADE Suite 模型的验证，阐述使用 SCADE 模型后对机载软件验证流程的简化及对应的活动项，内容包括模型仿真、模型覆盖分析、认证级测试环境、形式化验证和编译器验证。

第 6 章主要介绍 SCADE Suite 代码与其他目标的生成，包括模型生成代码的配置、生成代码在 PC 平台的集成、可结合其他第三方工具的文件生成与模型对应的详细设计文档的生成。

第 7 章主要介绍 SCADE Suite 模型的优化操作，包括模型优化的目标、基准和推荐方法，并介绍如何使用 AbsInt 工具进行优化结果分析。

第 8 章主要介绍 SCADE Suite 模型开发中的项目管理，包括项目组织、配置管理、追踪管理和建模规范。

第 9 章综合案例，描述取中位数的算法。

附录是 SCADE Suite 关于 DO-178C/DO-331 目标的符合性矩阵。

致谢

任何一部书的成功出版都离不开多方面的努力。感谢参与本书编写的陈小平、张程灏、邢多庆、邱晓晗、吴丹杨、杨坤、王喆、毛伟、王文杰、姜强等人，他们为本书的模型示例设计、章节校对等工作耗费了很多业余时间；感谢合作伙伴 ANSYS 公司大中国区系统事业部的马金梭、董如怡、傅金泉、杨瑾婧、应中伟、侯东、姜平、许周文、周霄、孙晓晗、王文全，在多次的交流讨论中，他们从工程应用角度出发，结合不同行业客户的使用经验与常见问题，给出了许多有益的建议；感谢中国水利水电出版社杨元泓编辑的倾力协助，她为本书的顺利出版倾注了极大的心血；感谢电子科技大学航空航天学院的刘强、须玥、曾艳、梁伟等人在本书撰写过程中给予的关怀、鼓励与支持，他们的坚定支持是我们能完成本书的最大动力。最后，由衷地感谢所有参与过本书撰写和审阅的各位朋友。

由于写作团队水平有限及时间仓促，书中纰漏错误之处在所难免，望各位读者不吝赐教，以便再版时我们采纳读者的宝贵建议修正不足，我们的电子邮箱是 ScadeBasicTextBook@126.com。

目　　录

1

开启 SCADE 之旅

1.1 背景概念简介

1.1.1 嵌入式系统

嵌入式系统，是一种嵌入机械或电气系统内部、具有专一功能和实时计算性能的计算机系统。区别于可以执行多重任务的通用型计算机，嵌入式系统是为某些特定任务而设计的。有些嵌入式系统的需求强调尽可能地简单、低成本，有些则要求满足非常高的实时性要求。一般来说，嵌入式系统通常具有内核小、专用性强、系统精简、实时性高等特点。

1.1.2 安全关键系统

当产生故障或者失效后，能引起下述情况的系统可认为是安全关键的系统，如图 1-1 所示。

图 1-1 安全关键系统

- 人身的重大损伤，甚至死亡：例如航空、高铁、地铁、汽车……
- 环境的大范围恶化：例如核电、化工、炼油……

- 财产的巨额损失：例如通信、电力、重工……
- 关键任务的耽误和失败：例如航天、军事、指挥……

安全关键软件（Safety Critical Software）的定义带有主观性。IEEE 定义安全关键软件为：用于一个系统中，可能导致不可接受的风险的软件[1]。为了指导和规范企业开发出安全关键软件，相关行业提出了专门的软件安全性工程标准，包括机载软件的适航标准 DO-178C、铁路领域的 EN 50128 标准、电子电气领域的 IEC 61508、汽车领域的 ISO 26262 等。

SCADE 的英文全称为 Safety Critical Application Development Environment，意思是安全关键的应用开发环境，是一款可通过多个安全关键行业软件工程标准认证的工具，适用于开发嵌入式安全关键系统的软件。由于机载软件适航标准较为成熟和严苛，是在航空领域普遍认可和接受的标准。而 SCADE 产品在航空领域的应用也更加知名和广泛，本书将主要遵循机载软件的适航标准来介绍 SCADE 产品。

1.1.3 机载软件的适航标准

1. DO-178C 概览

机载软件适航标准的第一版 DO-178 发布于 1982 年。历经 30 多年的发展，相继在 1985 年发布了 DO-178A，1992 年发布了 DO-178B，2011 年发布了 DO-178C。

值得一提的是，机载软件的适航标准不是单独存在的，它和 ARP 4754A、ARP 4761、ARP 5150、DO-254、DO-297 等文件一起构成了现代机载系统安全性设计与评估的一组指南材料[2]，如图 1-2 所示。

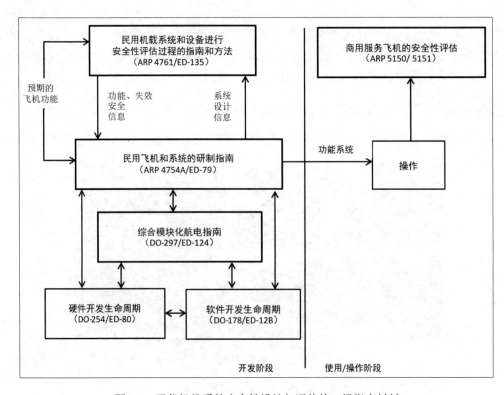

图 1-2　现代机载系统安全性设计与评估的一组指南材料

ARP 4761 和 ARP 4754 通过对航空器、系统和功能不同层级的安全分析，得出危害和失效条件，并以此分配出待研制软硬件的研制保证等级（DAL），如表 1-1 所示。

表 1-1　待研制软硬件的研制保证等级

研制保证等级	危害等级
A	灾难性的
B	危险的
C	重要的
D	次要的
E	无影响的

DO-178C 就是机载软件开发生命周期中对不同研制等级软件进行安全开发的指南，这些指南的绝大多数也都适用于其他的安全关键领域。DO-178C 的名称是《机载系统和设备合格审定的软件考虑》。它是在美国航空无线电技术委员会（RTCA）和欧洲民用航空设备组织（EUROCAE）的发起下，由国际团体形成共识，从而产生的一组建议，于 2011 年 12 月 13 日发布。DO-178C 有 7 份文件，分别是：

- DO-178C：机载系统和设备合格审定中的软件考虑。
- DO-278A：通信、导航、监视和空中交通管理系统软件完整性保证指南。
- DO-248C：DO-178C 和 DO-278A 的支持信息。
- DO-330：软件工具鉴定考虑。
- DO-331：DO-178C 和 DO-278A 的基于模型的开发与验证补充。
- DO-332：DO-178C 和 DO-278A 的面向对象技术与相关技术补充。
- DO-333：DO-178C 和 DO-278A 的形式化方法补充[1]。

2．DO-178C 的过程简介

DO-178C 标准是面向过程和目标的，通过以下 3 种形式指导软件开发者的工作：

- 规定航空机载软件生命周期中各个过程的目标。
- 推荐达到这些目标的活动和工程实现考虑。
- 规定确认这些目标已经实现的证据记录[2]。

DO-178C 中的过程主要分为以下 3 类：

- 软件计划过程：用于指导软件开发过程和软件综合过程。DO-178C 中规定了需要准备的 5 个计划（软件合格审定计划、软件开发计划、软件验证计划、软件配置管理计划和软件质量保证计划）和 3 个标准（软件需求标准、软件设计标准和软件编码标准）。
- 软件开发过程：分为软件需求过程、软件设计过程、软件编码过程和软件集成过程 4 个子过程，如图 1-3 所示。图中的高层需求（HLR）和低层需求（LLR）是 DO-178 系列标准特有的提法，可粗略地将它们类比为传统软件工程中的概要设计和详细设计。
- 软件综合过程：分为软件验证过程、软件配置管理过程、软件质量保证过程和审定联络过程 4 个子过程。

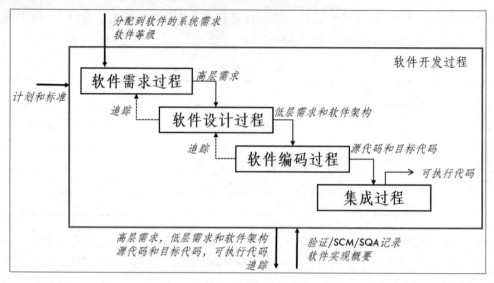

图 1-3　软件开发过程

三类过程的关系如图 1-4 所示，它们不是独立地进行的，过程之间存在着交互，例如软件综合过程贯穿于整个软件生命周期的始终，与软件计划过程和软件开发过程都存在着交互[2]。

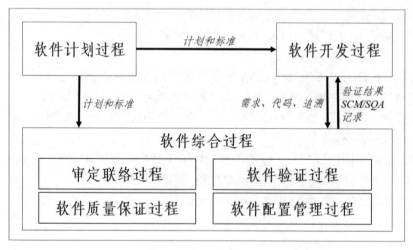

图 1-4　DO-178C 中的三类过程关系图

3. DO-178C 的目标简介

软件无法作为一种唯一且独立的产品进行审定，它必须要和安装在航空器、发动机上的机载系统和设备一起接受适航审定当局的审定。作为审定工作的一部分，机载系统或设备中的嵌入式软件应得到审定当局的批准通过[2]。

DO-178C 标准以目标来定量刻画机载软件的研制，只要在研发过程中实现了标准中规定的某一级别软件的全部目标，就可以有理由相信该软件满足了适航审定当局的适航性要求。

DO-178C 标准中，A 级软件要实现 71 个目标，B 级软件要实现 69 个目标，C 级软件要实现 62 个目标，D 级软件要实现 26 个目标[1]。其中，这些级别软件的目标中都含有共同的部分，只是随着软件级别严格程度的提高，目标数和独立性的要求相应增加，完成的工作量和难度也逐渐提高[2]。

以最高安全等级的 A 级软件为例，DO-178C 结合三类过程提出了 10 组目标及完成这些目标推荐进行的指南和活动。这 10 组目标是：

- A-1 软件计划过程（7 个目标）
- A-2 软件开发过程（7 个目标）
- A-3 软件需求过程输出的验证（7 个目标）
- A-4 软件设计过程输出的验证（13 个目标）
- A-5 软件编码和集成过程输出的验证（9 个目标）
- A-6 集成过程输出的测试（5 个目标）
- A-7 验证过程结果的验证（9 个目标）
- A-8 软件配置管理过程（6 个目标）
- A-9 软件质量保证过程（5 个目标）
- A-10 合格审查联络过程（3 个目标）

4. DO-330 的简介

DO-178C 的目标不可省略，但是完成目标的活动通过工具的介入可以省略或者自动化地执行。但这样的工具必须满足 DO-178C 的补充文件 DO-330 软件工具鉴定考虑的要求。

DO-330 中引入了工具鉴定准则和工具鉴定级别的概念。

- 准则 1：该工具的输出是结果软件的一部分，因此可能注入一个错误。
- 准则 2：该工具自动化了验证过程，因而可能检测不出某个错误，并且其输出的作用是去除或减少下列过程：
  - 没有被工具自动化的验证过程
  - 可能对机载软件有影响的开发过程
- 准则 3：该工具在其意图的使用范围内可能检测不出某个错误。

其中的"准则 1 工具"与 DO-178B 中的开发工具的鉴定过程非常相像。准则 1 工具的例子包括自动代码生成器、配置文件生成器、编译器、链接器等。"准则 3 工具"与 DO-178B 中的验证工具的鉴定过程基本相同。例子包括测试用例生成器、自动化测试工具、结构覆盖工具、数据耦合分析工具和静态代码分析器。而"准则 2 工具"可视为一种"超级验证工具"，是 DO-178C 中专门引入的概念[1]。

基于三个准则以及工具支持的软件级别，可为工具分配一个工具鉴定级别（Tool Qualification Level，TQL）。TQL 决定了鉴定过程中要求的严格程度。共有 5 个 TQL，TQL-1 要求最严格，TQL-5 要求最低[1]，如表 1-2 所示。

表 1-2　工具鉴定过程中要求的严格程度

工具类别	软件级别	工具鉴定级别
开发工具	A	TQL-1
开发工具	B	TQL-2
开发工具	C	TQL-3
开发工具	D	TQL-4
验证工具	E	TQL-4 或 TQL-5

对于研制不同软件级别的项目，需要选用恰当的工具。SCADE 系列产品中的代码生成器、DF 文件生成器是可通过 TQL-1 鉴定的开发工具；覆盖分析器、认证级测试环境和文档生成器是可通过 TQL-5 鉴定的验证工具。

1.1.4 基于模型的开发与验证

1. DO-331 的模型

业内模型设计开发相关的提法不少，有模型驱动的设计（Model Driven Design，MDD）、基于模型的设计（Model Base Design，MBD）、基于模型的系统工程（Model Base System Engineering，MBSE）等，侧重点各有不同。本书主要使用 DO-178C 补充文件 DO-331 中基于模型的开发与验证（Model Based Development and Verification，MBDV）的提法。

模型可以用于架构设计、硬件描述、虚拟仿真等领域，而 DO-178C 中的模型主要是用于系统和软件开发的，是软件生命周期数据的一种抽象描述方式，用来更好地支持软件开发过程和软件验证过程。软件生命周期中并非所有数据都适合用模型描述，有两类最适合用模型描述：①软件高层需求；②软件低层需求和软件架构。这两类数据可能全部用模型描述，也可以部分用模型描述。

DO-331 中引入了规范模型（Specification Models）和设计模型（Design Models）的概念。规范模型描述的是高层需求，是对软件组件的功能、性能或安全特性的抽象表达。规范模型不定义软件设计的细节。设计模型规定了软件组件的内部数据结构、内部数据流和控制流。设计模型描述了低层需求和软件架构。设计模型可用于产生代码。

并非所有模型都适合描述数据，通常下述情况不认为是模型：

- 没有严格的语法（图符、字母、文字）。
- 没有严格的语义。
- 没有用来描述软件的需求和架构。
- 没有对软件的开发和验证带来帮助的。

因此，需要引入专门的建模技术和模型标准来衡量模型的好坏。通常规定：

- 模型必须通过某种明确定义的建模符号来完整描述。
- 这种建模符号具备精准严格的语法。

业内通常选用基于 SysML、AADL 等语言的模型来描述规范模型，而本书要介绍的基于 SCADE 语言的工具则广泛应用于设计模型。值得一提的是，规范模型和设计模型是互斥的，一个模型不可能同时为规范模型和设计模型。用规范模型直接生成代码是需要商榷的。

2. MBDV 的优势

除了具有认证级的代码生成器外，SCADE 是 MBDV 工具也是其另一个重要的特点。MBDV 有许多潜在好处，收获这些好处的能力依赖于实现细节[1]。

（1）V 生命周期变为 Y 生命周期。使用 MBDV 方式的主要动因就是应用模型自动生成代码的功能，省去了工程师的手工编码。这使传统的 V 生命周期变为 Y 生命周期，带来降低开发时间、成本，甚至降低人为错误的潜力。其中，使用一个没有鉴定的代码生成器可以使流程有 20% 的缩短，使用一个得到鉴定的代码生成器可以得到 50%[1]。

（2）更聚焦于需求。需求错误发现得越晚，修复的成本就越高。当用一个模型表示需求时，它比文字需求更有能力表达出系统或软件功能的清晰视图。当使用自动化来实现模型时，使得开发团队能够聚焦于需求的图形化表示，而不是实现细节[1]。

（3）更早更有效的验证。当开发流程中确定使用经过鉴定的代码生成器时，开发焦点从代码转移到了模型。模型仿真的使用促进了及早验证，使得需求以及错误检测能更早成熟[1]。更多的基于模型验证方面的内容可以参考第 5 章的内容。

（4）减少不必要的冗余和不一致。传统的软件开发使用 3 层需求：分配给软件的系统需求、软件高层需求（HLR）、软件低层需求（LLR）。传统方法中，这些层次之间可能存在大量冗余，在进行变更时带来不一致性。使用经过鉴定的建模工具有能力降低这些冗余和不一致性[1]。

（5）纳入形式化方法的支持。建模技术、工具支持和形式化方法之间有一个汇聚，这可以增强 MBDV 的好处。当一个包含代码生成器的建模工具的正确性得到形式化验证时，就可以依赖该工具去执行其预期的功能。形式化方法可以通过验证整个输入和输出空间来提升使用"模型到代码"工具包的信心[1]。

与其他补充文件一样，DO-331 使用 DO-178C 提纲，并根据需要对 DO-178C 修改、替换或增加目标、活动和指南[1]。附录 2 列出了使用 SCADE 工具后完成满足 DO-178C/DO-331 目标的矩阵表。

3. MBDV 与传统方式的区别

表 1-3 和表 1-4 列出了在开发和验证两个层面 MBDV 方式与传统方式的区别。

表 1-3　MBDV 的开发方式与传统开发方式的区别

序号	传统的软件开发	典型的 MBDV 开发
1	高层需求（文本或图片）	规范模型
2	低层需求（文本或图片）	设计模型
3	软件架构（文本或图片）	设计模型
4	编写源代码（手工编码）	自动生成代码
5	软件需求/设计标准	软件模型标准
6	追踪关系（条目化）	追踪关系（模型单元）
7	代码库	模型库

表 1-4　MBDV 的验证方式与传统验证方式的区别

序号	传统的软件验证	典型的 MBDV 验证
1	计划和标准的评审与分析	计划和标准的评审与分析
2	高层需求的评审与分析	高层需求的评审与分析、模型仿真
3	低层需求的评审与分析	低层需求的评审与分析、模型仿真
4	软件架构的评审与分析	软件架构的评审与分析、模型仿真
5	源代码的评审与分析	源代码的评审与分析
6	集成过程输出的评审与分析	集成过程输出的评审与分析
7	测试	测试、模型仿真

序号	传统的软件验证	典型的 MBDV 的验证
8	测试用例、规程及结果的评审与分析	仿真用例、规程及结果的评审与分析
9	覆盖分析	覆盖分析
10	需求覆盖分析	需求覆盖分析
11	结构覆盖分析	结构覆盖分析、模型覆盖分析

1.2　SCADE 介绍

本节介绍 SCADE 产品的起源、发展和现状。

1.2.1　同步语言介绍

SCADE 模型背后使用的是 SCADE 语言，它起源于同步语言。而同步语言（Synchronous Language）诞生于 20 世纪 80 年代早期。当时以计算机为基础的系统可分为以下 3 类：

- 转换系统（Transformational Systems）：根据输入计算输出，然后结束，如绝大部分的数值计算软件、工资管理软件、编译系统。
- 交互系统（Interactive Systems）：与外界环境进行不停的交互处理，如操作系统、数据库、互联网。
- 反应系统（Reactive Systems）：不停地响应外界环境的激励，它与交互系统的不同之处是前者纯粹是由输入驱动的，其典型例子是过程控制系统、信号处理系统。

绝大部分工业领域的实时系统（Realtime Systems）都是反应系统，另外一些则涉及通信协议或者人机界面等因素。同步语言就是以反应系统为应用领域的程序设计语言[4][5][6]。

通常反应系统有 3 个要素：输入、计算、输出，如图 1-5 所示。

图 1-5　实时反应系统

1.　同步假设

考虑这样一种情况，如果系统处理速度无限快，即系统在一个可以忽略不计的瞬间响应输入并产生输出。这样，系统在一瞬间响应输入，然后等待下一个输入，……，那么，任何连续的两次响应之间有间隔，不会前后重叠，如图 1-6 所示。

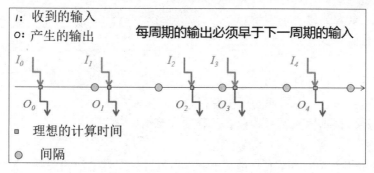

图 1-6　理想计算时间下的反应系统

当然，同步假设中理想的计算时间是不现实的。而在真实系统运行中，只要在每一次新输入发生之前完成了对上次输入的响应，也就满足了同步假设，如图 1-7 所示。

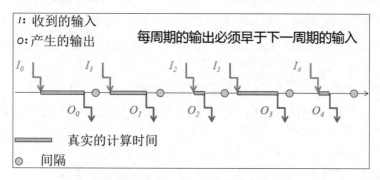

图 1-7　真实计算时间下的反应系统

定义同步假设的内容为：

- "输入-计算-输出"这个过程在规定的时间内完成。
- "输入-计算-输出"的过程中，输入必须不变。
- "输入-计算-输出"的过程中，新到达的输入到下一周期才发生作用。
- "输入-计算-输出"在瞬间完成，可把连续执行的时间离散化：T=0，1，2，3，…
- 当 T=0 周期，系统做初始化工作。
- 当 T>0 的每一个周期，系统做一次"输入-计算-输出"。

再定义"输入-计算-输出"过程的 4 个变量：

- 输入变量：由外部环境给出，记作 I。
- 输出变量：由系统计算给出，提供给外部环境，记作 O。
- 局部变量：由系统计算给出，保存了系统的状态，记作 L。
- 并集变量：是输出变量和局部变量的并集，记作 X，$X=O \cup L$。

则可得到"输入-计算-输出"过程的 3 个解释：

- 输入解释：对输入变量 I 的解释，记作 P。
- 前置介绍：在计算前对 X 的解释，记作 S^-。
- 后置解释：在计算后对 X 的解释，记作 S^+。

显然，根据同步假设：

T=0 周期

没有输入解释，没有前置解释。

只有后置解释，它是系统的初始化。

T>0 周期

输入解释：来自外部环境。

前置解释：来自 T-1 周期的后置解释。

后置解释：根据输入解释和前置解释的计算结果[7]。

2. 同步系统

所谓同步系统，就是输入解释、前置解释、后置解释三者之间的关系，记作 $\Phi(S^-, P, S^+)$。所谓同步系统的一次运行，就是指这样的一个序列 $S_0 \xrightarrow{P_1} S_1 \xrightarrow{P_2} S_2 \xrightarrow{P_3} \cdots$，其中：$\forall T > 0, \ i \in T, \ \Phi(S_{i-1}^-, Pi, S_i^+)$。

如果对于任何的输入解释、前置解释，有且只有一个后置解释满足关系 $\Phi(S^-, P, S^+)$，那么这个同步系统就是确定性的，用数学公式表达就是 $\forall S^-, \ \forall P, \ \exists! S^+, \ \Phi(S^-, P, S^+)$。这个关系也可以写成函数：$S^+ = \Phi(S^-, P)$。给定一个初始化，给定一个输入解释的序列，确定性的同步系统的运行是唯一的。

同步系统把复杂的反应系统，根据开发实践中积累的经验，进行简化、归纳和抽象，形成由输入解释、前置解释、后置解释三者间的关系问题，对这个关系的不同研究方式得出了不同的同步语言[7]。

20 世纪 80 年代以来，发展出不少同步语言的分支，到目前为止依然比较知名的同步语言主要有 3 种，如图 1-8 所示。

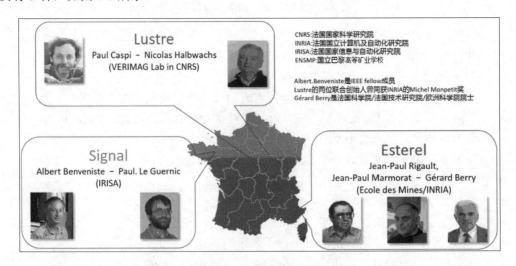

图 1-8　主要的同步语言

- Lustre 语言：由 Paul Caspi 和 Nicolas Halbwachs 联合发明。
- Signal 语言：由 Albert Benveniste 和 Paul Le Guernic 联合发明。
- Esterel 语言：由 Jean-Paul Marmorat 和 Jean-Paul Rigault 联合发明。

SCADE 语言是兼有 Lustre 语言和 Esterel 语言特性的，在工程实践领域有较广泛应用的同步语言。下节介绍 SCADE 产品发展的历史。

1.2.2　SCADE 产品的演进

1. 诞生阶段

在 20 世纪 80 年代早期，Jean-Paul Marmorat 和 Jean-Paul Rigault——两位在巴黎高等矿业学校（Ecole des Mines de Paris）研究控制理论和计算机科学的学者——在设计机器人汽车的过程中，受困于传统编程语言不太适合写出精确的控制逻辑，因此专门设计了一种新的语言。

不久，在巴黎高等矿业学校分部的索菲亚科技园（Sophia-Antipolis）由研究所主任 Gerard Berry 领衔的国立巴黎高科矿业学院和法国国立计算机及自动化研究院（INRIA）联合团队的学者逐渐加入到这个语言的开发中来，并以索菲亚科技园周边风景秀丽的 Esterel 山命名该语言[7]。Esterel 山与以电影节闻名于世的法国南部小城戛纳相距不远。

与此同期，位于格勒诺布尔（Grenoble）的法国国家科学研究院（CNRS）的 Paul Caspi 和 Nicolas Halbwachs 两位学者共同发明了 Lustre 语言[5][9]。

2. 早期发展阶段

在 20 世纪 80 年代中期，Gerard Berry 团队的 Laurent Cosserat、PhilippeCouronné 和 Georges Gonthier 相继开发出了 Esterel 版本一、二和三。其中版本二引入了 Gerard Berry 与贝尔实验室的 Ravi Sethi 共同设计的算法，能将正则表达式转换为自动机（automata）。版本三开始逐步走向实用化，在 Dassault Aviation 和 Bertin 两家公司有了成功实践，Esterel 语言已能在中小规模的项目上应用。

位于法国格勒诺布尔的 Merlin-Gerin 公司即后来的施耐德电气公司（Schneider Electric）正承担为法国电力公司研制名为 SPIN（integrated nuclear protection system）的反应堆保护系统，用于检测和紧急制动法国新型核电站反应堆。由于该系统的软件需要满足安全关键的要求，而市场上没有合适的货架产品用于开发，Merlin-Gerin 管理层不得不自己研制一套开发工具。

Merlin-Gerin 公司聘请 Lustre 语言研发团队的两位成员 Eric Pilaud 和 Jean-Louis Bergerand 为负责人，开发了名为 SAGA（Assisted Specification and Automatic Generation）的工具。SAGA 工具是基于 Lustre 语言设计的，可以混合图形和文本语法进行编程，并含有一个简单而高效的代码生成器。不久，SAGA 工具大获成功，开发出了 SPIN N4 系列产品，并相继应用到了法国 4 个 1450 MW 机组（N4 PWR）以及法国原子能委员会的几个研究堆[11]中。

在 20 世纪 80 年代末期，三大同步语言研究小组：Gerard Berry 在索菲亚科技园的 Esterel 团队、Nicolas Halbwachs 和 Paul Caspi 在格勒诺布尔的 Lustre 团队、Albert Benveniste 和 Paul Le Guernic 在雷恩的 Signal 团队通力协作，相互借鉴，共同确立了同步语言编程的特点[8-10]。

3. 快速发展阶段

在 20 世纪 90 年代早期，数字设备巴黎研究实验室的 Jean Vuillemin 团队正在开发基于 Perle FPGA 的设备，以期应用于基于 Alpha 工作站的快速协处理器。同大部分硬件设计团队一样，尽管很清楚基于数据流的硬件设计，但苦于无法有效地开发出包含大量门电路和寄存器的控制密集型复杂设计，于是他们寄希望于 Esterel 语言。Gerard Berry 以兼职咨询的身份加入 Jean Vuillemin 团队，并成功设计了 Esterel 语言到电路的高效直接转换，同时避免了 Esterel 版本三中对大规模项目的状态空间异常暴涨问题。这种新方法对 Esterel 语言的软件应用产生了决定性的影响，确保 Estererl 语言可推广到更大规模的应用程序开发中。经过改进和优化，1992 年正式发布了 Esterel 版本四。

版本四虽然解决了版本三中因程序规模增大后状态空间暴涨的问题，但是增加了额外的因果关系方面的约束，限制了用户在循环设计方面的应用习惯。1995 年前后，Gerard Berry 参考了普林斯顿大学电机工程学院 Sharad Malik 教授关于循环电路的论文，并沿用了加州理工大学 Tom Shiple 关于布尔电路的观点，逐渐加深了对因果关系的理解，新增了建设性语义（constructive semantics），并最终开发出了 Esterel 版本五[8][9][10]。

位于以色列雷霍沃特（Rehovot）魏兹曼科学院（the Weizmann institute of Science）的 David Harel 教授在 20 世纪 80 年代发表过图形化状态机 StateChart 的设计[12]。但是 StateChart 不太适用于涉及通信、并发、抢占功能的反应式系统。在 StateChart 基础上，CNRS 成员兼 Nice-Sophia Antipolis 大学 I3S 实验室 Charles André 教授发表了符合同步假设的图形化状态机 SyncChart[13]。1997 年 Esterel 团队用 Ocaml 语言开发了 scg2strl 工具，支持将 SyncChart 转换为 Esterel 语言。进行模块化改进后形成了 Esterel 版本六。版本六在达索航空、泰雷兹、Thomson CSF 公司等多个项目上有成功的应用案例。

20 世纪 90 年代末期，Gerard Berry 与 Intel 公司的 Michael Kishinevsky 先生开始合作扩展 Esterel 语言，使其可以定义任何类型的真实同步电路。这需要语言定义的深度扩展及修改新的编译功能，以便能够支持任意的数据路径和位操作结构等内容。这些工作为后来 Esterel 版本七的发布奠定了坚实的基础[8-10]。

同期，Merlin-Gerin 公司逐渐感到无暇长期投入资源来研制并维护 SAGA 工具，就与位于图卢兹的 Verilog 软件公司协作，进行 SAGA 工具的商业化开发。有趣的是，当时同样位于图卢兹的 Aerospatiale 公司（现在属于 Airbus 集团）在开发空客 A320 机型的线传飞控系统（fly-by-wire flight control）时，遇到与 Merlin-Gerin 公司相同的安全关键方面问题，并因此也设计了一个内部工具 SAO（Computer Assisted Specification），SAO 也具备自动代码生成功能。

在获悉相关情况后，Verilog 公司牵头联系了 Aerospatiale 公司，经协商成立了 Aerospatiale 公司、Merlin-Gerin 公司和 Verilog 公司三方合作的共同体，并最终研制出了综合 SAGA 和 SAO 功能的新工具 SCADE。

1993 年，Verilog 公司与 CNRS 的 Lustre 团队合作创立了 VERIMAG 联合实验室，Verilog 公司聘请 VERIMAG 实验室的 Daniel Pilaud 负责领导 SCADE 团队。不久 SCADE 工具成功地应用到了欧直的 EC135/155、空客的 A340-600 机型、Thales Rail Signaling System 的香港地铁等项目[8][9][10]。后来 Daniel Pilaud 根据在 Aerospatiale 公司合作的成果，与 INRIA 的 Alain Deutsch 博士创立了 PolySpace Technologies 公司，2007 年 PolySpace Technologies 公司被 Mathworks 公司并购[14]。

4. 融合发展阶段

在 20 世纪 90 年代中后期，瑞典的 Prover-Technology 与 SCADE 团队合作，通过采用同步观察器（Synchronous Observers）技术来定义属性（Properties）和假设（Assumptions）等约束，将其基于可满足性问题（SAT-based）设计的工具 Prover 嵌入到 SCADE 产品中，极大地提升了 SCADE 产品的验证能力，从此 SCADE 具有了在模型级进行形式化验证的功能。90 年代末期，Verilog 公司先被法国的 CS 集团并购，又被瑞典的 Telelogic 公司并购。

成立于 1984 年的 Simulog 公司是从 INRIA 分拆出来的，包括 Gerard Berry 在内的许多 INRIA 学者都是 Simulog 联合创始人，Simulog 公司是 INRIA 科研成果成功转化的案例之一。Simulog 公司开始负责将 Esterel 产品商业化。

1999 年，Simulog 公司分拆出 Esterel 语言相关产品，成立了爱斯特尔技术公司（Esterel Technologies）。Gerard Berry 教授作为爱斯特尔技术公司首席科学家（Chief Scientist Officer）于 2002 年荣膺法国科学院院士，之后相继获得法国技术研究院院士和欧洲科学院院士。

2001 年爱斯特尔技术公司并购了 Telelogic 公司的 SCADE 业务，开始着手融合 Esterel 语言和基于 Lustre 语言的 SCADE 产品。由于 Lustre 是声明式的（Declarative），侧重描述数据流，但不支持状态机；Esterel 语言是命令式的（Imperative），侧重描述控制流，但支持的状态机 SyncState 较复杂，不宜通过认证。于是爱斯特尔技术公司决定通过几个同步语言概念的借鉴与融合形成新的 SCADE 语言。

这项研发的学术方面工作由时任巴黎第十一大学的 Marc Pouzet 教授，与爱斯特尔技术公司的 Jean-Louis Calaco 和 Bruno Pagano 共同完成。Marc Pouzet 教授使用其设计的融合 Lustre 语言和 ML 语言两者特性的 Lucid Synchrone 语言扩展了 SCADE 语言，其中的 ReLuC 编译器是新版 SCADE 语言对应的代码生成器（KCG）的原型，该编译器也是用 Ocaml 语言编写[15]。

另外，在新版 SCADE 语言中除了添加状态机功能之外，爱斯特尔技术公司还新增了勒诺布尔大学 Florence Maraninchi 教授设计的迭代器（专用于循环设计）等一系列高阶运算功能[16]，新增了由 UPMC、INRIA、ENS Paris 三个机构联合成立的 PARKAS 小组设计的 Zelus 语言中关于常微分方程扩展功能等。值得一提的是，Marc Pouzet 教授获得了 2016 年度 INRIA 创新奖，该奖主要表彰他在同步语言领域的精深造诣，以及为推动 SCADE 语言发展做出的卓越贡献。

5. 品牌扩大阶段

2005 年爱斯特尔技术公司扩展了 SCADE 品牌，产品旨在面向安全关键嵌入式领域的基于模型的全生命周期工具。原 SCADE 产品更名为 SCADE Suite，适用于控制软件的逻辑建模。

2006 年爱斯特尔技术公司收购了 Thales Avionics 和 Diehl Aerospace 联合研制的嵌入式图形显示工具 IMAGE，并重新定义品牌名为 SCADE Display。原 IMAGE 工具曾经在空客的 A380 和 A400M、达索航空的阵风战机、苏霍伊的支线客机等项目上有成功应用。

2007 年爱斯特尔技术公司正式发布了 SCADE 6.0 版本。

2009 年爱斯特尔技术公司与 CEA LIST 研究所组成了名为 LISTEREL Critical Software Lab 的联合研发实验室。该实验室推出了基于 SysML 语言的架构设计工具，并定义品牌名为 SCADE System，后又更名为 SCADE Architect。

同年，爱斯特尔技术公司 EDA 部门多年研制的旨在简化电子系统级（ESL）设计和系统级芯片（SoC）设计的 Esterel Studio 工具卖给了 Synfora 公司。而 2010 年，Synopsys 公司又收购了 Synfora 公司。

2011 年爱斯特尔技术公司推出了 SCADE Lifecycle 产品，用于帮助系统和软件开发人员进行产品的全生命周期管理。

2012 年 ANSYS 公司收购爱斯特尔技术公司，并将其归于 ANSYS 的系统事业部（System Business Unit）。

2015 年 ANSYS 公司发布了 SCADE R16 版本。从当年开始 SCADE 品牌产品的版本号同 ANSYS 公司的所有产品保持一致，并每年升级一个版本。

2018 年 ANSYS 公司发布了 SCADE R19 版本。

通过以上简要的历史回顾可以看出，SCADE 系列产品是伴随着众多理论研究和工程领域的实践应用而逐步发展起来的。现代 SCADE 语言至少综合了图 1-9 所示 6 种语言的特性，这也奠定了其坚实的理论基础。

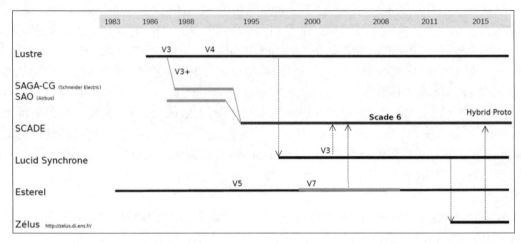

图 1-9　SCADE 语言的特性

注意：Lustre 语言是开源的，在学术领域有较多研究。SCADE 语言可认为是由 Lustre 语言发展而来的商业化版本之一，且 SCADE 语言包含更多的特性，有更多成功的大型工程应用。

1.2.3　SCADE Suite 的特点

MBDV 的优势前面已经介绍，本节主要描述 SCADE Suite 在同类产品中的特点与优势。

结合 FAA 和 EASA 对业内众多 MBDV 工具的分析报告[17][18]，可以得出 SCADE Suite 产品在安全关键的嵌入式系统和软件开发领域的特点：

- SCADE 语言是形式化的语言。
  - ➢ SCADE 语言是主流 MBDV 工具中唯一的、真正的、形式化的语言。
  - ➢ SCADE 语言的基础是同步语言，可通过一系列严密的数学公式推导。SCADE 语言是精确的、无歧义的、确定的，所以适合描述安全关键系统和软件的控制逻辑。
- SCADE 工具专注于安全关键的系统和软件研制。
  - ➢ SCADE 产品本就是专为研制安全关键的产品而诞生的。从研制核反应堆的 SPIN 安全保护系统和空客 A320 的线传飞控系统起家，逐渐发展到横跨航空航天、国防军工、轨道交通、能源重工、汽车电子等安全关键领域的产品研制。
- SCADE 工具专注于与平台无关的应用层设计和验证，如图 1-10 所示。
  不推荐用 SCADE 进行硬件层、操作系统层、驱动层、IO 调度层的开发。
- SCADE 可以混合数据流与状态机同时建模。

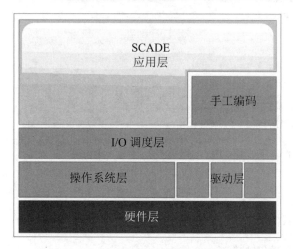

图 1-10　SCADE 专注于应用层设计和验证

> ➤ SCADE 语言融合了多种语言的优势，博采众长，可以同时进行数据流和状态机的建模，方便用户设计模型。

● SCADE 模型生成代码的特点。

2016 年 11 月 TUV SUD 认证机构发布的新版 SCADE 代码生成器鉴定证书（Certificate）描述 SCADE 生成的代码特性包括：

> ➤ 生成的 C 代码是平台无关、易移植的，是兼容 ISO-C 标准的。
> ➤ 生成的 Ada 代码是平台无关、易移植的，是兼容 SPARK 95 标准的。
> ➤ 生成的 C/Ada 代码结构体现了数据流部分的模型架构。
> ➤ 生成的 C/Ada 代码行为符合模型的语义。
> ➤ 生成的 C/Ada 代码是可读的，是可以通过对应的名称、特定注释、追溯文件追踪到输入模型的。
> ➤ 模型的控制流部分、状态机名称和代码的可追溯性是可确保的。
> ➤ 内存分配是完全静态的，没有动态内存分配。
> ➤ 递归操作是被排除的。
> ➤ 循环边界是确定的。
> ➤ 没有基于指针的算术运算。
> ➤ 执行时间是可确定的。

● SCADE 代码生成器的工具鉴定级别最高。

2016 年 11 月 TUV SUD 认证机构发布了基于 Code Generator SCADE Suite KCG 6.6 版的鉴定证书（certificate），如图 1-11 所示。

证书中 SCADE 代码生成器的鉴定符合行业的软件安全性工程标准，如图 1-12 所示。

迄今为止，已经有 100 多个型号的飞机或设备，通过使用 SCADE Suite KCG 等产品满足了 DO-178B/C 标准的要求，获得了 FAA、JAA/EASA、Transport Canada 和 CAAC 等审查机构的适航证。

Product Service

CERTIFICATE

No. Z10 16 11 55460 008

Holder of Certificate: **Esterel Technologies**

14 & 15, Place Georges Pompidou
78180 Montigny-le-Bretonneux
FRANCE

Factory(ies): 55460

Certification Mark:

Product: **Software Tool for Safety Related Development**

Model(s): **Code Generator SCADE Suite KCG 6.6**

Parameters: The code generator, classified as T3 offline support tool according to IEC 61508-4 and EN 50128, is qualified for the use in safety-related software development according to IEC 61508, EN 50128 and ISO 26262.

The report EM90205C is a mandatory part of this certificate.

Tested according to:
IEC 61508-1:2010 (SIL 3)
IEC 61508-3:2010 (SIL 3)
EN 50128:2011 (SIL 3/4)
ISO 26262-8:2011 (ASIL D)

The product was tested on a voluntary basis and complies with the essential requirements. The certification mark shown above can be affixed on the product. It is not permitted to alter the certification mark in any way. In addition the certification holder must not transfer the certificate to third parties. See also notes overleaf.

Test report no.: EM90205C

Valid until: 2021-11-14

Date, 2016-11-18 (Peter Weiss)

Page 1 of 1

TÜV

SÜD

685212

A1 / 04.11

TÜV SÜD Product Service GmbH · Zertifizierstelle · Ridlerstraße 65 · 80339 München · Germany

TÜV®

图 1-11 Code Generator SCADE Suite KCG 6.6 版的鉴定证书

Reference	Title
IEC 61508 (part 1, 3, 4):2010, 2nd Edition	Functional Safety of electrical/electronic/programmable electronic safety-related systems (requirement: SIL3)
EN 50128:2011	Railway Applications - Communication, signalling and processing systems – Software for railway control and protection systems
ISO 26262-6:2011	Road vehicles - Functional safety - Part 6: Product development at the software level
ISO 26262-8:2011	Road vehicles - Functional safety - Part 8: Supporting processes

图 1-12　SCADE 代码生成器符合的软件安全性工程标准

1.2.4　SCADE 产品未来发展的路线图

自从 2012 年被并入 ANSYS 公司的系统事业部后，SCADE 产品得到了更加迅速的发展，其全系统级的、基于模型的、涵盖仿真与软件实现的研制平台成为了航空航天、国防军工、轨道交通、能源重工和汽车电子等安全关键领域的主流解决方案，如图 1-13 所示。

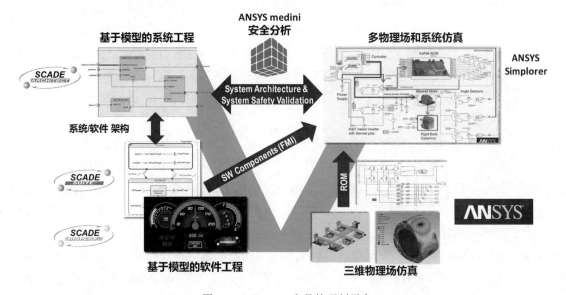

图 1-13　SCADE 产品的研制平台

完整的 SCADE 产品线包括以下工具：

- SCADE Architect：是基于 SysML 系统建模语言的系统建模和验证工具。通过隐藏底层的 SysML 技术，SCADE Architect 使得系统建模比标准 SysML 工具更加友好和直观，为 MBSE 流程和最佳实践提供了坚实的基础。SCADE Architect 的特点是在支持基于 SysML 语言的架构建模外，还提供行业专用库，包括航空领域的未来机载能力环境架构（FACE）库、汽车电子行业的汽车开放系统架构（AUTOSAR）库和体系架构分析与设计语言库（AADL）。

- SCADE Suite：是基于模型的控制软件建模、验证和自动代码生成的工具。SCADE Suite 基于 SCADE 语言，具备严谨的数学基础，从根本上保证了设计的算法和控制软件模型具备精确性、无二义性和确定性。其模型到代码的生成器是市场上唯一的、无需额外定制的、作为开发工具通过多个安全关键行业工具鉴定的产品。

- SCADE Display：是专用于嵌入式 HMI 设计建模、仿真验证和代码生成的产品。SCADE Display 的特点是模型对应的 OpenGL 标准范围更为广泛，完全支持 OpenGL 1.3、OpenGL ES 1.1/2.0、OpenGL SC 1.0/2.0，兼容支持其他 OpenGL 标准，模型到代码的生成器同样获得多个安全关键行业的工具鉴定。

- SCADE Test：是模型级的自动化测试工具，支持创建和管理测试用例和测试规程，进行自动化的功能测试和模型覆盖测试，生成一致性的报告。SCADE Test 是以 TQL-5 工具鉴定级别可通过 DO-330 工具鉴定的。

- SCADE Lifecycle：是产品生命周期管理软件（ALM）。其中的文档生成器能可定制地、自动化生成 SCADE Architect、SCADE Suite、SCADE Display 等系统和软件设计对应的报告。需求追踪管理模块未来可以和通用的 Doors、Rectify、Jama、Polarion 等软件桥接进行追溯管理。

- SCADE ARINC 661 Solution：针对遵循 ARINC 661 标准的座舱显示系统（CDS）和用户应用（UA）进行开发和仿真的工具集，包括定义文件（DF）和相关代码的生成等。最新版本支持 ARINC 661-5 & ARINC 661-6 标准的可定制的 SCADE Suite 和 SCADE Display 模型共 79 个控件及 10 个扩展属性。定义文件（DF）生成器是以 TQL-1 工具鉴定级别可通过 DO-330 工具鉴定的，可将创建的页面模型转换为标准的二进制和 XML 格式的 DF 文件。

- medini analyze：是专业的功能安全分析工具，支持多个安全关键领域的系统和软件相关的安全标准。它突破了传统的单点工具方法，采用基于模型的集成分析方法，保证了一致性、可追溯性，提高了系统安全分析工作效率。medini analyze 集成了常用的功能安全分析技术，包括危害和可操作性分析、危害分析和风险评估、失效模式和影响分析、故障树分析、硬件安全分析的诊断覆盖率矩阵等。

- Twin Builder：是直观易用、多物理域、多层次的系统仿真软件，能够帮助工程师实现复杂的高精度快速设计、仿真分析与优化设计，支持 Modelica 语言、FMI 标准，降阶模型技术以简化 ANSYS 的结构、流体、电磁、热等模块的仿真速度。Twin Builder 具有无缝集成的多种系统级建模技术和建模语言，能够在同一个原理图中实现复杂系统设计，是高保真度系统建模和仿真分析的理想工具。

1.3 SCADE 快速入门

1.3.1 SCADE 的适用环境和安装步骤

SCADE Suite R16 的适用软件环境和适用硬件环境如表 1-5 和表 1-6 所示。

表 1-5　SCADE Suite R16 的适用软件环境

产品	支持操作系统版本
SCADE Suite 16	Windows 8.1（64 位） Windows 7 SP1（64 位）
SCADE Suite KCG 6.5（C/Ada 代码）	Windows 7 SP1（64 位）
SCADE Suite KCG 6.4（C 代码）	Windows 7 SP1（64 位） Windows XP SP3（32 位）
SCADE Suite KCG 6.13（C 代码）	Windows 7 SP1（64 位） Windows XP SP2/SP3（32 位）
SCADE Suite Qualified MTC 6.4.7	Windows 7 SP1（64 位）
SCADE R16 QTE	Windows 7 SP1（64 位）
SCADE R16 Qualified Reporter	Windows 7 SP1（64 位）

表 1-6　SCADE Suite R16 的适用硬件环境

CPU	1.5GHz 或者更快
内存	至少 2 GB
硬盘	至少 7 GB
显示器	16 位色，1280×1024

安装步骤如下：

（1）运行 ScadeSetup.exe 程序，启动向导程序，单击 Next 按钮，如图 1-14 所示。

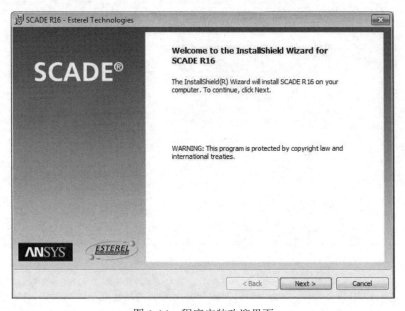

图 1-14　程序安装欢迎界面

（2）单击 Change 按钮选择适当的安装路径或保持默认路径，再单击 Next 按钮。注意，必须安装在非中文路径中，且安装在非 C 盘写保护的目录中，如图 1-15 所示。

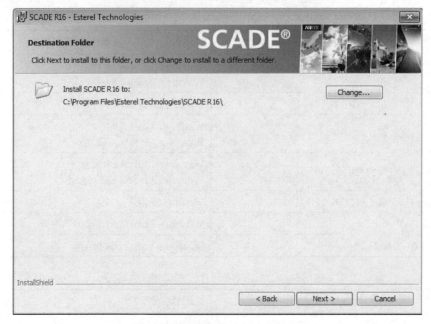

图 1-15　程序安装路径选择界面

（3）选择完全安装或是定制安装程序，如图 1-16 所示。

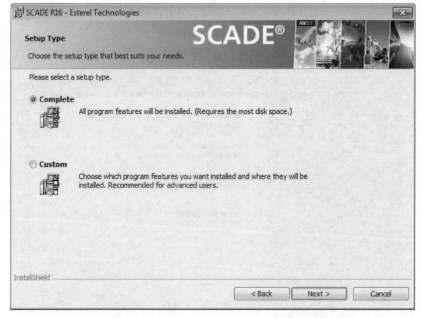

图 1-16　安装方式选择界面

（4）用户可以设置安装条目，全部设置完毕后单击 Next 按钮，如图 1-17 所示。

表示本项及其子项全部安装。

表示仅安装本项。

✗表示不安装本项目。

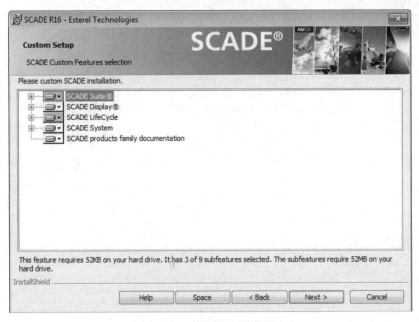

图 1-17　安装条目设置界面

（5）本向导页可以设置安装最坏运行时间和堆栈模块使用的处理器，选择完毕后单击 Next 按钮，如图 1-18 所示。

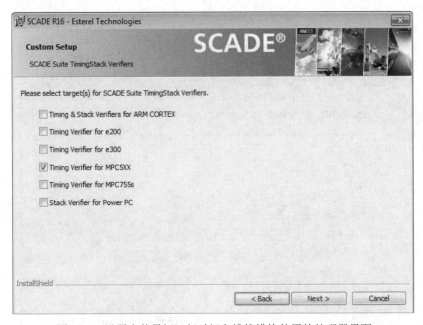

图 1-18　设置安装最坏运行时间和堆栈模块使用的处理器界面

（6）本向导页提示更新许可证配置。如果暂时不设置许可证，可以单击 Install 按钮直接进行软件安装，也可以单击 Update SCADE Licensing Environment 进行许可证配置，如图 1-19 所示。

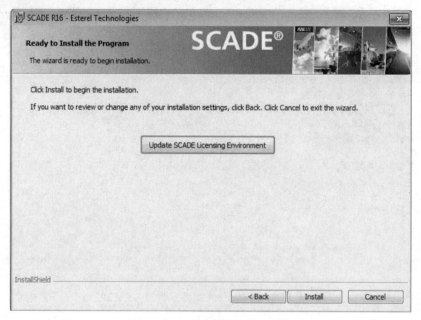

图 1-19　许可证更新设置界面

（7）在许可证配置向导页，输入浮动版或者单机版的许可证信息，该信息会自动填入环境变量 ESTERELD_LICENSE_FILE 的值中。设置完毕后，单击 Update 按钮回到上一向导页，如图 1-20 所示。

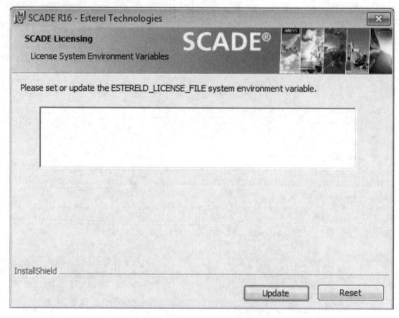

图 1-20　许可证配置界面

（8）等待程序的安装，全部安装完毕后显示如图 1-21 所示的界面。

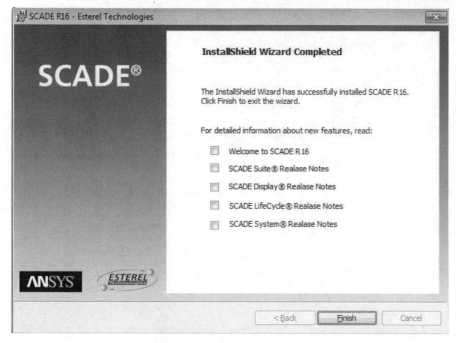

图 1-21　程序安装成功界面

（9）程序安装完毕后，再确认许可证配置是否正常。

以配置单机版的许可证为例，在桌面或者"开始"菜单中找到"我的电脑"标识，右击"我的电脑"，在弹出的快捷菜单中选择"我的电脑"→"属性"→"高级"→"环境变量"选项，在弹出的对话框中确认环境变量名称为 ESTERELD_LICENSE_FILE，环境变量值为单机版许可证的绝对路径即可，如图 1-22 所示。

图 1-22　确认许可证配置是否正常界面

1.3.2　创建 SCADE Suite 工程

首先在计算机中创建一个文件夹（非中文路径），用于保存将创建的 SCADE Suite 工程。然后启动 SCADE Suite，创建一个名为 RollControl 的工程。单击菜单 File→New，在弹出界面内选择 SCADE Suite Project，在右侧 Project 栏写上工程名字（非中文名称），选择工程保存位置，然后单击"确定"按钮，如图 1-23 所示。

选择 Scade 6.5 最新版本的 SCADE，然后单击"下一步"按钮，如图 1-24 所示。

添加或者删除预定义的 SCADE Suite 库工程，然后单击"下一步"按钮，如图 1-25 所示。

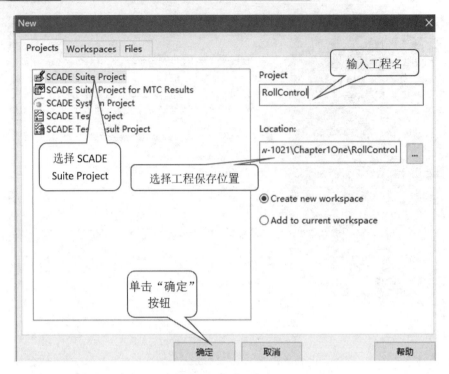

图 1-23 工程的创建方式

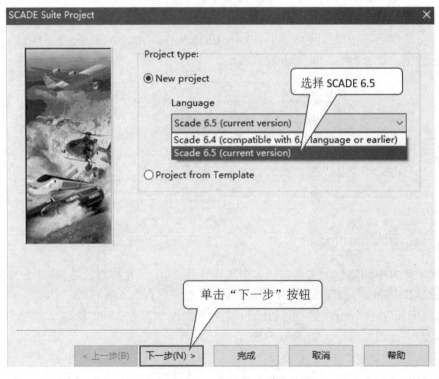

图 1-24 SCADE 版本选择

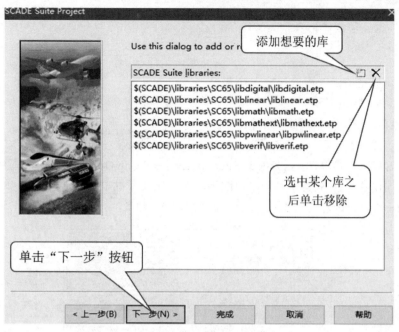

图 1-25　自定义库文件的选择

设置模型文件名、错误记录文件名和批注类型文件名。推荐保持默认设置，然后单击"完成"按钮，如图 1-26 所示。

图 1-26　文件路径及保存格式的设置方式

1.3.3 SCADE Suite 操作符和输入输出的创建

1. 目标

（1）在新建完毕的工程内建立一个包。

（2）学会创建操作符。

（3）能够在操作符中添加输入输出。

2. 创建步骤

（1）将 SCADE 菜单切换至 View→Perspectives→Scade Design。

（2）包的创建：在 SCADE View 视图下，右击工程下的 RollControl，在弹出的快捷菜单中选择 Insert→Package 选项，然后修改包的名称，如图 1-27 所示。

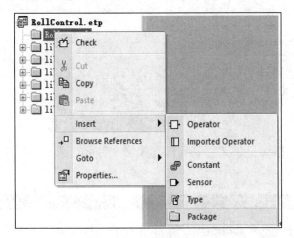

图 1-27　包的创建方式

（3）操作符的创建：右击包，在弹出的快捷菜单中选择 Insert→Operator 选项，修改操作符的名称，如图 1-28 所示。

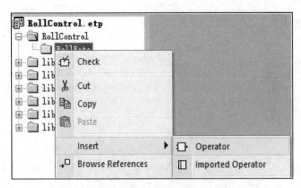

图 1-28　操作符的创建方式

（4）在操作符里添加输入输出：右击操作符，在弹出的快捷菜单中选择 Insert→Input 或者 Output 选项，然后分别给输入输出命名，如图 1-29 所示。

（5）设置输入输出类型：选中输入或输出，在属性 Properties 的 Declaration 栏右侧 Type 中设置类型，如图 1-30 所示。

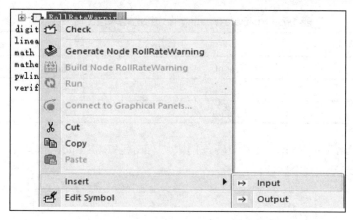

图 1-29　输入输出的创建方式

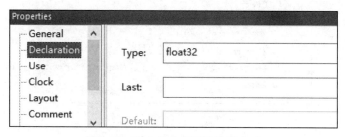

图 1-30　输入输出类型的设置方式

本节介绍了 SCADE Suite 工程、包、操作符和输入输出的创建，接下来通过简易的飞机滚转角示例帮助用户快速完成 SCADE 建模。

1.3.4　飞机滚转角示例

1．示例简介

（1）概述：本例是基于 SCADE Suite R16 进行的快速入门案例。

（2）需求分析：系统输入飞机两翼的滚转角，经过简化的判断，当角度超过[-25°,25°]范围的时候，发出警报。

（3）设计方案：分为三个部分来设计整个模型：滚转角限幅控制、滚转角度报警控制、滚转角输出当前状态，然后三个部分组合起来实现总体功能。

2．示例设计步骤

（1）创建第一个操作符：飞机滚转角过大警告模块。

1）目标：创建 RollRateWarning 操作符，通过飞机的 rollrate 来检查是否超过预定值。当 rollrate < -15.0 时，操作符显示左警告；当 rollrate >15.0 时，操作符显示右警告。

2）步骤。

首先创建名为 RollRate 的包，然后在 RollRate 包下创建名为 RollRateWarning 的操作符，该操作符包含 3 个接口，内容如表 1-7 所示。

表 1-7 RollRateWarning 操作符的输入输出端口列表

名称	作用	类型
rollRate	input	float32
leftWarning	output	bool
rightWarning	output	bool

新建常量 WarnTheshold，代表滚转角门限。右击包 RollRate，在弹出的快捷菜单中选择 Insert→Constant 选项，如图 1-31 所示。

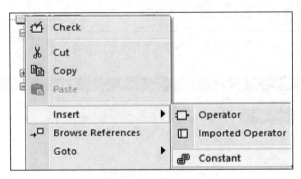

图 1-31 常量的创建方式

双击选中该常量，修改类型、数值和注释，如图 1-32 所示。

Constant	Type	Value	Comments
WarnTheshold	float32	15.0	滚转门限值

图 1-32 常量参数的设置方式

双击操作符 RollRateWarning，在弹出的 Diagram 界面（后面称为"模型设计区"）中将操作符的输入输出、常量拖拽进来。在工具栏 Comparison 中找出预定义的大于和小于操作符，也拖拽到模型设计区。如图 1-33 所示进行逻辑连接。

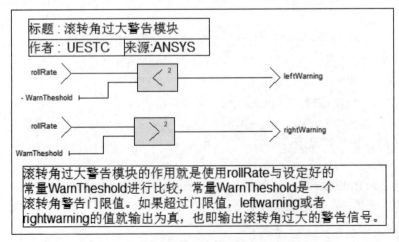

图 1-33 滚转角过大报警模块逻辑图

选中操作符 RollRateWarning，属性 Properties 的 Declaration 栏右侧点选操作符为 Function 类型，如图 1-34 所示。

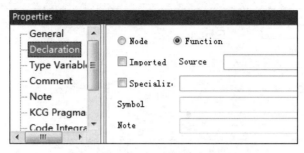

图 1-34　Function 类型的设置方式

右击操作符 RollRateWarning，在弹出的快捷菜单中选择 Check 选项。SCADE 自动检查模型设计是否符合语法语义，确保修正所有的警告和错误，如图 1-35 所示。注意，警告和错误可通过提示来修改。较常见的是名称不对、类型不一致等。

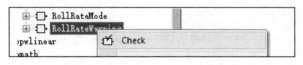

图 1-35　检查操作符是否正确的方法

（2）创建第二个操作符：滚转角当前模式检测模块。

1）目标：创建操作符 RollRateMode，输出飞机的运行状态。创建枚举类型，该类型包含 3 个状态：off、nominal、failsoft。off 表示 ON 按钮没有按下；nominal 代表滚转角在预定值[-25,25] 之间；failsoft 表示其超出了预定值。

2）步骤。

右击 RollControl 包，在弹出的快捷菜单中选择 Insert→Type 选项；双击打开 teRollMode 设置为枚举型，并如图 1-36 所示设定 3 个元素 failsoft、off、normal。

Type	Definition	Comments
⊟ teRollMode	\<enumeration\>	
off		
nominal		
failsoft		

图 1-36　飞机运行时 3 个状态的设置方式

建立名称为 RollRateMode 的操作符，I/O 信息如表 1-8 所示。

表 1-8　RollRateMode 操作符的输入输出端口列表

名称	作用	类型
rollRate	input	float32
onButtonIsPressed	input	bool
mode	output	teRollMode

新建浮点型常量 RollRateThreshold，数值为 25.0。在模型设计区进行如图 1-37 所示的布局。可在工具条 Choice 栏中找到 If…Then…Else 预定义操作符。

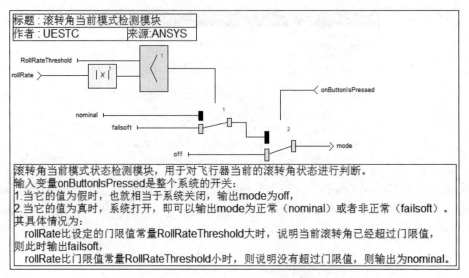

图 1-37　滚转角当前模式检测模块的逻辑设计

求绝对值 Abs 可在项目框架图库工程 libmath/math 内找到，如图 1-38 所示。

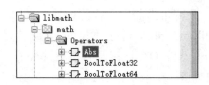

图 1-38　Abs 所在库中的位置图

确保检查无误后完成第二个操作符的设计。

（3）创建第三个操作符：滚转角限幅模块。

1）目标：建立操作符 RollRateCalculate，用于限制操纵杆指令在[-25,25]。

2）步骤。

创建 RollRateCalculate 操作符，I/O 信息如表 1-9 所示。

表 1-9　RollRateCalculate 操作符的输入输出端口列表

名称	作用	类型
joystickCmd	input	float32
rollRate	output	float32

在模型设计区进行如图 1-39 所示的布局。限幅操作符 LimiterSymmetrical 可以在项目框架图的库函数 pwlinear 中找到，如图 1-40 所示。设定隐含输入 Band Origin= 0.0，Tolerance = 25.0。

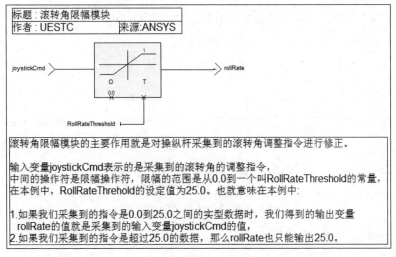

图 1-39　滚转角限幅模块逻辑设计

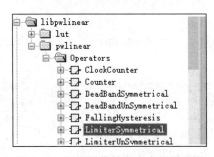

图 1-40　限幅操作符在库中的位置图

确保检查无误后完成第三个操作符的设计。

（4）功能集成。

1）目标：设计主操作符 RollRate，集成之前创建的 3 个操作符。

2）步骤。

创建 RollRate 操作符，I/O 信息如表 1-10 所示。

表 1-10　RollRate 操作符的输入输出端口列表

名称	作用	类型
joystickCmd	input	float32
onButtonIsPressed	input	bool
rollRate	output	floa32
mode	output	teRollMode
rightWarning	output	bool
leftWarning	output	bool

在模型设计区进行如图 1-41 所示的布局。

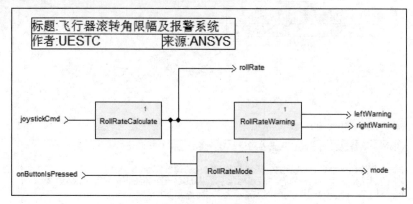

图 1-41　集成后总系统的逻辑设计

确保检查无误后完成整个工程的设计。

（5）SCADE Suite 仿真。

1）目标：仿真 RollRate 系统来检查设计的正确性。

2）步骤。

菜单切换至 View→Perspectives→Simulation，将工具条 Code Generator 选为 Simulation，如图 1-42 所示。

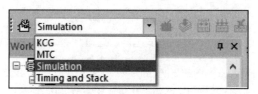

图 1-42　选择仿真功能的方式

选中操作符 RollRate 后，单击右侧的 run 按钮 ⟳ ，开始编译链接，然后自动启动仿真。

改变输入 JoystickCmd 的值，此例中设为 36.0，单击 Go 按钮 ⚬⚬⚬⚬ 5 ⚬⚬⚬⚬⚬⚬⚬⚬ ，观察各状态变化如图 1-43 所示。

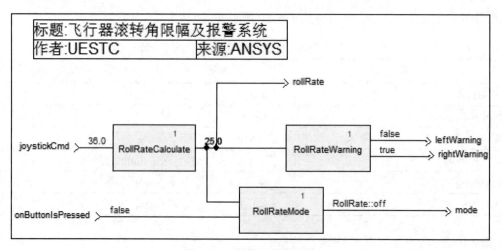

图 1-43　仿真示例效果图

（6）生成 KCG C 代码。

1）目标：用 KCG configuration 生成 C 代码并且观察生成的代码文件。

2）步骤。

将工具条 Code Generator 切换为 KCG 选项，如图 1-44 所示。

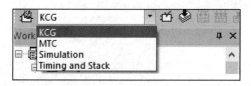

图 1-44 选择生成代码功能的方式

选中操作符 RollRate 后，单击工具条 Code Generator 的代码生成按钮。

代码成功生成完毕后，可以在输出栏查看相关信息，如图 1-45 所示。

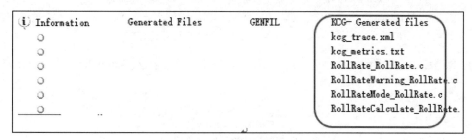

图 1-45 生成的代码文件

（7）创建单独可执行文件。

1）目标：生成单独的可执行的图形面板。

2）步骤。

添加设置好案例包中自带的 SCADE Display 工程，在 File View 视图下右击 RollControl.etp，在弹出的快捷菜单中选择 Insert File 选项，添加目录\rollRateGP.etp 文件，如图 1-46 所示。

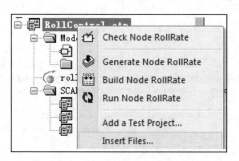

图 1-46 插入 Display 工程的方式

在 Scade View 视图下右击 RollRate 操作符，在弹出的快捷菜单中选择 Connect to Graphical Panels 选项，如图 1-47 所示。

按照图 1-48 所示连接 Suite 和 Display 的各个变量（为了方便和 Suite 端口匹配，通常建立 Display 工程时 I/O 名字尽量相同，连接时两边全部选中然后单击 Connect by Name 按钮即可，如果名字不一样，则分别选中两边匹配的 I/O，再单击 Connect 按钮进行逐个连接）。

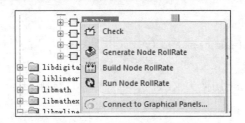

图 1-47　连接 Suite 和 Display 的方式

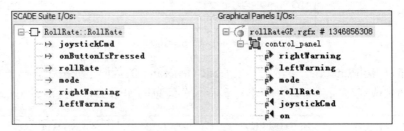

图 1-48　Suite 和 Display 的端口匹配方法

选择 Project→Configurations，单击 KCG and Add 按钮，输入 Standalone Executable，如图 1-49 所示。

图 1-49　单独可执行文件名字设置方式

选择 Standalone Executable，单击 Settings 按钮，单击 Code Integration 选项卡，选择 Target →Standalone Executable，如图 1-50 所示。

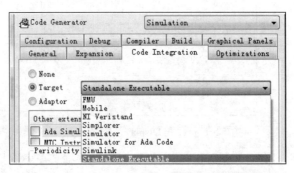

图 1-50　选择生成单独可执行文件的方法

单击 Graphical Panels 选项卡，选择 SCADE Suite Co-Simulation，如图 1-51 所示。

选择 RollRate 操作符，在 Code Generator 工具条中选择 Standalone Executable 配置，生成并编译代码，打开工程目录\Standalone Executable 下的 exe 文件。

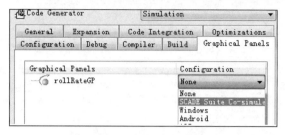

图 1-51　选择联合仿真的方法

按下 ON 按钮，转动中间操纵杆图样的球状按钮，观察整个图形变化，如图 1-52 所示。

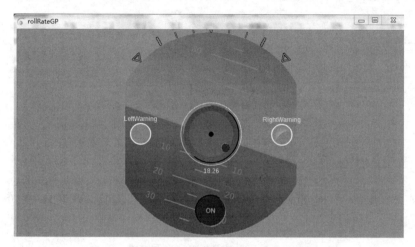

图 1-52　Suite 和 Display 联合仿真后的运行结果图

（8）生成设计报告。

1）目标：生成 Word 格式的设计报告。

2）步骤。

在工具条 Reporter 中选择 RTF［RTF］设置项，再选中操作符 RollRate 后，单击 Generate Document 按钮，生成设计报告。

练习题

1．SCADE 为什么更适用于安全关键系统和软件的研制？

2．DO-178C/DO-331 中模型的分类与特点是什么？

3．SCADE 语言有哪些重要的来源？

2

SCADE Suite 建模基础

2.1 SCADE Suite 集成开发环境常见操作

R16 版本开始的 SCADE Suite 集成开发环境提供了推荐的多组菜单工具栏布局方式，便于用户在不同的设计阶段方便快捷地使用产品。默认支持 6 种基础布局方式，如表 2-1 所示。

表 2-1 SCADE 的 6 种布局方式

布局方式	作用
Standard	标准布局方式，便于审阅工程和模型
Scade Design	设计布局方式，便于选用各种预定义操作符、元素等建模
Testing	测试布局方式，便于使用 QTE 进行模型仿真
Timing and Stack	最坏运行时间和堆栈分析布局方式，便于进行性能分析
Coverage	覆盖分析布局方式，便于使用 MTC 进行覆盖分析
Simulation	仿真布局方式，便于进行模型仿真

布局方式的选择可以通过菜单 View→Perspectives→Standard 实现，如图 2-1 所示。

建模设计时通常使用 Scade Design 布局模式，其中需要关注工具条的几个操作。在开发环境右侧显示的是工具条 Shortcuts，里面包含了建模所需的预定义操作符。用户可通过右击空白工具栏勾选恢复显示工具条 Shortcuts，如图 2-2 所示。

当需要把工具栏内的其他工具条载入 Shortcuts 时，可右击选中某工具条，在弹出的快捷菜单中选择 To Shortcut 选项，如图 2-3 所示。

当需要把 Shortcuts 内的工具条放回到工具栏时，右击选中 Shortcuts 内展开的区域，在弹出的快捷菜单中选择 As Toolbar 选项，如图 2-4 所示。

当需要快速切换最近打开的页面时，右击选中空白工具栏并确保勾选了 Navigate 工具条，如图 2-5 所示。

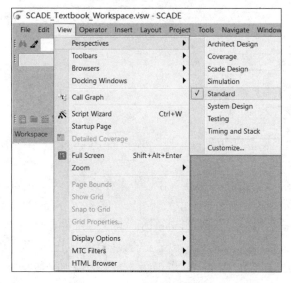

图 2-1　SCADE 建模布局图

图 2-2　SCADE 工具条的设置步骤一

图 2-3　SCADE 工具条的设置步骤二

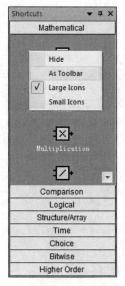

图 2-4　SCADE 工具条的设置步骤三

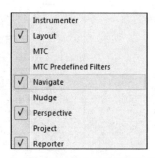

图 2-5　SCADE 工具条的设置步骤四

然后可通过工具条 Navigate ⇐ ⇒ 方便地进行后退前进操作。

2.2 SCADE 数据类型

2.2.1 预定义数据类型

SCADE 语言为强类型语言（即每个变量必须有明确的类型），用户在建模时所有变量都需要明确定义其数据类型。

SCADE KCG 6.5 及其以上版本中预定义了以下多种基本数据类型：int8、int16、int32、int64（分别为 8 位、16 位、32 位、64 位有符号整型）、bool（布尔型）、float32、float64（分别为 32 位浮点型和 64 位浮点型）、char（字符型）、uint8、uint16、uint32、uint64（分别为 8 位、16 位、32 位、64 位无符号整型）。建模时可以直接使用这些预定义的数据类型或在此基础上定制自定义类型。

如果用户应用的是 SCADE KCG 6.4 以前版本，那么预定义数据类型中只支持 bool、char、int、real 四种基础类型。

2.2.2 自定义数据类型

仅有预定义的基础数据类型，不足以高效地描述复杂多变的物理现实。通常别名、枚举、数组和结构体的使用会使这类问题得以便捷高效的解决。下面将介绍如何创建使用这些自定义的数据类型。

1. 数组类型

与 C 语言中数组的概念类似，SCADE 中的数组也存放大量相同类型的数据元素。数组的每个元素都有唯一的索引值，首个元素索引值是 0。

下面给出建立一个包含 3 个 int16 元素的数组 table = int16^3 的步骤。

（1）在项目框架图 Workspace 的 new project 工程的包 package1 下新建一个数据类型 type1。如图 2-6 所示，右击选中 package1，在弹出的快捷菜单中选择 Insert→Type 选项，弹出类型定义对话框。快捷键操作方式为：选中 Package1 包后按 Ctrl+Shift+T 组合键，弹出类型定义对话框。

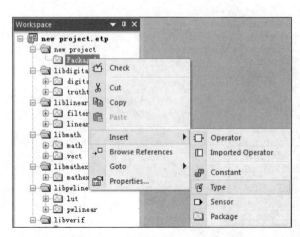

图 2-6　数组类型的建立步骤一

（2）双击项目框架图 Workspace 中新建的 Type1，工作区变成如图 2-7 所示的界面。

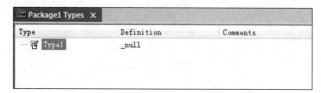

图 2-7　数组类型的建立步骤二

（3）单击 Definition 下面的 null，按 F2 键，出现图 2-8 所示的选择界面。从图中可以看到，除预定义的基础数据类型外，SCADE 还支持数组类型、枚举类型、导入类型和结构体类型的定义。

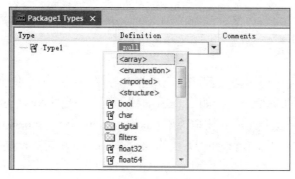

图 2-8　数组类型的建立步骤三

（4）选择<array>，出现图 2-9 所示的界面。

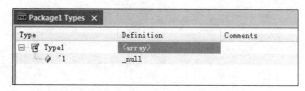

图 2-9　数组类型的建立步骤四

（5）单击^1，设置数组包含元素的个数，按 F2 键，出现图 2-10 所示的界面，就可以输入数组大小了，在本例需求中要建立包含 3 个 int16 元素的数组，所以输入 3。

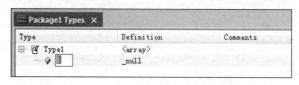

图 2-10　数组类型的建立步骤五

（6）设置数组元素的数据类型，单击右侧的_null，按 F2 键，出现图 2-11 所示的可输入编辑框提示时输入 int16。

（7）设置完元素以后，对类型名称进行重命名，将 Type1 重新命名为 table。单击 Type1，按 F2 键，输入 table，完成类型名称的设置，如图 2-12 所示。

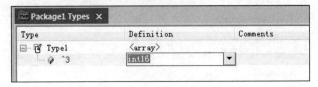

图 2-11　数组类型的建立步骤六

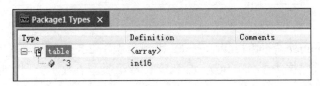

图 2-12　数组类型的建立步骤七

值得一提的是，建议数组的最高维度为三维。不推荐使用比三维数组维度更高的数组结构，复杂的数据结构会影响模型的可读性和可维护性。

2. 枚举类型

枚举（enumeration）可以提高程序的可读性，枚举类型是一个集合，集合中的元素（枚举成员）是一些命名的整型常量，例如 C 语言的颜色枚举类型 colors = enum {blue, green, red}。

下面给出建立包含 3 个元素的枚举类型 colors = enum {blue, green, red}的步骤。

（1）在项目框架图内 new project 工程的包 package1 下新建数据类型 type1，如图 2-13 所示。快捷键操作方式为：选中 Package1 包后按 Ctrl+Shift+T 组合键，弹出类型定义对话框。

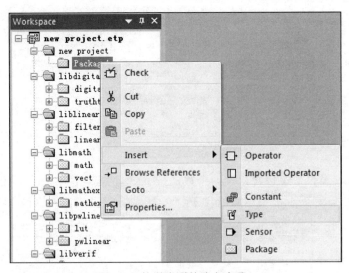

图 2-13　枚举类型的建立步骤一

（2）双击项目框架图 Workspace 中的 Type1，在右侧工作区的编辑窗口选中 Definition 下的 null，按 F2 键，出现类型的选择界面，选择<enumeration>，如图 2-14 所示。

（3）如图 2-15 所示，新建的枚举类型默认含有一个元素。为添加新的元素，右击 Type1，在弹出的快捷菜单中选择 Insert→Definition Element 选项，如图 2-16 所示。快捷键操作方式为：选中 Type1 后按 Ctrl+Shift+E 组合键，自动生成新元素。

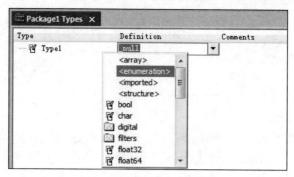

图 2-14　枚举类型的建立步骤二

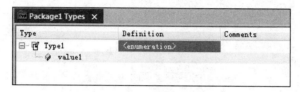

图 2-15　枚举类型的建立步骤三

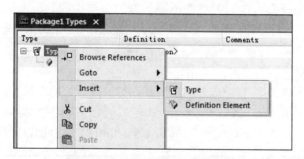

图 2-16　枚举类型的建立步骤四

（4）按照第三步的方法依次建立 3 个元素，如图 2-17 所示。

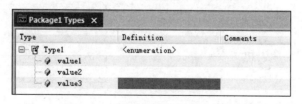

图 2-17　枚举类型的建立步骤五

（5）修改元素名称的方法是单击 value1，按 F2 键，出现重命名界面时输入 blue，如图 2-18 所示。接着依次设置 value2 为 green，value3 为 red，如图 2-19 所示。

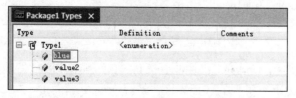

图 2-18　枚举类型的建立步骤六

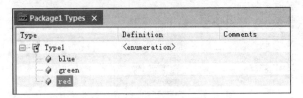

图 2-19　枚举类型的建立步骤七

（6）设置完元素以后，可对类型名称进行重命名，本例将 Type1 重新命名为 colors。单击 Type1，按 F2 键，输入 colors，完成类型名称的设置，如图 2-20 所示。

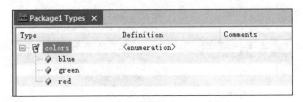

图 2-20　枚举类型的建立步骤八

3. 结构体类型

结构体类型是一系列具有相同类型或不同类型的数据构成的数据集合，也是比较常用的自定义数据类型之一。比如设计记录一个四轴无人飞行器的飞行数据，通常至少需要获取每个时刻飞行器的编号、名称、经度、纬度、速度、滚转角、俯仰角、偏航角、航向和航程等信息。这时选用结构体类型就比较恰当。

下面给出建立结构体类型 Ts = {x: int16, y: float32,z:char}的步骤。

（1）在项目框架图内 new project 工程的包 package1 下新建数据类型 type1，如图 2-21 所示。快捷键操作方式为：选中 Package1 包后按 Ctrl+Shift+T 组合键，弹出类型定义对话框。

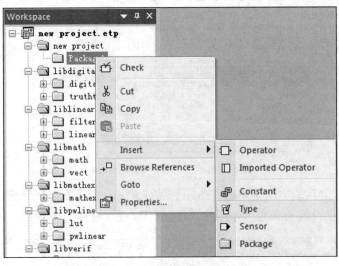

图 2-21　结构体类型的建立步骤一

（2）双击项目框架图 Workspace 中的 Type1，在右侧工作区的编辑窗口中选中 Definition 下面的 null，按 F2 键，出现类型的选择界面，选择 structure，如图 2-22 所示。

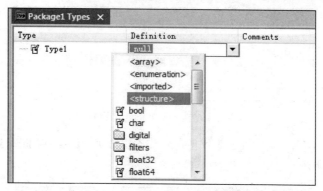

图 2-22　结构体类型的建立步骤二

（3）如图 2-23 所示，新建的结构体默认含有一个元素。为添加新的元素，右击 Type1，在弹出的快捷菜单中选择 Insert→Definition Element 选项，如图 2-24 所示。快捷键操作方式为：选中 Type1 后按 Ctrl+Shift+E 组合键，自动生成新元素。

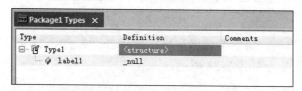

图 2-23　结构体类型的建立步骤三

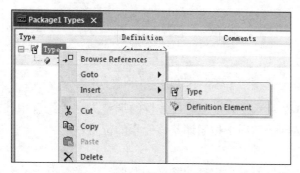

图 2-24　结构体类型的建立步骤四

（4）按照第三步的方法依次建立 3 个元素，如图 2-25 所示。

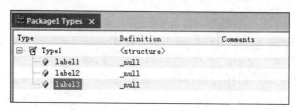

图 2-25　结构体类型的建立步骤五

（5）修改元素名称的方法是单击 lable1，按 F2 键，重命名为 x；再设置元素类型，单击 _null，按 F2 键，输入 int16。如图 2-26 所示，完成了 x:int16 的建立。

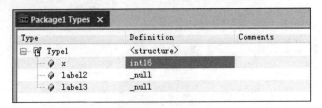

图 2-26　结构体类型的建立步骤六

（6）重复步骤（5），将 lable2 重命名为 y 并设置成 float32，将 lable3 重命名为 z 并设置成 char，如图 2-27 所示。

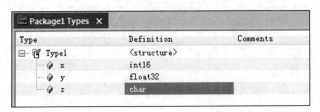

图 2-27　结构体类型的建立步骤七

（7）设置完元素以后，可对类型名称进行重命名，本例将 Type1 重新命名为 Ts。单击 Type1，按 F2 键，输入 Ts，如图 2-28 所示。

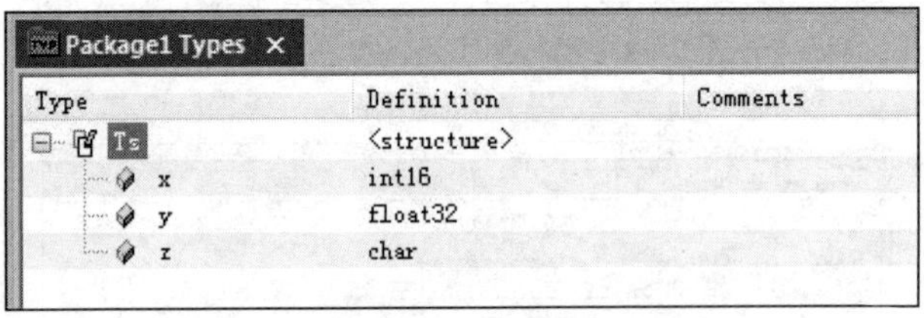

图 2-28　结构体类型的建立步骤八

（8）数组类型和枚举类型中元素前后位置的调整方法为：选中其中的某元素，在按住 Alt+Shift 键的基础上按向上、向下按钮调整该元素的位置。

4．别名类型

别名类型有助于清晰理解设计数据的含义。例如，C 语言中定义单精度浮点数 float32 的货币别名类型 currency，再基于 currency 类型定义欧元别名类型 euro 和美元别名类型 dollar，则变量使用这些别名类型时数据类型与功能含义都能一目了然。

typedef float32 currency;

typedef currency euro;

typedef currency dollar;

大规模多人协同开发的项目中，使用统一命名的别名类型作用显著。

下面给出建立上述别名类型的步骤。

（1）在项目框架图内 new project 工程的包 package1 下新建类型 type1，如图 2-29 所示。快捷键操作方式为：选中 Package1 包后按 Ctrl+Shift+T 组合键，弹出类型定义对话框。

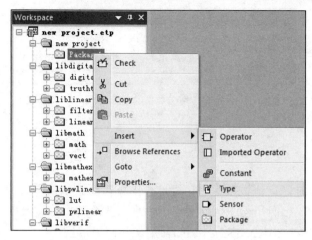

图 2-29　别名类型的建立步骤一

（2）用步骤（1）的方法再建立两个 Type，如图 2-30 所示。

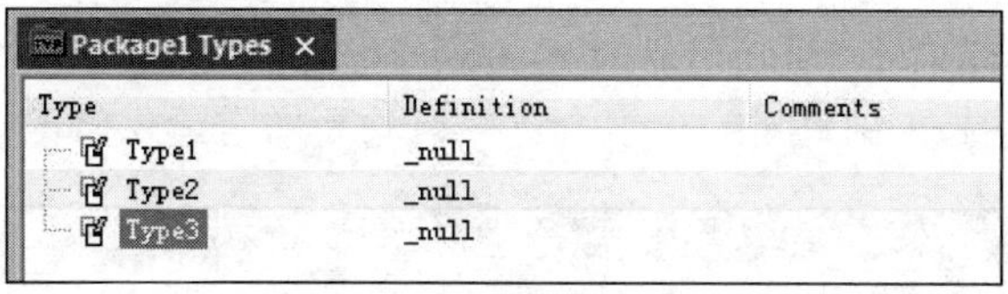

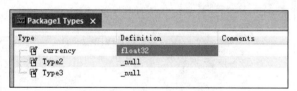

图 2-30　别名类型的建立步骤二

（3）将 Type1 重命名为 currency，并将其基础数据类型设置为 float32，如图 2-31 所示。

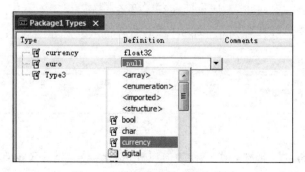

图 2-31　别名类型的建立步骤三

（4）将 Type2 重命名为 euro，并将其类型设置为 currency，如图 2-32 所示。

图 2-32　别名类型的建立步骤四

（5）将 Type3 重命名为 dollar，类型定义为 currency，如图 2-33 所示。

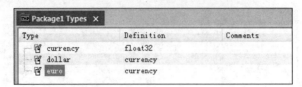

图 2-33　别名类型的建立步骤五

2.3　常量

在进行软件设计时，有些数据程序运行过程中可以对它赋值进行改变，这类数据叫做变量。另外还有种数据，它们在程序执行期间值始终保持不变，这类数据就叫做常量。SCADE 中的常量可以是各种数据类型。本节介绍如何定义和使用常量。

2.3.1　常量的定义

（1）在项目框架图 Workspace 的 new project 工程的包 package1 中新建常量，右击选中 package1，在弹出的快捷菜单中选择 Insert→Constant 选项，如图 2-34 所示。快捷键操作方式为：选中 Package1 包后按 Ctrl+Shift+C 组合键，自动新增常量供修改。

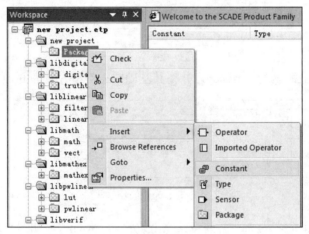

图 2-34　常量的定义方式一

（2）默认新建的常量名称为 Constant1，类型为布尔型，如图 2-35 所示。

Constant	Type	Value	Comments
Constant1	bool	false	

图 2-35　常量的定义方式二

（3）可对新建的常量名称、类型、数值属性进行修改。选中 Constant1，按 F2 键，重命名为 PI；选中 Type 下的 bool，按 F2 键，将类型设置为 float32；选中 Value 下的 false，按 F2 键，输入 3.1415，完成对常量的赋值，如图 2-36 所示。值得注意的是，SCADE 语言是强类型的，浮点数赋值为 0 就是错误的，应该是 0.0，必须有小数点。

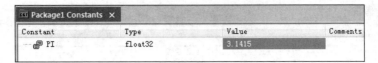

图 2-36 常量的定义方式三

常量属性的 KCG Pragmas 栏内的 Const 项勾选与否（如图 2-37 所示）会影响生成的代码位置。常量默认是不勾选该选项的。SCADE 预定义基础类型的常量，默认以宏定义的形式生成到 kcg_consts.h 文件中；勾选了 Const 选项后，以添加 Const 前缀形式生成到 kcg_consts.c 文件中，并在 kcg_consts.h 中含有对其的引用（extend 前缀）。非 SCADE 预定义基础类型的常量，直接以添加 Const 前缀形式生成到 kcg_consts.c 文件中，并在 kcg_consts.h 中含有对其的引用（extend 前缀）。

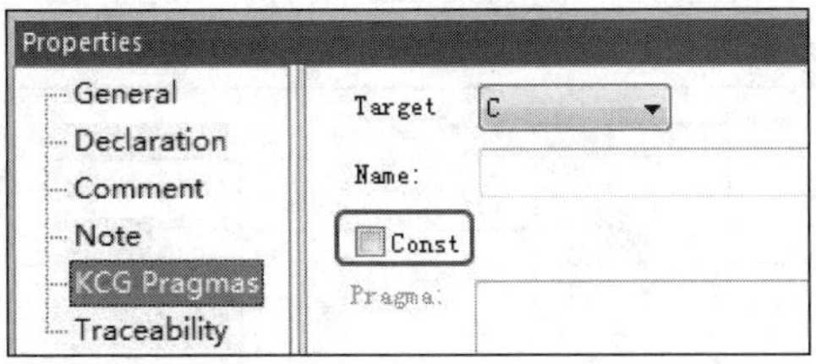

图 2-37 Const 的设置位置

未勾选 Const 选项，生成的代码如图 2-38 所示。

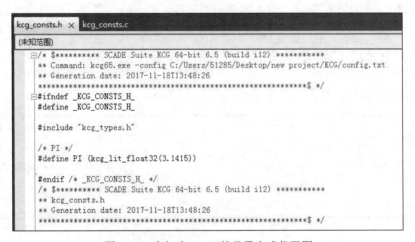

图 2-38 未勾选 Const 的常量生成代码图

勾选了 Const 选项，生成的代码如图 2-39 所示。

2.3.2 常量的使用

定义好常量后，在建模中的使用方式为直接将该常量拖拽到操作符编辑界面中作为输入进行使用；或者单击工具条 Create 中的 按钮，然后在操作符编辑界面中建立的常量图标中编辑，将其重命名为之前定义好的常量名或其他表达式，最后将其与需要连接的端口相连就可以了。例如图 2-40 所示计算圆形面积的示例，示例中的常量 PI 就是 2.2.1 节中定义的圆周率常量。

```
kcg_consts.h    kcg_consts.c ×

(未知范围)

□ /* $********** SCADE Suite KCG 64-bit 6.5 (build i12) ***********
  ** Command: kcg65.exe -config C:/Users/51285/Desktop/new project/KCG/config.txt
  ** Generation date: 2017-11-18T16:06:12
  *********************************************************$ */

  #include "kcg_consts.h"

  /* PI */
  const kcg_float32 PI = kcg_lit_float32(3.1415);

  /* $********** SCADE Suite KCG 64-bit 6.5 (build i12) ***********
  ** kcg_consts.c
  ** Generation date: 2017-11-18T16:06:12
  *********************************************************$ */
```

图 2-39　勾选了 Const 的常量生成代码图

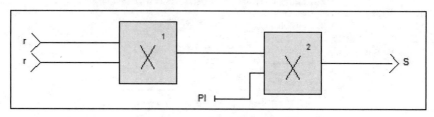

图 2-40　计算圆形面积的模型

在本示例中，r 为输入变量，输入的是圆的半径，S 为输出变量，输出的是圆形的面积，图中的带底纹方块为预定义乘法操作符（输入输出变量以及与操作符相关的建模介绍可参考 2.4 节，此处读者了解使用常量的方法即可）。

图 2-40 所建立的模型转化为 SCADE 语言描述为 S=r*r*PI，图 2-41 展示的是输入 r=2.0 时模型的实时仿真结果。计算得到圆形的面积为 12.566。

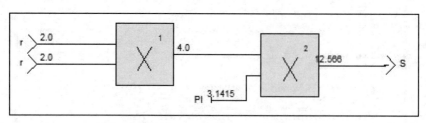

图 2-41　半径为 2.0 的圆的面积的仿真结果

2.4　操作符

在 SCADE 中，操作符是模型设计的基本单元。操作符内部包含特定逻辑或存储单元，同时提供所需的输入输出接口供上层调用。操作符是模块化思想的产物，每一个操作符从上层看就是一个黑盒，通过 I/O 接口实现交互。

SCADE 中的操作符分为以下 3 类：

（1）预定义操作符。

（2）自定义操作符。

（3）导入操作符。

本节向读者介绍预定义操作符和自定义操作符，导入操作符在 2.6 节导入元素中介绍。

2.4.1 预定义操作符

预定义操作符，是 SCADE 软件预先定义好的可直接使用的操作符。这类似于在传统编程中，从各种库中直接调取各个函数。这些预定义操作符提供了一些基础功能，可以使用户更快捷地构建包括数据流、控制流和状态机的模型。预定义操作符，按其功能进行组合可以分为算术操作符、逻辑操作符、比较操作符、选择操作符、时间操作符、位操作符、结构体和数组操作符和高阶操作符。后 3 种操作符将在第 4 章中介绍。

1. 算术操作符（Mathematical）

算术操作符提供了基本的数值计算功能，如加减乘除、取模运算等。值得注意的是 SCADE 是强类型的，所以算术操作符的输入输出类型只支持整型和浮点型。表 2-2 列出了常用的算术操作符的概念、英文名称以及 SCADE 语言对应的符号。

表 2-2 常用的算术操作符

操作符图形显示	操作符概念	英文名称	SCADE 语言符号
	输入相加得到输出	Plus	+
	"+"号连接的输入减去"-"号连接的输入得到输出	Minus	-
	输入相乘得到输出	Multiplication	*
	上方端口连接的输入除以下方端口连接的输入得到输出	Polymorphic Division	/
	上方端口连接的输入除以下方端口连接的输入，取模为输出	Modulo	mod
	输入取反得到输出	Unary Minus	-
	将输入的类型强制转换为设定的类型并输出	Numeric Cast	cast

在 SCADE KCG 6.5 以后版本中，不推荐使用整数除法操作符（Integer Division），除法操作时，可直接使用 Polymorphic Division 操作符。

下面给出设计加法计算模型的步骤。

（1）在项目框架图 Workspace 的 new project 工程的包 package1 下新建一个操作符（Operators），右击选中 package1，在弹出的快捷菜单中选择 Insert→Operator 选项，如图 2-42 所示。快捷键操作方式为：选中 Package1 包后按 Ctrl+Shift+N 组合键，自动新增一个操作符。建好后的 Operator 可以重命名，本例使用默认的名称。选中该操作符，在属性的 Declaration 栏设置为 Function 类型。SCADE 操作符有 Node 和 Function 两种类型，二者的区别在于 Node 类型操作符会自动生成额外的上下文环境，以保存时序相关信息。本例中不需要保存上下文环境。

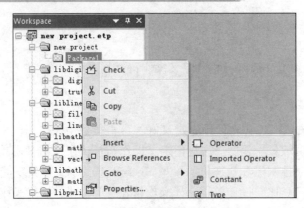

图 2-42　建立加法计算器的步骤一

（2）双击 Operator1，右侧自动打开图形编辑区域，如图 2-43 所示的圆角矩形框。

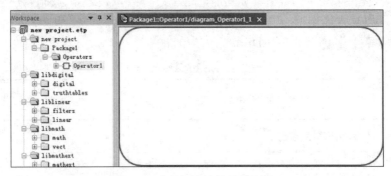

图 2-43　建立加法计算器的步骤二

（3）最简单的加法接口为两个输入，一个输出。建立输入输出变量的方法为单击上方菜单栏中的 New Input 和 New Output，如图 2-44 所示。快捷键操作方式为：选中 Operator1 操作符后按住 Ctrl+Shift，接着按两次 I、一次 O 分别建立两个输入一个输出。然后将项目框架图中的输入输出拖拽到模型设计区域，适当调整位置即可。

图 2-44　建立加法计算器的步骤三

图 2-45 所示为建立好的两个输出变量 Input1 和 Input2 与一个输出变量 Output1。

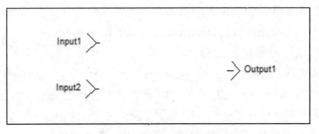

图 2-45　建立加法计算器的步骤四

（4）在右侧 shortcuts 栏的 Mathematical 部分中找出并单击加法操作符，然后在建模设计区域单击一下或者按住并拖拽出适当大小后释放鼠标即可，如图 2-46 所示。

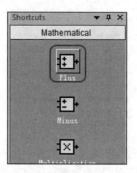

图 2-46　建立加法计算器的步骤五

（5）完成上述操作后，将之前建立的 input1 和 input2 与加法操作符的输入端相连，output1 与输出端相连，如图 2-47 所示。快捷键操作方式为：按 Ctrl+A 组合键选中模型设计区域的所有元素，然后按住 Ctrl+Shift，接着连按两次 R，自动连接。

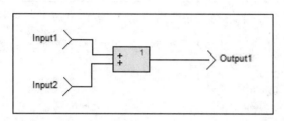

图 2-47　建立加法计算器的步骤六

（6）调整 I/O 的数据类型，选中 Operator1 操作符下的 3 个 I/O 变量，然后在属性栏中选择 Declaration，再在右侧的 Type 选项中将类型改为整型，例如 int16，如图 2-48 所示。

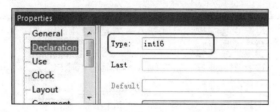

图 2-48　建立加法计算器的步骤七

图 2-49 展示了 2+2=4 的仿真结果。

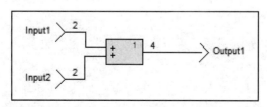

图 2-49　建立加法计算器的仿真结果

（7）如果需要实现对 3 个以上输入进行加法运算，可先选中加法操作符，在属性的 Use 栏右侧的 Input number 编辑框中填入输入个数，则加法操作符自动出现对应的接口供输入来连接，其余 SCADE 类似的预定义操作符也支持通过该设置添加接口，如图 2-50 所示。

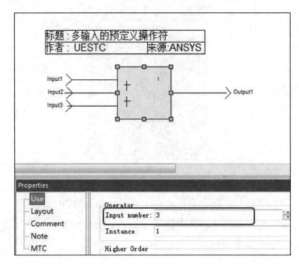

图 2-50   操作符输入端口个数的修改方式

SCADE 是强类型的，不会对输入是整型，输出是浮点型的运算进行隐式类型转换，模型检查时会返回一个错误。

2. 逻辑操作符（Logical）

在 SCADE 中，逻辑操作符的输入输出必须是布尔型的数据。

表 2-3 列出了常用的逻辑操作符的概念、英文名称以及 SCADE 语言对应的符号。

表 2-3   常用的逻辑操作符

操作符 图形显示	操作符概念	英文名称	SCADE 语言符号
	对所有输入进行逻辑与操作，在输入全为真时，输出才为真，其余情况均为假	And	and
	对所有输入进行逻辑或操作，在输入全为假时，输出才为假，其余情况均为真	Or	or
	对输入进行逻辑异或操作，两个输入真值相同，则输出为假；两个输入真值相异，输出为真	Exclusive Or	xor
	对输入进行逻辑取反操作，输入为真，则输出为假；输入为假，则输出为真	Not	not

不推荐使用这 4 个以外的预定义逻辑操作符进行逻辑运算。

3. 比较操作符（Comparison）

比较操作符主要用于对数值大小进行比较判断，如果输入的两个数据满足操作符的要求，则输出为真，否则为假。注意，比较操作符可以接受整型和浮点型的输入，但是输出必须为布尔型。

表 2-4 列出了常用的比较操作符的概念、英文名称以及 SCADE 语言对应的符号。

表 2-4　常用的比较操作符

操作符 图形显示	操作符概念	英文名称	SCADE 语言符号
	上方端口输入小于下方端口输入时，输出为真	Strictly Less Than	<
	上方端口输入小于等于下方端口输入时，输出为真	Less Than Or Equal	<=
	上方端口输入大于下方端口输入时，输出为真	Strictly Greater Than	>
	上方端口输入大于等于下方端口输入时，输出为真	Greater Than Or Equal	>=
	输入不相等时，输出为真	Different	<>
	输入相等时，输出为真	Equal	=

值得注意的是，float32 和 float64 类型不推荐使用=、<=、>=操作符，而应该专门设计=、<=、>=功能的操作符，当且仅当两个浮点数输入的误差在允许精度范围内时再返回真。

4．选择操作符（Choice）

选择操作符的作用是通过判定后，再输出处理后的特定的输入数据。

（1）If-Then-Else 操作符 。

根据条件的真假在两个数据流中输出一个结果。若判断条件为真，则输出黑色端口连接的输入；若判断条件为假，则输出浅色端口连接的输入。

如图 2-51 所示，Input3 为判断条件，其输入可以是 bool 表达式，结果必须是布尔型，Input1 和 Input2 以及 Output1 均为 int16 类型。Input1 连的是黑色的端口，Input2 连的是浅色的端口，因为 Input3 为假（false），所以 Output1 输出 Input2 的值，即输出 6。

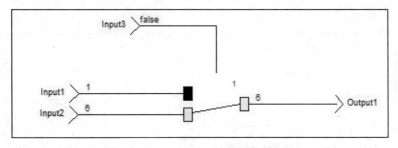

图 2-51　If-Then-Else 操作符的使用一

同理，当 Input3 的值为真（true）时，其仿真结果如图 2-52 所示。

（2）Case 操作符 。

Case 操作符顶部有一个条件输入，条件的比较值写在 Case 操作符内的左边，默认最后一个比较值为 default，条件输入的类型只能是整型、枚举型和字符型 3 种。Case 操作符左侧可以接入一组输入，右侧可以传出一个输出，这一组输入和输出的类型必须是相同类型的，但可以与条件输入的类型不一致。

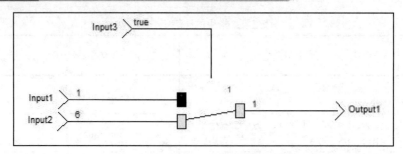

图 2-52 if-then-else 操作符的使用二

如图 2-53 所示，Input3 连接的是选择端口，它负责对数据输入进行选择，当 Input3 的值等于 12 时，就输出 Input1 的值；当 Input3 的值等于 8 时，就输出 Input2 的值；如果 Input3 的值既不是 12 也不是 8，那么就输出与 Default 端口相连的 Input4。本例中的输入输出均为 int16 类型。

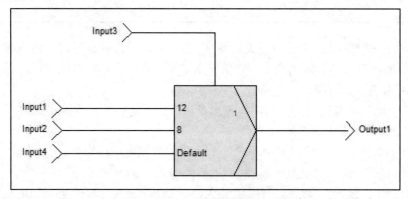

图 2-53 case 操作符的使用一

如图 2-54 所示，Input3 的值为 0，没有端口与 0 对应，所以 Output1 输出与 Default 端口连接的 Input4 的值，即输出 4。

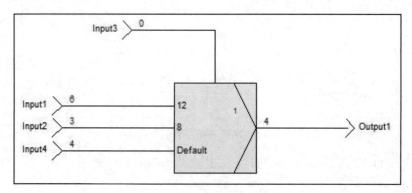

图 2-54 case 操作符的使用二

如图 2-55 所示，Input3 的值为 12，端口 12 与其对应，所以 Output1 输出与 12 端口连接的 Input1 的值，即输出 6。

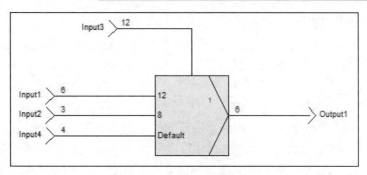

图 2-55　case 操作符的使用三

条件输入的类型为整型和字符型时，通常 Case 操作符内的左侧无法穷尽所有可能，Default 项不可取消。当条件输入的类型为枚举型时，如果 Case 操作符内的左侧穷尽了所有条件后，Default 必须取消。图 2-56 中 COLOR 枚举类型仅有红黄蓝 3 个元素。

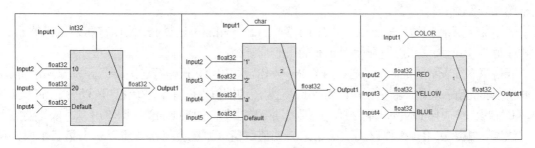

图 2-56　操作符的输入个数的设置方式

5. 时间操作符（Time）

时间操作符是同步语言 SCADE 特有的概念，也是理解的难点。时间操作符适用于嵌入式系统时序方面的逻辑设计。SCADE 的时间概念是平台无关的，需要转换为周期数。例如，处理器的运算频率是 1kHz，则每周期时间为 1ms。如果要计算 10ms，就是计算 10 个周期。

（1）Init 操作符 ⊡。

Init 操作符的中文就是初始化操作符，它用于对变量初始化，赋初始值。该操作符也仅在第一周期有效。操作符左边的接口连接的是第一周期后的输入值，右边连接的是输出值，下边接口连接的是初始化值。Init 操作符的两个输入、一个输出的类型必须一致。

表 2-5 展示了 Init 操作符的功能。在第一周期，F 的输出由输入 i 提供，为 i1，从第二周期开始，操作符变为 F=f，可以想象为 f 与 F 直接连接。

表 2-5　Init 操作符的功能

周期	1	2	3	4
i	i1	i2	i3	i4
f	f1	f2	f3	f4
（图）	i1	f2	f3	f4

（2）PRE 操作符 P 。

PRE 操作符的中文就是上一周期操作符，其作用就是输出前一周期输入的值。它通过自动保存额外的上下文环境来体现记忆性。

如表 2-6 所示：

表格第一行表示周期数；

表格第二行表示输入 f 在第一周期到第四周期的值为 f1、f2、f3、f4；

表格第三行表示输入 f 通过一个 Pre 操作符之后的输出 F，因为 Pre 操作符的作用是输出前一周期输入的值，所以第一周期 F 就应该输出 f 的初始化值，但 f 的初始化值未定义，所以此时 F 无效，输出 nil。从第二周期开始，F 的输出为有效值，即第一周期的 f1；第三周期 F 的输出为第二周期的 f2；依此类推；

表格第四行表示输入 f 通过一个 Pre 操作符和 Init 操作符联合设计修正表格第三行表达式的错误。因为初始化设置的值为 1，所以第一周期 F 的输出为 1，从第二周期开始 F 输出值与表格第三行结果一样；

表格第五行表示的是复合表达式，两个输入 a 和 b 相加再通过 Pre 操作符和初始化的输出，初始化值为 10，从第二周期开始为 a+b 的上一周期值；

表格第六行表示的是输入 f 通过两个 Pre 操作符和初始化操作符连接，表示每次输出为前两个周期之前的值。初始化输出正常，为 Y1。但第一周期值未被有效初始化，所以输出 nil。第三周期 F 输出第一周期 f 的值，即为 f1，第四周期 F 输出第二周期 f 的值，即输出 f2，依此类推。

注意，由于初始化操作符无法给第二周期值赋值，系统会报错，所以引出第三个操作符来解决问题。

表 2-6　PRE 操作符的功能

周期	1	2	3	4
f	f1	f2	f3	f4
	nil	f1	f2	f3
	1	f1	f2	f3
	10	a1+b1	a2+b2	a3+b3
	Y1	nil	f1	f2

（3）FBY 操作符 F 。

FBY 操作符的中文就是跟随操作符，主要用于为延迟若干的周期输入提供一个默认值，延迟的周期值必须是正整数。操作符左边连接的是输入，右边连接的是输出。操作符底部有两个隐含输入，其中左边的表示延迟的周期数，数据类型必须是整型，右边的表示最初延迟几个周期的初始值。通过表 2-7 来观察其属性。

表 2-7　FBY 操作符的用法

周期	1	2	3	4	5
f	f1	f2	f3	f4	f5
i	i1	i2	i3	i4	i5
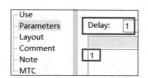	i1	i1	f1	f2	f3

如表 2-7 所示，设置的延迟周期数为 2，所以前两个周期的 F 输出初始化的 i1。从第三周期开始，F 输出 f 前两个周期的值，即 f1，f2，f3，…FBY 操作符延迟周期数的方法为单击所要设置的 FBY 操作符，在下方属性栏中选择 Parameters，在其右侧的 Delay 栏中输入延迟的周期数，下面填写默认值，如图 2-57 所示。

图 2-57　FBY 操作符延迟的周期数的设置方式

6. 位操作符（Bitwise）

位操作符支持将输入转换成二进制，然后按照位（bit）来进行与或非和移位等操作。注意，位操作符要求输入输出的数据类型为无符号整型，如表 2-8 所示。

表 2-8　位操作符的功能

操作符图形显示	操作符概念	英文名称	SCADE语言符号
	将输入转换为无符号二进制，按位相与操作，得到的结果以十进制输出	Bitwise And	land
	将输入转换为无符号二进制，按位相或操作，得到的结果以十进制输出	Bitwise Or	lor
	将输入转换为无符号二进制，按位异或操作，得到的结果以十进制输出	Bitwise Exclusive Or	lxor
	将输入转换为无符号二进制，按位取反操作，得到的结果以十进制输出	Bitwise Not	lnot
	将输入转换为无符号二进制，并进行左移操作，得到的结果以十进制输出	Logical Left Shift	lsl
	将输入转换为无符号二进制，并进行右移操作，得到的结果以十进制输出	Logical Right Shift	lsr

下面给出 3 个例子介绍位操作符的使用。

（1）如图 2-58 所示，将 uint8 类型的输入的最低三位重置为 1。

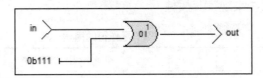

图 2-58　最低三位重置为 1 的逻辑设计一

在 SCADE 中，二进制数是以 0b 开头表示的，十六进制数是以 0x 表示的，没有前缀就默认为十进制。在本例中，输入 in 是一个 uint8 类型的数据，它与二进制的 111 位或，也就实现了将最低的三位全替换成 1 的操作。

例如输入十进制 8 时，8 的二进制表示为 1000，其与二进制 111 位或的结果为 1111，转换成十进制为 15。仿真结果如图 2-59 所示。

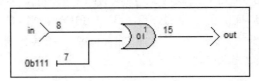

图 2-59　最低三位重置为 1 的逻辑设计二

本例用 SCADE 语言设计更为简洁。通过工具条 Create 中的 文本表达式，填写 in lor 0b111 并赋值给 out 实现与图 2-58 中同样的功能，如图 2-60 所示。

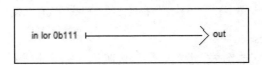

图 2-60　使用 SCADE 语言表示数据流的方式

（2）如图 2-61 所示，用文本表达式将一个 uint8 输入指定的连续两位数置零。

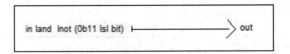

图 2-61　指定两位数置零的逻辑设计一

将输入 in 的某连续两位数置零，具体哪两位由输入 bit 确定。为了便于理解，给出了图 2-61 基于模型的方式，如图 2-62 所示。

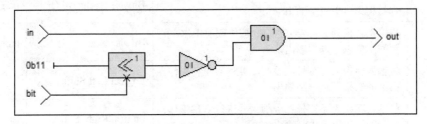

图 2-62　使用模型来表示数据流的方式

其中 0b11 由输入 bit 确定左移的位数，之后再通过按位取反操作符，得到的输出为一个有两位 0，其余全为 1 的 8 位二进制数，再与输入 in 按位相与，即实现将指定的两位数置为 0 的功能。

如图 2-63 所示，仿真了十进制的 255（二进制 11111111）参与运算时的输出，二进制的 00111111 即十进制的 63。

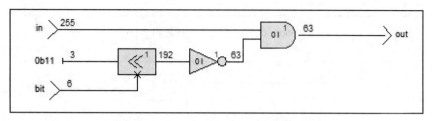

图 2-63　指定两位数置零的逻辑设计二

如图 2-64 所示，仿真了十进制的 54（二进制 00110110）参与运算时的输出，二进制的 110000 即为十进制的 48。

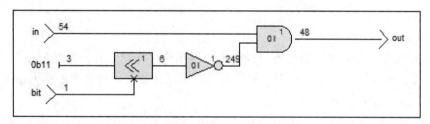

图 2-64　指定两位数置零的逻辑设计三

（3）如图 2-65 所示，将一个 uint16 输入的指定位数置为 1。

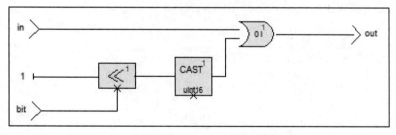

图 2-65　指定位数置为 1 的逻辑设计一

其中输入 in 为 uint16 类型数据，输入 bit 为让常数 1 左移的位数，cast 为强制类型转换操作符，作用是将类型转换为 uint16 类型。将常数 1 左移相应的位数，再与输入 in 按位相或，就实现了将输入的 uint16 数据的相应位置为 1 的功能。

如图 2-66 所示，仿真了十进制的 9（二进制为 1001）参与运算时的输出，二进制的 1011 即为十进制的 11。

如图 2-67 所示，仿真了十进制的 13（二进制为 1101）参与运算时的输出，二进制的 101101 即为十进制的 45。

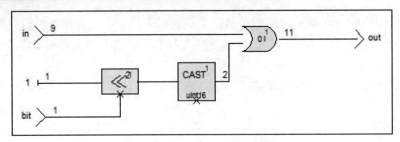

图 2-66　指定位数置为 1 的逻辑设计二

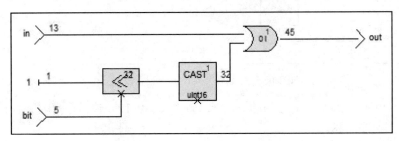

图 2-67　指定位数置为 1 的逻辑设计三

7. 典型示例

为了更好地理解前面介绍的预定义操作符，这里通过介绍上升沿检测器模型、下降沿检测器模型、斐波那契数列产生器、上升沿控制的加减法计数器 4 个典型示例来加深理解。

示例一：上升沿检测器模型。

图 2-68 所示模型的功能为检测输入的上升沿。输入 c 和输出 edge 都是布尔型变量。只有当前周期 c 为 true 以及前一周期 c 为 false 同时满足的情况下，edge 才会输出 true。即只有在输入 c 有从 false 到 true 的变化时，edge 输出才会由 false 变成 true，除此之外 edge 的输出均为 false。在功能上实现了检测输入上升沿的要求。

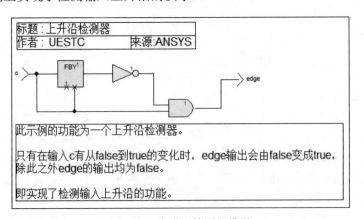

图 2-68　上升沿检测器模型

图 2-69 所示为该模型的仿真波形图。图中上方的波形对应的是输入 c，下方的波形对应的是输出 edge。只有在输入 c 在上升沿时，edge 才会输出一个 true 的信号。

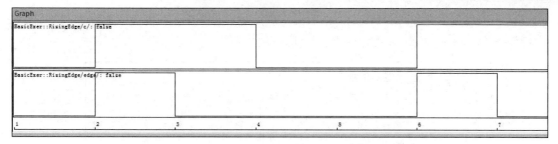

图 2-69　上升沿检测器模型仿真波形图

示例二：下降沿检测器模型。

图 2-70 所示模型的功能是检测输入的下降沿。输入 c 和输出 edge 都是布尔型变量。只有在当前周期 c 为 false 以及前一周期 c 为 true 同时满足的情况下，edge 才会输出 false。即只有在输入 c 有从 true 到 false 的变化时，edge 输出才会由 true 变成 false，除此之外 edge 的输出均为 true。在功能上实现了检测输入下降沿的要求。

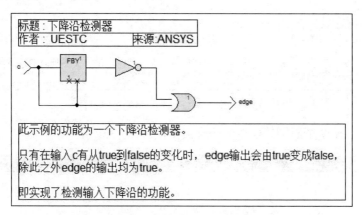

图 2-70　下降沿检测器模型

图 2-71 所示为该模型的仿真波形图。图中上方的波形对应的是输入 c，下方的波形对应的是输出 edge。只有在输入 c 在下降沿时，edge 才会输出一个 false 的信号。

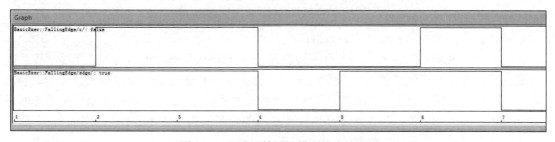

图 2-71　下降沿检测器模型仿真波形图

示例三：斐波那契数列产生器。

图 2-72 所示模型的功能为按周期依次产生斐波那契数列元素。输出 F 为 int32 类型。

斐波那契数列（1，1，2，3，5，8，…）是按 F(n)=F(n-1)+F(n-2)来生成数字。图 2-72 中，上面的 FBY1 操作符初始值为 1，延迟周期数为 1，表示 F(n-1)；下面的 FBY2 操作符初始值为 1，延迟周期数为 2，表示 F(n-2)，两者通过加法运算得到 F(n)，即按照周期依次输出了斐波那契数列的元素。注意，本例应该限定范围，防止输出值溢出。

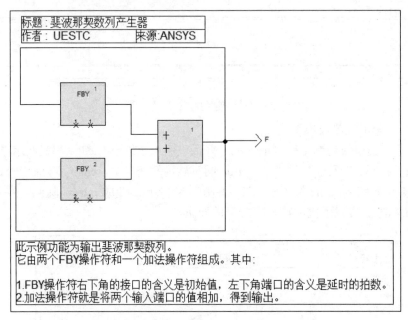

图 2-72　斐波那契数列产生器的逻辑设计

图 2-73 展示了前 7 个周期该模型的仿真波形图。

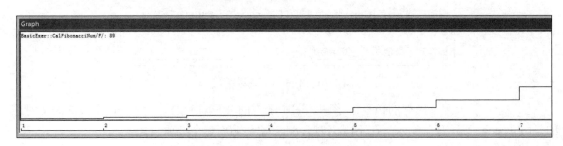

图 2-73　斐波那契数列产生器仿真波形图

示例四：上升沿控制的加减法计数器。

图 2-74 中，RisingEdge 模块为上升沿检测器，Counter 操作符可根据输入进行递增模式或递减模式。每当 Button 的值由 false 变为 true 时，都会经由 RisingEdge 操作符在那一周期输出 true。该 true 通过 If-Else-Then 操作符的负号取反运算在那一周期进行 Counter 操作符的递增或递减功能的切换。FBY 操作符指定了递增或者递减的步长值为 1 或-1。FBY 的初值为 1，默认情况下启动本操作符后是递增操作。

图 2-75 展示了该模型的仿真波形图。输入变量 Button 的初始值为 false，此时系统的功能为加法计数器，每一周期增加 1。在将输入变量 Button 的值改为 true 后，此时检测到上升沿的产生，故系统的功能改变成减法计数器，每周期减 1。之后周期同理，每一个输入的上升沿都会被系统检测，且改变当前系统的计数模式。

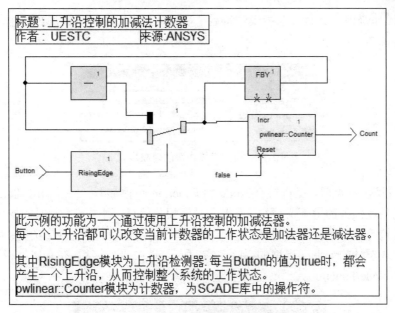

图 2-74　上升沿控制的加减法计数器的逻辑设计

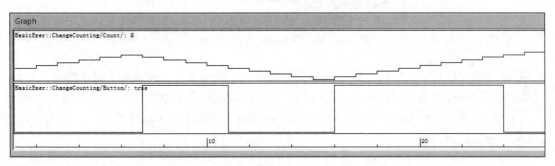

图 2-75　上升沿控制的加减法计数器仿真波形图

2.4.2　自定义操作符

上一小节介绍了预定义操作符，它们提供了 SCADE 建模最基础的功能和模块。但要进行更结合用户业务需求的复杂建模时，仅依靠预定义操作符是不够的。需要用户根据需求自己设计特定的操作符实现功能。这些操作符就是自定义操作符。自定义操作符通常是通过调用预定义操作符完成运算逻辑，并提供相应的输入输出接口供上层调用。设计完毕的自定义操作符可以组合成自定义库，供上层 Suite 工程调用。下面给出建立自定义操作符的步骤。

（1）单击工具条中的 ⬚ 按钮，具体位置如图 2-76 所示。快捷键操作方式为：选中项目框架图 Workspace 中的特定位置（工程、包）后按 Ctrl+Shift+N 组合键，自动新增一个操作符供修改。

图 2-76　自定义操作符的建立步骤一

（2）对操作符进行命名。选中操作符后，在其属性栏中 General 选项右侧的 Name 栏中修改名称，如图 2-77 所示。

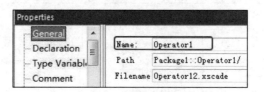

图 2-77　自定义操作符的建立步骤二

（3）设置操作符类型。操作符有 Node 和 Function 两种类型，二者的区别在于 Node 类型操作符会自动生成额外的上下文环境，以保存时序相关信息，例如当用到时间操作符、状态机、变量的延时设置等建模单元时就需要把自定义操作符的属性设置成 Node 类型；而 Function 类型是不需要生成额外的上下文环境的。如图 2-78 所示，选中操作符后，在其属性栏的 Declaration 选项右侧勾选 Node/Function。

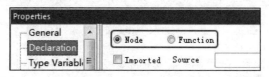

图 2-78　自定义操作符的建立步骤三

创建好新的自定义操作符以后，还需要新建输入、输出变量，修改 I/O 的名称及其类型。之后就可以在操作符模型设计区内进行建模了，过程可参照第 1 章快速入门和 2.4.1 节。

另外，可通过菜单 Views→Call Graph 打开项目框架图的 Call Graph 选项卡，以查看操作符之间的调用关系。

2.5　条件模块

2.5.1　条件模块的概念

在 SCADE 模型设计中，简单的分支功能设计可以直接使用选择操作符，复杂的就需要用到可激活块等的建模单元。本节所要介绍的条件模块是可激活块（Activation Block）的一种。第 3 章的状态机和部分第 4 章的高级建模功能也属于可激活块。

条件模块有两类：If 块和 When 块，在生成的代码级分别为 If-Else-Then 和 Switch-Case 功能。下面是 If 块和 When 块的速览。

图 2-79 展示了最基本的 If 块结构。输入 ON 为一个布尔型变量，负责对分支进行控制，输出 X 为 int16 类型变量，根据输入 ON 的值选择输出 1 或者 2。如果 ON 为 true，则执行上面方块中的操作，即 X=1；如果 ON 为 false，则执行下面方块中的操作，即 X=2。

图 2-80 展示了基本的 When 块结构。输入 colour 是一个包含了 3 个元素（red、blue、green）的枚举类型，输入特定的枚举常量以控制 X 的输出。当输入 colour 值为 red 时，执行第一个

方块的操作，即 X=1；当 colour 值为 blue 时，执行第二个方块的操作，即 X=2；当 colour 值为 green 时，执行第三个方块的操作，即 X=3。

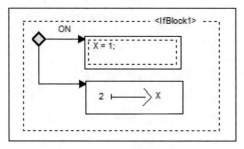

图 2-79　基本的 If 块结构

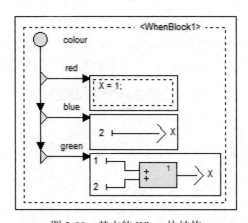

图 2-80　基本的 When 块结构

条件模块每个分支内的功能设计既支持 SCADE 文本语句表述，也支持图形化建模。

2.5.2　条件模块的创建与编辑

本节以图 2-79 为例，给出设计 If 块的步骤。

（1）单击工具条中的 New If Block 按钮◈，再单击模型设计区域，并如图 2-81 所示调整为适当大小。

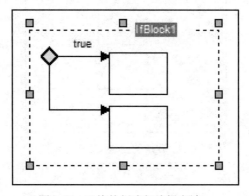

图 2-81　If 块的创建与编辑方法一

（2）如果要添加分支项，可以使用工具条 Create 中的 New If Node 按钮 来添加若干分支，如图 2-82 所示。本例中只需要两个块即可，不需要新建分支。

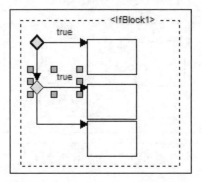

图 2-82 If 块的创建与编辑方法二

（3）使用预先定义好的 I/O 变量进行修改。本例中输入变量为布尔类型的 ON，输出变量为 int32 类型 X。项目框架图 Workspace 中的操作符如图 2-83 所示。

图 2-83 If 块的创建与编辑方法三

（4）将操作符的 I/O 变量应用到 If 块上。单击 If 块的 true，重新输入 ON，即表示只有在 ON=true 时才会激活第一个块，如图 2-84 所示。注意，在 If 块中各激活条件必须是一个布尔表达式。

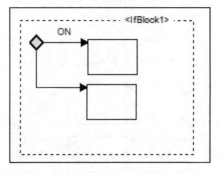

图 2-84 If 块的创建与编辑方法四

（5）对块的内容进行修改。在第一个块中需要输入 SCADE 文本 X=1。方法为右击选中第一个块，在弹出的快捷菜单中选择 Convert to Textual 选项，该块即允许输入 SCADE 文本。

对于第二个块，使用模型设计方式。编辑完成后如图 2-85 所示。

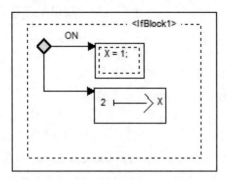

图 2-85　If 块的创建与编辑方法五

When 块的创建和编辑方法与 If 块类似。差别在于，创建 When 块及其分支的按钮分别为 和 ，而且 When 块的激活条件仅支持布尔类型和枚举类型。

（6）条件模块分支内的行为设计有 4 种方式，如图 2-86 所示。

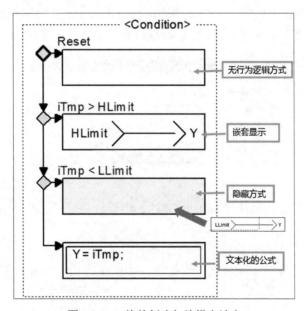

图 2-86　If 块的创建与编辑方法六

● 无行为逻辑的方式：没有添加行为逻辑的默认方式。
● 嵌套基于模型设计的方式：适用于分支布局范围可以完全容纳行为元素的情况。
● 隐藏基于模型设计的方式：适用于分支布局范围无法完全容纳行为元素的情况。
　➢ 设置方式是，右击选中某分支，在弹出的快捷菜单中选择 Hide Content 选项。
　➢ 设置隐藏模式后，双击分支，可在独立的画布内进行模型设计，画布内的虚线框表示分支的布局范围。
　➢ 分支从隐藏方式恢复到嵌套方式的操作为，右击选中该分支，在弹出的快捷菜单中选择 Embed Content 选项。
　➢ 如果隐藏方式内的模型布局超出分支的虚线框范围，则无法恢复设置为嵌套模式。

● 嵌套 SCADE 文本设计的方式：适用于控制行为便于用 SCADE 语言表述的情况。设置方式是，右击选中某状态，在弹出的快捷菜单中选择 Convert to Text 选项。

2.5.3 条件模块中变量的隐式赋值

SCADE 操作符中，变量（本节变量指输出变量和局部变量）在每个周期都必须有确定的值。在可激活块设计中，理论上每个分支内都需要定义所有变量的确定值。但可激活块的分支仅在被激活时其内容才被执行，而每个分支通常只关注部分特定变量的改变。

SCADE 提供了 Last 和 Default 属性的设置，以隐式赋值的形式简化对可激活块中变量的赋值。这部分概念是 SCADE 的难点之一，但对简化模型的设计作用巨大。

变量的 Last 属性的含义为，只要变量没有显式地赋值，则取上一周期的数值。其中 Last 属性中定义的数值，仅在初始时刻可激活块当前分支内无显式赋值时有效。一旦变量显式地赋值后，其 Last 属性的初值再无作用，变量的 Last 属性中仅获取上一周期数值的功能继续有效。

变量的 Default 属性的含义为，只要变量没有显式地赋值，就取默认设置的数值。

如果变量的两个属性都设置了，Default 属性的优先级更高。

设置 Last 和 Default 的值的方法为：单击所要设置的变量（局部变量或者输出变量），切换至 Declaration 栏，在其右侧的 Last 栏或 Default 栏中输入要设定的值，如图 2-87 所示。

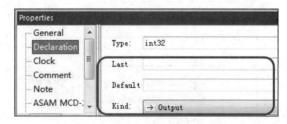

图 2-87　Last 和 Default 值的设定方式

下面给出使用变量 Last 属性和 Default 属性的步骤。

1. 定义变量的 Last 值

如图 2-88 所示，图中的 If 块由 3 个块组成：

当输入 in<0 时，运行第一个分支，执行 Y1=-10，Y2=X，Y3=10，Y4=last'Y4 的操作。

当输入 in>0 时，运行第二个分支，执行 Y1=10，Y3=X 的操作。

当输入 in=0 时，运行第三个分支，执行 Y1=0，Y4=0 的操作。

其中 Y2 设置了 Last 属性，初值为 5。

如果程序运行中是从第一个分支跳转到第二或第三个分支的，那么 Y2 会输出上一周期值，即 X；如果是初始时刻就跳转到第二或第三个分支的，那么 Y2 会取值为 5。详细举例如下：

第一周期：输入 in=0，则激活第三个分支，此时 Y2 没有显式的定义，又由于是初始时刻，Y2=5。

第二周期：输入 in=-1，X=3，则激活第一个分支，此时 Y2 有显式的定义，Y2=X=3。

第三周期：输入 in=1，X=2，则激活第二个分支，此时 Y2 没有显式的定义，取上一周期的值，即 Y2=3。

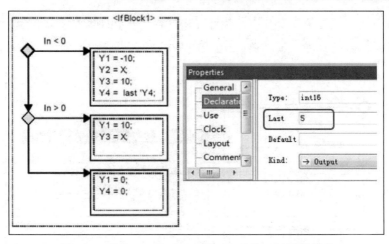

图 2-88　关注 Y2 的 Last 属性，初值为 5 的设置方式

2. 定义变量的 Default 值

如图 2-89 所示，图中的 If 块由 3 个块组成：

当输入 in<0 时，运行第一个分支，执行 Y1=-10，Y2=X，Y3=10，Y4=last'Y4 的操作。

当输入 in>0 时，运行第二个分支，执行 Y1=10，Y3=X 的操作。

当输入 in=0 时，运行第三个分支，执行 Y1=0，Y4=0 的操作。

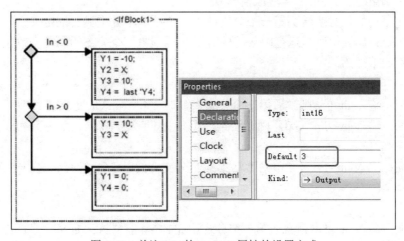

图 2-89　关注 Y3 的 Default 属性的设置方式

其中 Y3 设置了 Default 属性，值为 3。仅有 Default 属性，最好理解。详细举例如下：

第一周期：输入 in=0，则激活第三个分支，此时 Y3 没有显式的定义，取默认值 Y3=3。

第二周期：输入 in=-1，X=3，则激活第一个分支，此时 Y3 有显式的定义，Y3=10。

第三周期：输入 in=1，X=2，则激活第二个分支，此时 Y3 有显式的定义，Y3=X=2。

3. 同时定义变量的 Last 值和 Default 值

同时定义变量的 Last 值和 Default 值，Default 值的优先级更高。只要没有显式地赋值，就取 Default 值。

如图 2-90 所示，图中的 If 块由 3 个块组成：

当输入 in<0 时，运行第一个分支，执行 Y1=-10，Y2=X，Y3=10，Y4=last'Y4 的操作。

当输入 in>0 时，运行第二个分支，执行 Y1=10，Y3=X 的操作。

当输入 in=0 时，运行第三个分支，执行 Y1=0，Y4=0 的操作。

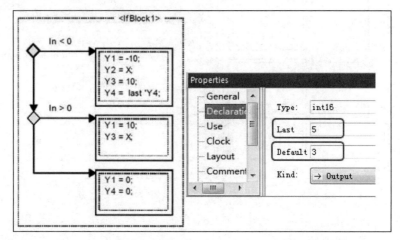

图 2-90　关注 Y4 同时设置 Last 和 Default 属性的设置方式

其中 Y4 同时设置了初值为 5 的 Last 值和数值为 3 的 Default 值。

只要跳转到第二个分支，Y4 就取值为 3。

只要跳转到第三个分支，Y4 就取值为 0。

如果程序是初始化时跳转到第一个分支的，由于第一个分支显示地定义为取上一周期值，Y4 取 Last 初值 5；如果程序是运行中从其他分支跳转到第一个分支的，Y4 会输出上一周期值。

详细举例如下：

情况一：

第一周期：输入 in=0，则激活第三个分支，此时 Y4 有显式的定义，Y4=0。

第二周期：输入 in=-1，X=3，则激活第一个分支，此时 Y4 显式地定义为取上一周期值，则 Y4=0。

第三周期：输入 in=1，X=2，则激活第二个分支，此时 Y4 没有显式的定义，取默认值 Y4=3。

情况二：

第一周期：输入 in=-1，则激活第一个分支，此时 Y4 有显式的定义，但是初始化的情况，Y4=5。

第二周期：输入 in=1，X=2，则激活第二个分支，此时 Y4 没有显式的定义，取默认值 Y4=3。

本节的隐式赋值在状态机的应用中同样常见，可参阅 3.4 节内容以加深理解。

2.6　导入元素

SCADE 开发环境支持导入的类型、常量、外部引用变量、操作符、静态库等进行混合建模和联合仿真。工程实践中，导入的复杂类型（数组、结构体等）需要编写较多的转换脚本，才可在 SCADE 环境中被识别进行联合仿真，代价较高，不推荐使用。本节仅介绍使用与 SCADE

内置基础类型兼容的导入元素。导入元素内容的正确性依靠传统手工编码的验证流程确保，SCADE 环境仅检查接口的正确性。

2.6.1 导入常量

准备好如图 2-91 所示的头文件，常量推荐以宏定义方式设置。

```
UESTC_Consts.h
#ifndef _UESTC_CONSTS_H_
#define _UESTC_CONSTS_H_

#define UESTC_PAI 3.14            /* 圆周率 */
#define UESTC_EPSILON 0.01        /* 浮点数精度 */
#define UESTC_PARAZ 2.3           /* 参数PARAZ */

#endif /* _UESTC_CONSTS_H_ */
```

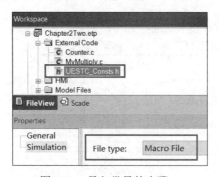

图 2-91 导入常量的步骤一

在项目框架图的 FileView 选项卡中导入头文件。选中该头文件，在属性的 Simulation 栏的 File type:下拉列表框中选中 Macro File 选项，如图 2-92 所示。

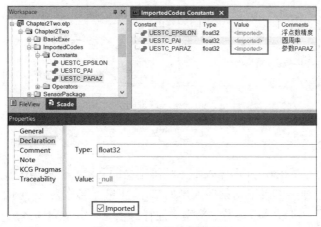

图 2-92 导入常量的步骤二

切换至项目框架图的 Scade 选项卡，新建与导入头文件中同名的常量，选中这些常量，在属性的 Declaration 栏内勾选 Imported 复选项。这些常量编辑框的 Value 列都会显示<Imported>内容，如图 2-93 所示。

图 2-93 导入常量的步骤三

为了防止 SCADE 中的包名影响导入代码的常量名称识别，在 SCADE 内选中导入常量，在属性的 KCG Pragmas 栏的 Name:编辑框中填写名称，如图 2-94 所示。

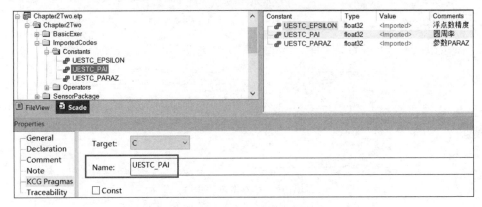

图 2-94　导入常量的步骤四

在模型设计区，直接拖拽导入常量进行建模，如图 2-95 所示。

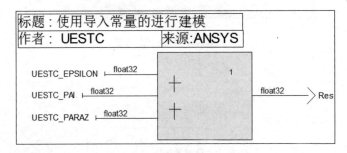

图 2-95　导入常量的步骤五

仿真效果如图 2-96 所示。

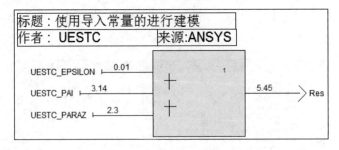

图 2-96　导入常量的步骤六

2.6.2　外部引用变量（Sensor）

外部引用变量是以 extern 方式导入手工编码定义的变量，在 SCADE Suite 中外部引用变量是只读的。可以通过菜单或工具条插入形如 ▷ 的变量，名称为 Sensor。外部引用变量的编辑和使用类似于常量。可以修改名称、类型、注释等信息。定义完毕之后，就可以类似常量一样拖拽入模型设计画面使用了。

例如，定义图 2-97 所示的外部引用变量。

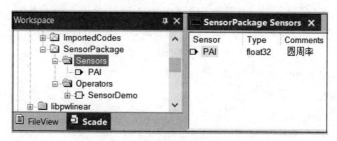

图 2-97　定义外部引用变量的方法

通过外部引用变量设定的圆周率求圆的面积和周长，如图 2-98 所示。

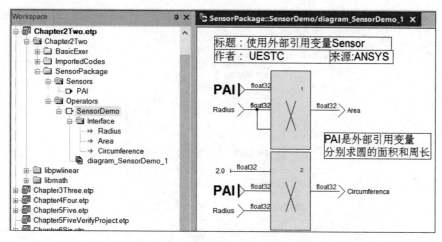

图 2-98　求圆的周长和面积的示例

外部引用变量会统一生成在名称为 kcg_sensors.h 的文件中，本例的 kcg_sensors.h 文件内容如图 2-99 所示。

```
#ifndef _KCG_SENSORS_H_
#define _KCG_SENSORS_H_

#include "kcg_types.h"

#ifndef PAI
/* SensorPackage::PAI */
extern kcg_float32 PAI;
#endif /* PAI */

#endif /* _KCG_SENSORS_H_ */
```

图 2-99　kcg_sensors.h 文件

外部引用变量的使用和常量的使用几乎没有差异。但是在手工编码中，用户必须自己确保该变量的赋值及其正确性。

2.6.3　导入操作符

导入操作符的使用场景通常为用户的历史项目中有较成熟的代码，或者部分功能确实与平台相关，或者部分功能对运算时间和堆栈有极高的要求等情况。这时将手工编码的代码以导入操作符的形式载入 SCADE 中，可以与 SCADE 内的操作符进行联合设计和联合仿真。SCADE 环境对包含导入操作符的模型仅检查接口属性，即没有悬空的输入输出，且连接好的输入输出的类型是匹配的。导入操作符的内容正确性由用户自己验证。

导入操作符分为 Function 和 Node 两种类型。

1. Function 类型导入操作符

下面给出导入 Function 类型操作符的步骤，实现乘法操作。

在 SCADE 的项目框架图中定义操作符的名称、I/O 名称及其类型。操作符的名称为 Multiply，两个输入一个输出都是 float32 类型。选中操作符在属性的 Declaration 栏右侧勾选 Imported 复选项，确保该操作符为 Function 类型。可以看到导入操作符的左侧有个竖杠，如图 2-100 所示。

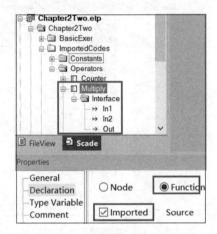

图 2-100　Function 类型导入操作符的建立步骤一

为了防止 SCADE 中的包名影响导入操作符名称的识别，在 SCADE 内选中导入操作符，在属性的 KCG Pragmas 栏的 Name:编辑框中填写名称，如图 2-101 所示。

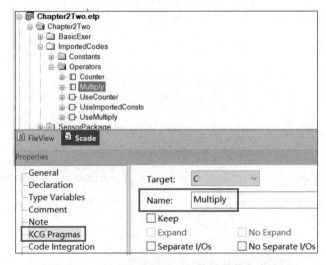

图 2-101　Function 类型导入操作符的建立步骤二

　　再设计一个 Function 类型的 SCADE 操作符，名称为 UseMultiply，用于调用导入操作符。在 UseMultiply 的模型设计区中拖拽 Mulitply 操作符进来并连接好接口，确保检查通过，如图 2-102 所示。

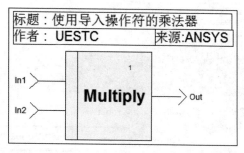

图 2-102　Function 类型导入操作符的建立步骤三

　　选中 UseMultiply 操作符，在工具条 Code Generator 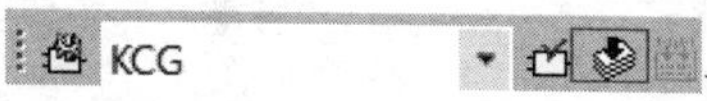 上单击"生成代码"按钮，在生成代码目录中找到并打开 kcg_imported_functions.h 文件，其中包含了 SCADE 推荐的导入操作符的函数声明形式，如图 2-103 所示。

```
#ifndef _KCG_IMPORTED_FUNCTIONS_H_
#define _KCG_IMPORTED_FUNCTIONS_H_

#include "kcg_types.h"

#ifndef Multiply
/* ImportedCodes::Multiply */
extern kcg_int32 Multiply(
  /* ImportedCodes::Multiply::In1 */ kcg_int32 In1,
  /* ImportedCodes::Multiply::In2 */ kcg_int32 In2);
#endif /* Multiply */

#endif /* _KCG_IMPORTED_FUNCTIONS_H_ */
```

图 2-103　Function 类型导入操作符的建立步骤四

　　根据 kcg_imported_functions.h 的内容手工编码到 MyMultiply.c 文件，完成 Multiply 函数，如图 2-104 所示。

```
MyMultiply.c
1    int Multiply(int In1,int In2)
2    {
3        return In1 * In2;
4    }
```

图 2-104　Function 类型导入操作符的建立步骤五

　　在 SCADE 中 Multiply 操作符属性 Declaration 栏右侧的 Source 编辑框内找出该文件，如图 2-105 所示。

　　切换至项目框架图的 FileView 选项卡，选中导入操作符对应的手工编码文件 MyMultiply.c，在属性的 Simulation 栏的右侧选择 File type:类型为 C Source File，如图 2-106 所示。

　　接下来可以验证导入 Function 类型操作符的功能。选中 UseMultiply 操作符，单击工具条 Code Generator 中的"构建"按钮，构建完毕后单击"运行"按钮。仿真效果如图 2-107 所示。

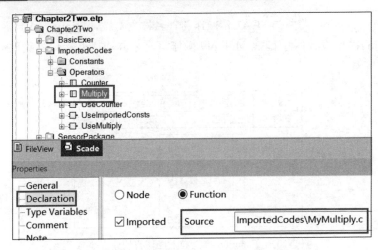

图 2-105　Function 类型导入操作符的建立步骤六

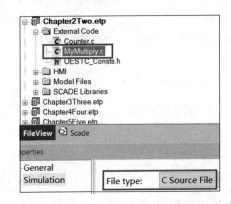

图 2-106　Function 类型导入操作符的建立步骤七

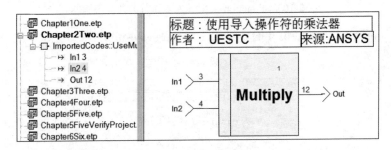

图 2-107　Function 类型导入操作符的建立步骤八

2. Node 类型导入操作符

下面给出导入 Node 类型操作符的步骤，实现自增操作。

同样，先在 SCADE 的项目框架图中定义操作符的名称、I/O 名称及其类型。操作符的名称为 Counter，两个输入一个输出都是 int32 类型。选中操作符在属性的 Declaration 栏右侧勾选 Imported 复选项，确保该操作符为 Node 类型。可以看到其左侧有个竖杠，如图 2-108 所示。

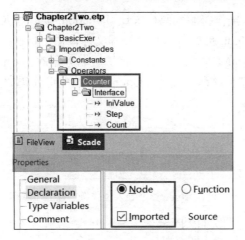

图 2-108　Node 类型导入操作符的建立步骤一

为了防止 SCADE 中的包名影响导入操作符名称的识别，在 SCADE 内选中导入操作符，在属性的 KCG Pragmas 栏的 Name:编辑框中填写名称，如图 2-109 所示。

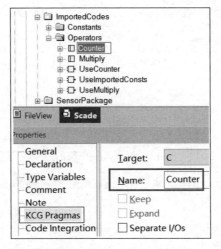

图 2-109　Node 类型导入操作符的建立步骤二

再设计一个 Node 类型的 SCADE 操作符，名称为 UseCounter，用于调用导入操作符。在 UseCounter 操作符的模型设计区中拖拽 Counter 操作符进来并连接好接口，确保检查通过，如图 2-110 所示。

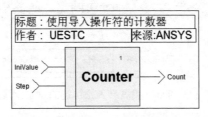

图 2-110　Node 类型导入操作符的建立步骤三

选中 UseCounter 操作符，在工具条 Code Generator 上单击"生成代码"按钮。Node 类型导入操作符的代码格式比 Function 类型导入操作符的代码格式复杂，SCADE 会专门生成带.dc 和.dh 扩展名的两个推荐文件，供用户在此基础上参考修改。在生成代码目录中找到.dc 和.dh 扩展名的两个文件，将扩展名分别改为.c 和.h，按照 SCADE 的 Node 类型的时序概念手工编码完善这两个文件。Counter.h 的关键代码如图 2-111 所示。

```
typedef struct {
  /* ------------------------- outputs ------------------------- */
  kcg_int32 /* ImportedCodes::Counter::Count */ Count;
  /* ------------- insert eventual inits and memories ------------- */
  kcg_bool Init;
} outC_Counter;
```

图 2-111　Node 类型导入操作符的建立步骤四

Counter.c 的关键代码如图 2-112 所示。

```
/* ImportedCodes::Counter */
void Counter(
  /* ImportedCodes::Counter::IniValue */ kcg_int32 IniValue,
  /* ImportedCodes::Counter::Step */ kcg_int32 Step,
  outC_Counter *outC)
{
  /* The body of this function must be provided */
  if(outC->Init)
  {
    outC->Count = IniValue;
    outC->Init = kcg_false;
  }
  else
  {
    outC->Count += Step;
  }
}
```

图 2-112　Node 类型导入操作符的建立步骤五

在 SCADE 内选中 Counter 操作符属性 Declaration 栏右侧的 Source 编辑框内找出该文件，如图 2-113 所示。

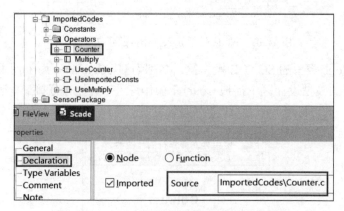

图 2-113　Node 类型导入操作符的建立步骤六

切换至项目框架图的 FileView 选项卡，选中导入操作符对应的手工编码文件 Counter.c，在属性的 Simulation 栏的右侧选择 File type:类型为 C Source File，如图 2-114 所示。

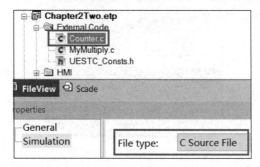

图 2-114 Node 类型导入操作符的建立步骤七

接下来可以验证导入 Function 类型操作符的功能。选中 UseCounter 操作符，单击工具条 Code Generator 中的"构建"按钮，构建完毕后单击"运行"按钮。仿真效果如图 2-115 所示。

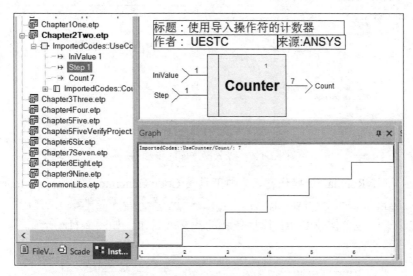

图 2-115 Node 类型导入操作符的建立步骤八

由于导入 Node 类型操作符的手工编码形式较为复杂，推荐只使用导入 Function 类型操作符。另外，在导入 Function 类型操作符的手工编码内使用一些全局变量来保存上下文环境，也可以实现同 Node 类型导入操作符一样的功能。

2.6.4 导入静态库

导入的静态库用于导入操作符内容的正确编译和链接，实现在 SCADE 环境下仿真完整应用的功能。这里给出导入静态库的步骤，实现使用正则表达式来检测字符串时间的格式是否符合 24 小时制。该示例用到了开源的 PCRE（Perl Compatible Regular Expressions）库。

先用 gcc 命令将 PCRE 的开源代码编译为 libgcre.a 库文件，然后切换至项目框架图的 FileView 选项卡，导入并选中编译完毕的 PCRE 库文件，在属性的 Simulation 栏的右侧选择 File type:类型为 Object File，如图 2-116 所示。

按照前面的方法设计 Function 类型导入操作符 VerifyRegularStr 及其顶层操作符 Use_VerifyRegularStr，如图 2-117 所示。

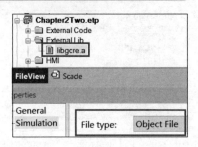

图 2-116 导入静态库的步骤一

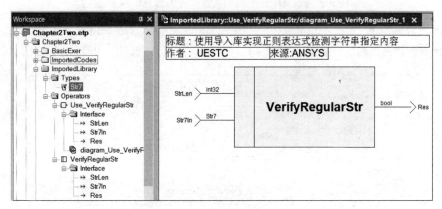

图 2-117 导入静态库的步骤二

选中 Use_VerifyRegularStr 操作符，选中工具条 Code Generator，切换至 Simulation 列表并单击左侧的"配置"按钮 ：⚙ Simulation ▾ 🗂 ⬇ 🗓 🗓 ✖ 🔄，在弹出的对话框内切换至 Build 选项卡，包含构建 PCRE 库所依赖的头文件目录，如图 2-118 所示。

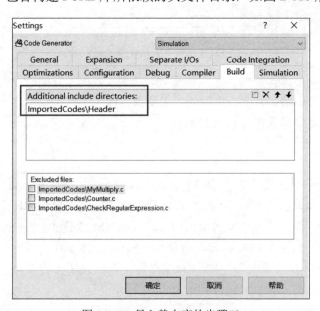

图 2-118 导入静态库的步骤三

将对话框切换至 Compiler 选项卡，设置构建 PCRE 库所需的宏定义，如图 2-119 所示。

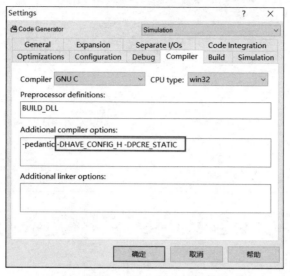

图 2-119　导入静态库的步骤四

设置完毕后构建并仿真运行，在仿真图中可以看到字符串"23:11:22"符合预定正则表达式规则，返回 true，如图 2-120 所示。

图 2-120　导入静态库的步骤五

练习题

1. 用 SCADE 模型方式设计求解复数乘法的公式。
2. 用 SCADE 文本方式设计求解复数乘法的公式。
3. 设计求解一元二次方程组的根。
4. 设计时域的 PID 公式。
5. 设计积分的梯形公式和欧拉中点公式。

3

SCADE Suite 安全状态机

3.1 安全状态机

3.1.1 状态机的组成

第 1 章中提到同步语言 SCADE 融入了 SyncCharts 概念后，形成了安全状态机（Safe State Machine），后面简称为状态机。相对于数据流，状态机更适用于控制流方面的建模。考察图 3-1 的内容，尽管左侧的文本方式已经能精准地描述控制算法，并在状态切换的同时完成了相应的赋值操作；但右侧的状态机模型是更受欢迎的设计方式，在同样精准地描述控制算法的前提下，更显得简洁直观，也易于扩展维护。

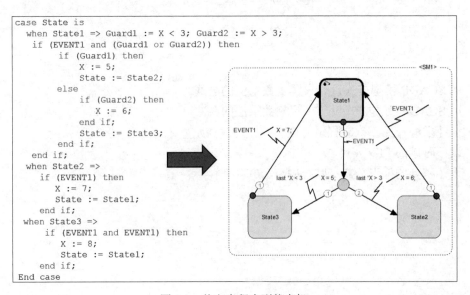

```
case State is
  when State1 => Guard1 := X < 3; Guard2 := X > 3;
    if (EVENT1 and (Guard1 or Guard2)) then
        if (Guard1) then
            X := 5;
            State := State2;
        else
            if (Guard2) then
                X := 6;
            end if;
            State := State3;
        end if;
    end if;
  when State2 =>
    if (EVENT1) then
        X := 7;
        State := State1;
    end if;
  when State3 =>
    if (EVENT1 and EVENT1) then
        X := 8;
        State := State1;
    end if;
End case
```

图 3-1　从文本程序到状态机

SCADE 中的状态机与数字逻辑设计中的状态机类似，原理就是状态 A 在满足某个条件 a 时会发生状态迁移，即从当前的 A 状态跳转至 B 状态。这个系统就是状态机。如图 3-2 所示，就展示了 SCADE 中最简单的状态机模型。

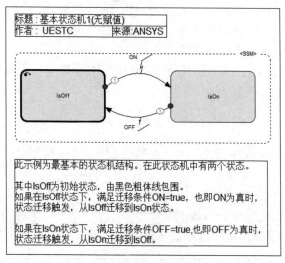

图 3-2　基本状态机 1（无赋值）

一个状态机（SSM）主要由状态（State）和迁移（Transition）两个部分组成。其中，状态机由圆角虚线矩形表示，虚线的右上角可以修改状态机的名称，默认有 SM 前缀；状态由圆角实心矩形表示，中心可以修改状态的名称，默认有 State 前缀；迁移由直线或贝塞尔曲线表示，没有名称属性。

在 SCADE 中，一个操作符支持包含一个或多个状态机，状态机之间可以是并行的关系，也可以是嵌套的关系。每个状态机内可以有一个或多个状态，状态之间通过迁移连接。每个状态机内有且只有一个初始状态，初始状态的边框是以加粗状态显示的。SCADE 支持状态机与数据流混合建模。图 3-3 展示的是 SM1 和 SM2 两个状态机与一个加法数据流运算并行设计的示例。其中状态机 SM1 内含有两个状态，状态机 SM2 内含有 3 个状态。

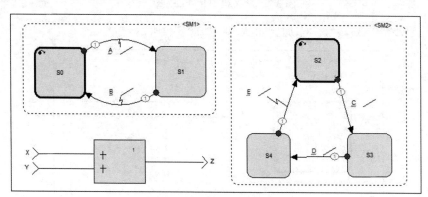

图 3-3　状态机与数据流的并行

SCADE 状态机主要有以下特点：

● 状态的行为都是确定的，没有模棱两可的情况发生，没有非预期的情况发生。

- 所有的状态在任一执行周期，必须是激活（active）或者不激活（not active）两种状态之一。
- 所有的迁移都只有一个确定的迁出状态和一个确定的迁入状态。
- 从任一状态出发的所有迁移都有确定的优先级。部分或全部迁移条件同时满足时，严格按照优先级的顺序来确定哪个迁移的跳转。
- 状态机内必须定义一个初始状态。

如果所有的状态和迁移是并发的，那么 SCADE 语言会检查并确保相互间的依赖关系，用户的设计只需要专注于业务逻辑本身。

3.1.2 状态机的创建

（1）创建操作符，定义操作符及其 I/O 的属性。然后单击模型设计区，使得工具条 Create 的 New State Machine 按钮高亮显示，再单击该按钮 → → ⬚ ▷ Y ☑ ▢ ◎ ▷ 。

（2）在模型设计区中按住鼠标拖动，绘制出状态机的虚线框，尽量放大状态机区域。

（3）单击工具条 Create 的 New State 按钮 → → ⬚ ▷ Y ☑ ▢ ◎ ▷ 进行状态机内状态的添加，然后在步骤（2）中建好的虚线框中拖动鼠标以建立状态，如图 3-4 所示。

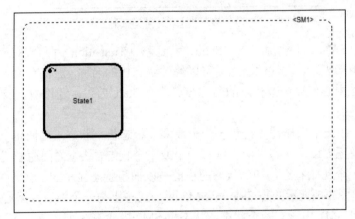

图 3-4　状态机中状态的建立一

（4）重复步骤（3），继续添加新的状态，如图 3-5 所示。

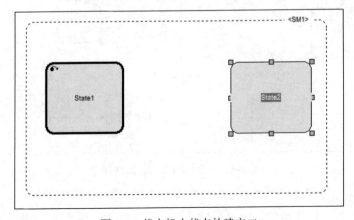

图 3-5　状态机中状态的建立二

（5）添加两个状态间的迁移，将鼠标放到初始状态（有加粗圆角矩形框的那个）的右侧边界上，鼠标变为小圆圈时单击，拖动虚线到右侧（此时鼠标图标恢复正常），当鼠标到达目标状态的左边界时将再次出现小圆圈，单击一次即可完成迁移的建立，如图 3-6 所示。

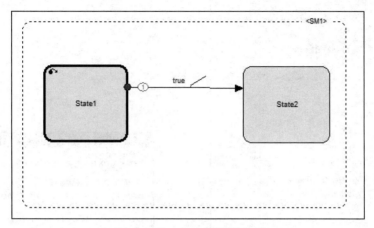

图 3-6　状态机中迁移的建立

SCADE 状态机创建过程较为简单，更复杂的逻辑行为需要通过设置状态机各元素属性来实现，下面展开介绍这些内容。

3.2　状态的设置

3.2.1　状态

状态是状态机的基本元素。同 2.5 节，状态也是 SCADE 可激活块的一种。里面可以嵌套状态机、数据流或者混合设计。SCADE 语言保证了，任意一个周期，非并行设计的状态机中有且只有一个状态激活态。而状态，在任一周期内，只有激活或者未激活情况。

3.2.2　初始状态和终止状态

初始状态是状态机内由粗线圆角矩形框显示的状态，通常可作为状态机的默认状态，或是空闲（IDLE）状态。终止状态是由双线包围的状态，用于同步并发逻辑的控制。有 3 种方法将切换状态的初始状态和终止状态属性。

（1）右击选中状态，在弹出的快捷菜单中选择 Set/Unset state as initial 或 Set/Unset state as final 选项，如图 3-7 所示。

（2）选中状态，在属性窗口的 Declaration 右侧勾选或取消勾选 Initial 或 Final 复选项，如图 3-8 所示。

（3）选中状态，在工具条 State Machine 中单击右侧的两个按钮，如图 3-9 所示。

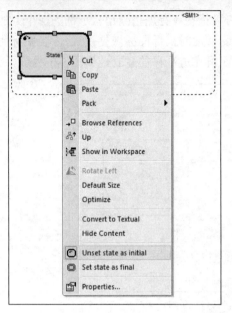

图 3-7　设置初始状态的方法一

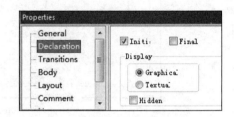

图 3-8　设置初始状态的方法二

图 3-9　设置初始状态和终止状态的方法三

3.2.3　状态的编辑

1. 状态的创建

创建步骤参照 3.1.2 节，状态创建完毕后，在项目框架图中的位置如图 3-10 所示。

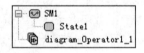

图 3-10　Framework 下的状态机结构

2. 状态的属性设置

在状态创建完成之后，需要对状态的属性进行设置，这里介绍状态的常见属性设置方法。

（1）修改状态的名字：在属性窗口中，单击 General，在其右侧的 Name 栏中修改状态的名字，如图 3-11 所示。

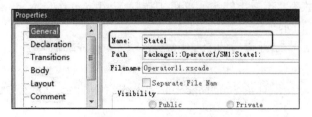

图 3-11　修改状态的名字

（2）修改状态的属性（修改状态为初始状态或者终止状态）：在属性窗口中，单击 Declaration，对其右侧的 Initial（初始状态）或者 Final（终止状态）进行勾选，如图 3-12 所示。

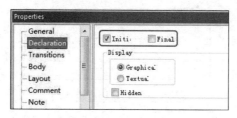

图 3-12　修改状态的标识

（3）状态内行为设计有 4 种方式，如图 3-13 所示。

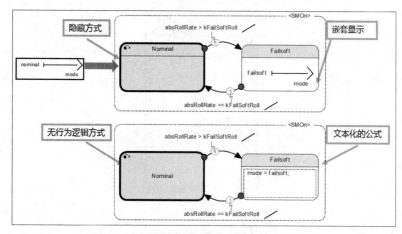

图 3-13　状态内行为设计的 4 种方式

- 无行为逻辑的方式：没有添加行为逻辑的默认方式。
- 嵌套基于模型设计的方式：适用于状态布局范围可以完全容纳行为元素的情况。
- 隐藏基于模型设计的方式：适用于状态布局范围无法完全容纳行为元素的情况。设置方式是，右击选中某状态，在弹出的快捷菜单中选择 Hide Content 选项，如图 3-14 所示。

图 3-14　隐藏模型设计一

设置隐藏模式后，双击状态，可在独立的画布内进行模型设计，画布内的虚线框表示状态的布局范围，如图 3-15 所示。

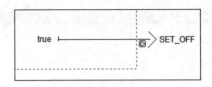

图 3-15　隐藏模型设计二

状态从隐藏方式恢复到嵌套方式的操作为，右击选中该状态，在弹出的快捷菜单中选择 Embed Content 选项，如图 3-16 所示。

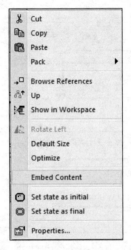

图 3-16　隐藏模型设计三

如果隐藏方式内的模型布局超出了状态机的虚线框范围，则无法恢复设置为嵌套模式。SCADE 会弹出提示对话框，如图 3-17 所示。

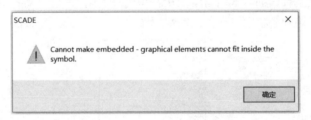

图 3-17　隐藏模型设计四

- 嵌套 SCADE 文本设计的方式：适用于控制行为便于用 SCADE 语言表述的情况。设置方式是，右击选中某状态，在弹出的快捷菜单中选择 Convert to Text 选项，如图 3-18 所示。

（4）设置包含优先级的状态迁移和对应的文本化 SCADE 代码：在属性窗口中，单击 Transition，在其右侧的文本框中填写对应的文本化 SCADE 代码并设置状态迁移的优先级，如图 3-19 所示。

图 3-18　文本设计方式

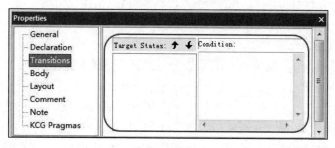

图 3-19　状态的高级属性设置

3.3　迁移的设置

3.3.1　迁移

迁移用于实现源状态到目标状态的跳转功能。状态迁移的属性主要由条件 Condition 和行为 Actions 组成，如图 3-20 所示。

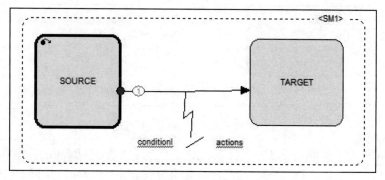

图 3-20　状态迁移的标识

3.3.2　迁移的条件和行为

在迁移线上有个斜杠，是用于分隔条件和行为的标识。条件位于斜杠的左侧，是一个布尔表达式，是发生迁移跳转的条件。行为位于斜杠的右侧，是一个赋值语句。

1．条件（Condition）

条件是一个布尔表达式，用于判断是否满足迁移的条件。支持 times 和 last 等关键字，用于时序方面的控制，例如：

2 times On;　　　　　　　　（累计两次 On 为 true 时，迁移触发）

3 times (Local1 > 18.0);　　　（累计三次 Local1>18.0 时，迁移触发）

5 times 'Signal1;　　　　　　（累计五次 Signal1 信号为 true 时，迁移触发）

last 'On;　　　　　　　　　（上一周期 On 的值为 true 时，迁移触发）

last 'Local1 > 18.0;　　　　　（上一周期 Local1>18.0 时，迁移触发）

last 'Signal1;　　　　　　　（上一周期 Signal1 的值为 true 时，迁移触发）

times (last 'Local1 > 18.0);　（累计两次上一周期 Local1>18.0 时，迁移触发）

注意：SCADE 文本设计中 Signal 信号的前面和 last 语句后的变量前面要加一撇（'）。

2．行为（Actions）

行为是一个赋值语句，赋值语句必须以分号结尾。状态迁移的那个周期，要完成的常见赋值操作有：

Local1 = 15.0;　　　　　　（在迁移触发的那个周期，Local1 赋值为 15.0）

StopEngine = true;　　　　　（在迁移触发的那个周期，StopEngine 赋值为 true）

MaxValue = Max(Value1, Value2);　（在迁移触发的那个周期，取两个输入的较大值）

注意：赋值语句可以位于状态内，也可以位于迁移线上。位于状态内的赋值语句，只要该状态处于激活态，则每周期都运行；位于迁移线上的赋值语句，当且仅当迁移触发的那个周期运行。

关于 Condition 和 Actions 的使用请参考图 3-21 所示的示例。

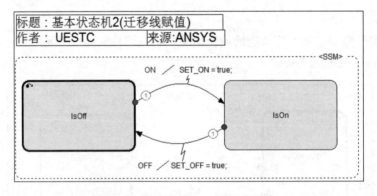

图 3-21　基本状态机 2（迁移线赋值）

在本例中，假设当前状态为 IsOff 状态，如果下一周期满足 ON=true，则迁移触发跳转到 IsOn 状态，同时执行 SET_ON=true 的操作；如果当前状态为 IsOn，且有 OFF=true，则迁移触发跳转到 IsOff 状态，同时执行 SET_OFF=true 的操作。

注意：SET_ON=true 和 SET_OFF=true 这两个操作仅在迁移触发那个周期进行，之后不再进行赋值的操作。

3.3.3 迁移的触发

SCADE 状态机中，迁移的触发和状态的跳转是在一个周期内完成的。通常迁移的触发有两个条件：第一个是触发条件（Condition）为真，第二个条件就是源状态在前一周期处于激活态。例如图 3-22 所示，如果 absRollRate>kFailSoftRoll 为真，并且状态 Nominal 在前一周期已处于激活态，则该迁移触发，状态 Failsoft 被激活。

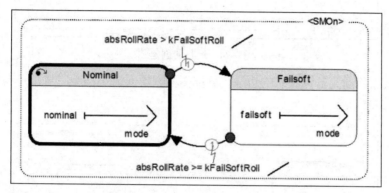

图 3-22 迁移触发的条件

3.3.4 迁移和初始状态

（1）如果第一周期初始状态的迁出的迁移条件都不满足，则初始状态就是激活态。

（2）在之后的运行周期内，初始状态和其他状态没有差别。

3.3.5 迁移的编辑

1. 创建一个迁移

（1）将鼠标定位在状态框的右侧边缘，当鼠标图标变为小圆圈时单击左键，然后向右侧移动，如图 3-23 所示。

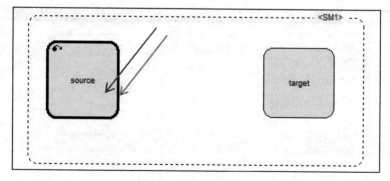

图 3-23 迁移的创建一

（2）可以在鼠标移动中单击多次，每单击一次，显示出前后两次之间的线段，如图 3-24 所示。

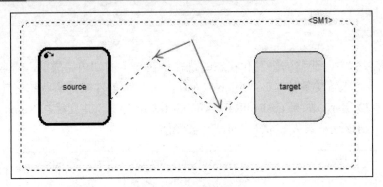

图 3-24　迁移的创建二

（3）当鼠标移动到目标状态的边缘，鼠标图标再次变为小圆圈时单击左键，完成迁移线的设计，如图 3-25 所示。

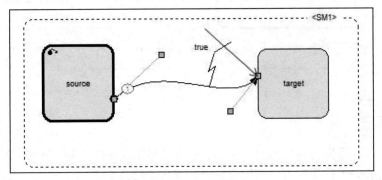

图 3-25　迁移的创建三

2. 迁移的属性

条件和行为是迁移的两个重要属性，除了在模型设计图中直接在迁移线上填写两者的内容外，也可以在属性栏中设置。选中迁移，在属性的 Activation 栏的右侧分别填写 Condition 和 Action，如图 3-26 所示。

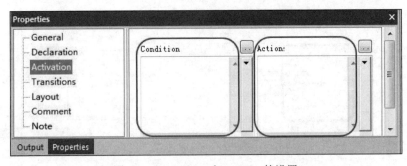

图 3-26　Condition 和 Actions 的设置

3. 迁移的优先级

优先级也是迁移的重要属性。SCADE 的状态可以有一个以上的迁移线跳转到其他状态。当某状态多个迁移到其他状态的条件同时满足时，优先级最高的迁移触发。优先级标识位于迁移线上的数字符号内，数字越小，优先级越高，1 为最高优先级。

SCADE 编辑器会自动为每个迁移添加一个默认优先级，用户也可以通过选中迁移线，在属性的 Declaration 栏的 Priority 中修改，如图 3-27 所示。

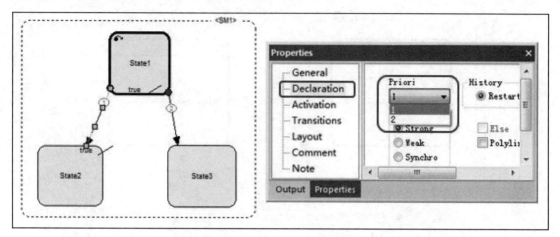

图 3-27　迁移的优先级设置

4. 迁移的类型

迁移有 3 种类型：强迁移（Strong）、弱迁移（Weak）和同步迁移（Synchro），可通过工具条 State Machine 左侧的 3 个按钮设置，它们的区别如下：

（1）强迁移（图标是黑头红尾）：当迁移条件满足时，当前周期的源状态不再是激活态，而目标状态变为激活态。

（2）弱迁移（图标是蓝头黑尾）：当迁移条件满足时，当前周期的源状态依然是激活态，而目标状态为非激活态。下一周期时，源状态转为非激活态，目标状态转为激活态。

（3）同步迁移（图标是蓝头绿尾）：通常需要配合状态的终止 Final 属性联合设计，达到同步的功能。

图 3-28 展示的是 3 种迁移在 SCADE 中的图形显示，从左到右依次是强迁移、弱迁移和同步迁移。

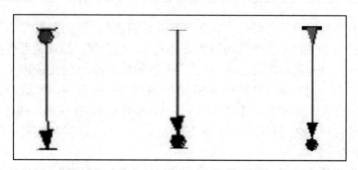

图 3-28　3 种迁移类型在 SCADE 中的图形显示

图 3-29 着重解释了强弱迁移的区别。

左侧的状态机为强迁移跳转，右侧的是弱迁移跳转。迁移条件 I 为 true 时，左右两状态机都处于源状态，输出 O=false。当迁移条件 I=true 时，强迁移跳转的目标状态直接变为激活态，输出 O=true；弱迁移跳转保持源状态为激活态，依然保持输出 O=false。再下一周期目标状态变为激活态，输出 O=true。I/O 变化如表 3-1 所示。

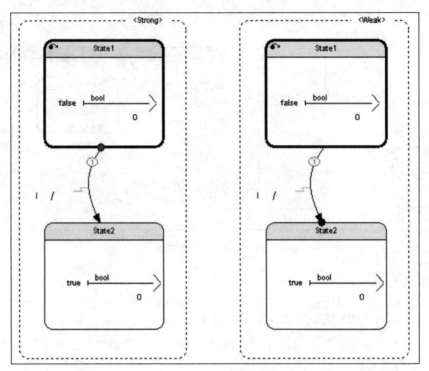

图 3-29　强弱连接类型的对比

表 3-1　强弱迁移对比

I	false	true	-
Strong	O=false	O=true	O=true
Weak	O=false	O=false	O=true

同步迁移没有具体的触发条件，它只在与其关联的状态结束时触发。而一个状态的结束，是指其嵌套包含的所有并行子状态机均到达终止状态。终止状态的设置可参考 3.2.2 节。

如图 3-30 所示，状态机 AB 内有 A、B 两个并行的状态机，它们的初始状态分别为 Wait-A 和 Wait-B，终止状态分别为 A-SEEN 和 B-SEEN。直到并行的 A、B 两状态机都跳转到终止状态时，状态机 AB 的同步迁移才会触发，从状态 AB 跳转到 END 状态，同时完成 O=true 的操作。注意，同步迁移也像弱迁移一样，条件满足后，下一周期再跳转到目标状态。

5. 迁移的分叉

迁移的分叉用于将不同迁移标识的相同部分合并起来，简化条件的编写并增加美观性。

在一个状态有超过一条迁移与其关联时，可以提取迁移的相同条件和行为，将其合并在共用的分叉支路里，当到达其中一个新的目标状态的条件完全满足时迁移触发，如图 3-31 所示。注意，分叉迁移的中间图标仅仅是符号，不是状态。

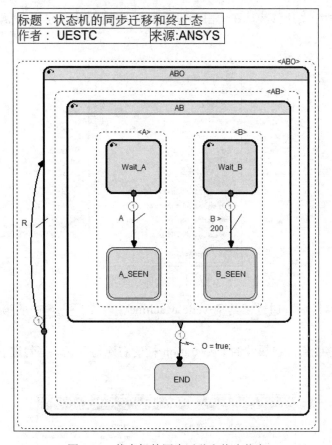

图 3-30 状态机的同步迁移和终止状态

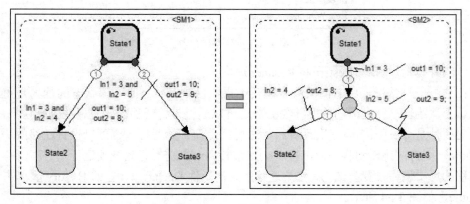

图 3-31 分叉迁移

迁移分叉的使用方法是，选中需要分叉的迁移线，然后单击工具条 Creator 中的 New Fork Symbol 按钮。

6. 迁移线的形状

迁移线的形状有两种：曲线（Bezier）和折线（Polyline），一般默认为曲线。有 3 种方式可以帮助用户设置曲线的形状。

（1）右击选中一条迁移线，在弹出的快捷菜单中选择 Set transition layout as Polyline，如图 3-32 所示。

图 3-32　迁移线条的转换一

（2）选中迁移线后，通过工具条 State Machine 中的第四个和第五个按钮切换。

（3）选中迁移线后，在属性的 Declaration 栏的右侧勾选或取消勾选 Polyline Mode 复选项，如图 3-33 所示。

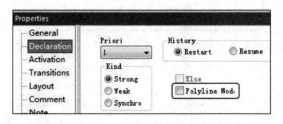

图 3-33　迁移线条的转换二

7. 迁移的历史属性（Restart 和 Resume）

存在这样一种情况，状态间的反复跳转中再次回到某状态时，该状态的行为是重新开始还是接着上次跳转离开之前的情况继续呢？这可以通过设置迁移的历史属性进行切换，默认迁移的历史属性是 Restart，即每次跳转回状态后都重新开始运行。也可以设置迁移的历史属性为 Resume，则再次跳转回状态后，接着上次跳转离开之前的行为继续运行。

迁移的历史属性设置方法为，选中迁移线，在属性 Declaration 栏的 History 区单击 Restart 或 Resume，如图 3-34 所示。

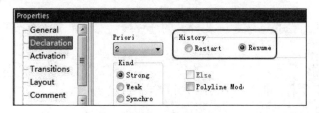

图 3-34　Restart/Resume 的设置

注意：慎重选择迁移历史的 Resume 属性，一组嵌套程度较深的状态组合，顶层状态的迁移线设置 Resume 属性后会极大地增加生成代码的上下文环境，降低运算的性能。

图 3-35 至图 3-38 所示的状态机是关于 Restart 和 Resume 设置的综合示例。

在图 3-35 中，初始状态为 State1，当输入变量 Start 为真时，迁移触发，跳转到状态 State2。State2 内部的 Increase 操作符是 Node 类型，具有自增功能，每周期加一，并赋值给 A。当 last'A 的值超过 200 时，会跳转到状态 State3。同时在执行状态 State2 的过程中，如果 Reset 输入为 true，由于 Reset 迁移是默认的 Restart 类型，所以 State2 的自增模块会立即回到 1，重新开始自增。

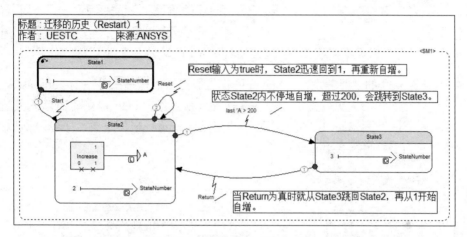

图 3-35　迁移的历史（Restart）一

图 3-36 和图 3-35 的差别是，State2 优先级为 2 的迁移线条件由 Reset 变为当自增达到 last'A=60 时跳回到 State2。由于迁移线是默认 Restart 设置，所以 A 会从 1 开始重新自增；由于总是加到 60 后又从 1 开始自增，所以 A 永远都不会增加到 200，也就无法跳转到状态 State3。

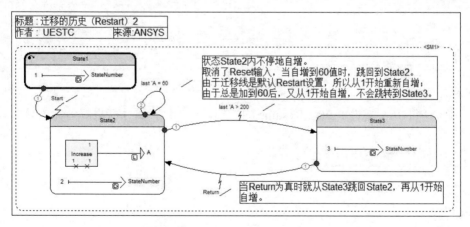

图 3-36　迁移的历史（Restart）二

图 3-37 与图 3-36 的差别是，State2 优先级为 2 的迁移线的历史属性改为 Resume。由于迁移线是 Resume 设置，所以即便迁移条件满足，输出 A 也继续从 60 开始自增；在加到 201 后，State2 的优先级为 1 的迁移触发，跳转到状态 State3。

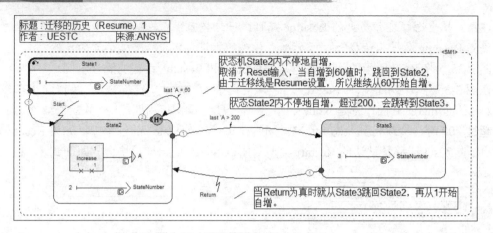

图 3-37　迁移的历史（Resume）一

图 3-38 与图 3-37 的主要差别是，State2 的优先级为 1 的迁移条件改为 200=last'A，State3 的优先级为 1 的迁移线的历史属性也设置为 Resume，则当处于 State3 状态，且输入变量 Return 为真时，State3 就跳回到 State2，由于该迁移线也是 Resume 属性设置，所以跳回后，State2 从 200 开始继续自增，停滞在 State2 内了。

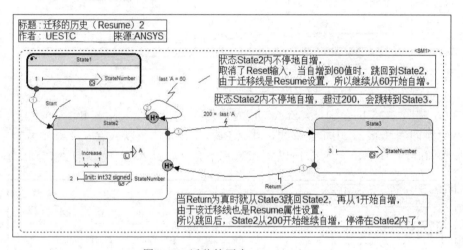

图 3-38　迁移的历史（Resume）二

以上是迁移的历史属性 Restart/Resume 的示例，恰当地设置才能更好地完成功能。

3.4　状态机中变量的隐式赋值

3.4.1　变量的隐式赋值

状态机也属于可激活块的一种，每个状态就是可激活块的一个分支。同 2.5.3 节，在可激活块设计中，每个分支内都需要定义所有变量的确定值。但可激活块的分支仅在被激活时，其内容才被执行，而每个分支通常只关注部分特定的输出变量和局部变量的改变。

SCADE 提供了 Last 和 Default 属性的设置，以隐式赋值的形式简化对可激活块中变量的赋值。这部分概念是 SCADE 的难点之一，但对简化模型的设计作用巨大。

变量的 Last 属性的含义为，只要变量没有显式地赋值，则取上一周期的数值。其中 Last 属性中定义的数值仅在初始时刻可激活块当前分支内无显式赋值时有效。一旦变量显式地赋值后，其 Last 属性的初值再无作用，变量的 Last 属性中仅获取上一周期数值的功能继续有效。

变量的 Default 属性的含义为，只要变量没有显式地赋值，就取默认设置的数值。

如果变量的两个属性都设置了，Default 属性的优先级更高。

数据的 default 和 last 值的设置方法为，单击所要设置的变量（局部变量或者输出变量），切换至 Declaration 栏，在其右侧的 Last 栏或 Default 栏中输入要设定的值，如图 3-39 所示。

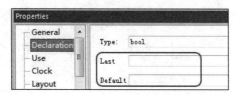

图 3-39　设置默认值

3.4.2　定义变量的 Last 值

设置输出 Output1 的 Last 属性的初值为 0，如图 3-40 所示。

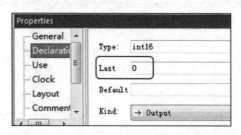

图 3-40　设置 Last 值

图 3-41 中的状态机中，设置输出 Output1 的 last 值为 0，初始时刻 Input1=false。

第一周期：由于 Input1 是 false，State1 激活。变量 Output1 虽没有显式定义，但设置了 Last 属性的初值为 0，所以 Output1=0。

第 X 周期：置 Input1=true 并一直保持，State2 激活，此时 Output1 有显式的定义，变为 1。

第 X+1 周期：State3 激活，变量 Output1 没有显式的定义。由于设置了 Last 属性，因此取上一周期的值，即 Output1=1。

第 X+2 周期：State4 激活，此时 Output1 有显式的定义，变为 -1。

第 X+3 周期：State1 激活，变量 Output1 没有显式的定义。由于设置了 Last 属性，因此取上一周期的值，即 Output1=-1。

……

注意：变量 Last 属性的初值仅在操作符第一周期没有显式的定义时有用。如果图 3-40 的第一周期 Input1=true，则第一周期 State2 直接激活，Output1=1。Output1 的 Last 属性初值将没有机会用到。

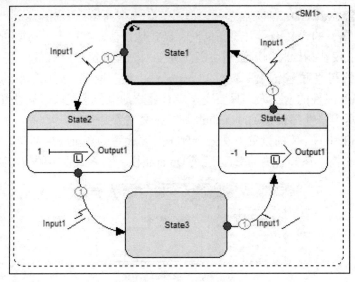

图 3-41　Last 的使用

Output1 的波形图如图 3-42 所示。

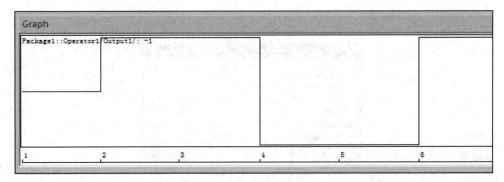

图 3-42　Output1 输出波形图（Last）

3.4.3　定义变量的 Default 值

设置输出 Output1 的 Default 值为 0，如图 3-43 所示。

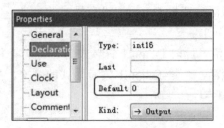

图 3-43　Default 值的设置

如图 3-44 所示，初始时刻 Input1=false。

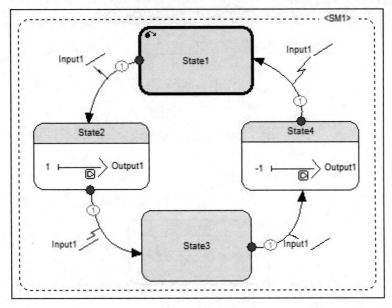

图 3-44　Default 的使用

第一周期：由于 Input1 是 false，State1 激活。变量 Output1 虽没有显式定义，但设置了 Default 属性为 0，所以 Output1=0。

第 X 周期：置 Input1=true 并一直保持，State2 激活，此时 Output1 有显式的定义，变为 1。

第 X+1 周期：State3 激活，变量 Output1 没有显式的定义。由于设置了 Default 属性，因此 Output1=0。

第 X+2 周期：State4 激活，此时 Output1 有显式的定义，变为-1。

第 X+3 周期：State1 激活，变量 Output1 没有显式的定义。由于设置了 Default 属性，因此 Output1=0。

……

Output1 的波形图如图 3-45 所示。

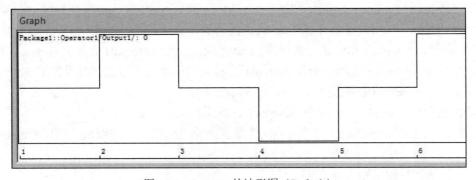

图 3-45　Output1 的波形图（Default）

3.4.4　同时定义变量的 Last 值和 Default 值

设置输出 Output1 的 Default 值为 0，Last 值为-7，如图 3-46 所示。

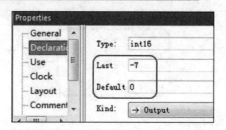

图 3-46　同时设置 Last 值和 Default 值

如图 3-47 所示，初始时刻 Input1=false。

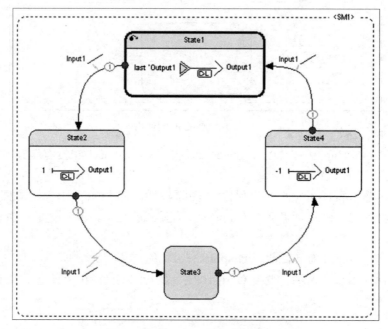

图 3-47　同时定义 Last 和 Default 的状态机

　　第一周期：由于 Input1 是 false，State1 激活。变量 Output1 显式地定义为取上一周期值，由于是初始周期，所以取 Output1 的 Last 属性的初值，为-7。

　　第 X 周期：置 Input1=true 并一直保持，State2 激活，此时 Output1 有显式的定义，变为 1。

　　第 X+1 周期：State3 激活，变量 Output1 没有显式的定义。虽然同时设置了 Last 属性和 Default 属性，但 Default 优先级更高，所以 Output1=0。

　　第 X+2 周期：State4 激活，此时 Output1 有显式的定义，变为-1。

　　第 X+3 周期：State1 激活，变量 Output1 显式地定义为取上一周期值，所以 Output1=-1。

……

　　Output1 的波形图如图 3-48 所示。

3.4.5　同时不定义变量的 Last 值和 Default 值

　　如果变量的 Last 值和 Default 值都没有定义，那么在变量无显式的赋值时，保持上一周期的值。应当至少在初始状态尽可能地显式赋值。如图 3-49 所示从初始时刻保持 Input1=true。

值得一提的是，不推荐变量这样设置。

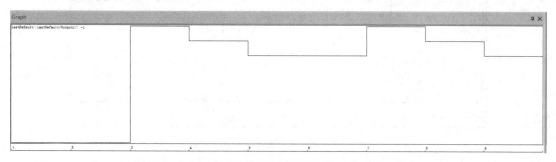

图 3-48　Output1 的波形图（同时定义 Default 和 Last）

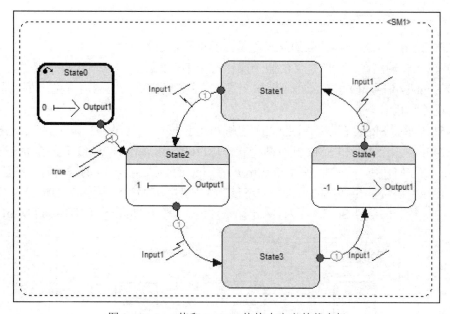

图 3-49　Last 值和 Default 值均未定义的状态机

初始状态 State0 没有机会激活，因为迁移条件为 true，迁移类型又为强迁移。

第一周期：State2 激活，Output1 显式地定义为 1。

第二周期：State3 激活，Output1 没有显式地定义，也没有 Last 值和 Default 值，取上一周期的值，Output1=1。

第三周期：State4 激活，Output1 显式地定义为-1。

第四周期：State1 激活，Output1 没有显式地定义，也没有 Last 值和 Default 值，取上一周期的值，Output1=-1。

第五周期：State2 激活，Output1 显式地定义为 1。

……

Output1 的波形图如图 3-50 所示。

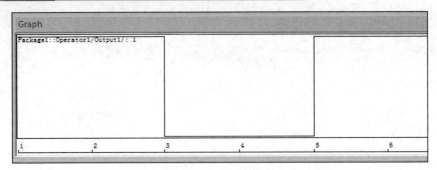

图 3-50　Output1 的波形图（同时未定义 Default 和 Last）

3.5　Signal（信号量）

Signal（信号量）是一种特殊的局部变量，类型不可设置。

（1）输入和输出在它们所定义的整个操作符中都可见。

（2）Signal（信号量）和 Locals（局部变量）在它们所定义的范围内可见，可以是操作符，也可以是迁移和状态。

图 3-51 展示了 Signal 在状态机之间的传输功能，该模块中包含了 3 个并行的状态机：SM1、SM2 和 SM3，其中 SM1 和 SM2 都有两个状态 NotError 和 Error，SM3 有两个状态 NotError 和 MsgErr。在 SM1 中，初始状态为 NotError，当 Input1 满足大于 10 的条件时，则迁移触发，同时会执行触发信号量 SigErr 的操作（emit'SigErr）。同时在 SM3 中，因为初始状态为 NotError，迁移条件中等待着的信号 SigErr 变为真，迁移条件满足，即由 NotErr 状态迁移到 MsgErr 状态。

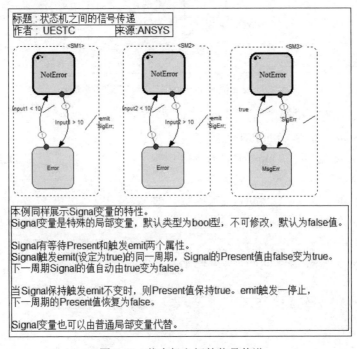

图 3-51　状态机之间的信号传递

而 MsgErr 到 NotErr 的迁移条件恒为 true，所以在下一周期，又会由 MsgErr 跳转至 NotErr 状态，继续等待状态机 SM1 和 SM2 的信号量触发。尽管本例试图在 Input1>10，或 Input2>10，或者 Input1 和 Input2 同时大于 10 的情况下，由状态 SM3 都能抓到 SigErr 信号，但若 Input1 和 Input2 紧跟着先后分别大于 10 时，SM3 会无法抓到后一个 SigErr 信号。

练习题

1. 用状态机设计简化的三余度管理。
2. 用状态机设计简化的四余度管理。

4

SCADE Suite 高级建模设计

4.1 数组操作

4.1.1 数组的创建

1. 定义匿名数组类型的方法

SCADE 中数组类型有两种定义方式：显式定义方式和匿名定义方式。匿名数组类型的格式是 T^n，其中 T 代表类型，n 代表数组大小，n 必须是整型常量。例如 $bool^n$（图 4-1）、$int32^n$、$float64^{(p+q)}$。推荐尽量使用显式定义的数组类型。

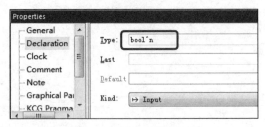

图 4-1　数组类型格式设置

2. Scalar to Vector 操作符（　）

Scalar to Vector 操作符的功能是将单个标量类型扩展成数组类型，数组的大小由该操作符的隐含输入确定。使用方法是在 Structure/Array 栏中单击 Scalar to Vector 预定义操作符，再单击模型设计区，然后连接好输入和输出。模型设计方式如图 4-2 所示。SCADE 文本创建方式为 $ValueOut = ValueIn^5$。

如图 4-3 所示选中 Scalar to Vector 操作符，在属性 Parameters 栏定义数组的大小。

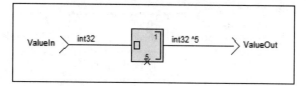

图 4-2　Scalar to Vector 使用示例一

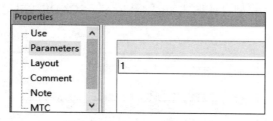

图 4-3　隐含输入的设置方式

如图 4-4 所示的仿真结果，将输入 2 扩展成了数组[2,2,2,2,2]。

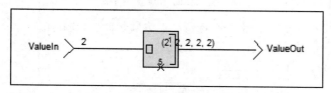

图 4-4　Scalar to Vector 仿真效果一

如图 4-5 所示，该操作符也支持将一维数组扩展为二维数组。

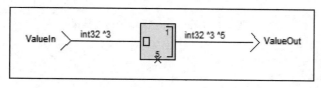

图 4-5　Scalar to Vector 使用示例二

如图 4-6 所示的仿真结果，将[1,2,3]扩展为[[1,2,3],[1,2,3],[1,2,3],[1,2,3][1,2,3]]。

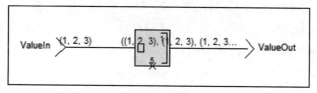

图 4-6　Scalar to Vector 仿真效果二

3.　Data Array 操作符（ ⊞ ）

Scalar to Vector 扩展出的数组都是相同元素，如果需要创建不同元素的数组，就需要使用 Data Array 预定义操作符。使用方法是在 Structure/Array 栏中单击 Data Array 预定义操作符，再单击模型设计区。选中该预定义操作符，如图 4-7 所示，在属性的 Use 栏中修改输入参数的个数，在右侧的 Input number 中设置输入端口数量，此例中输入端口数量设置为 3。

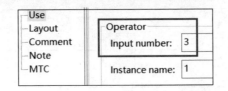

图 4-7 Data Array 操作符输入端口数量设置方式

连接好输入和输出，模型设计方式如图 4-8 所示。SCADE 文本创建方式为 ArrayOutput = [In1, In2, In3]。

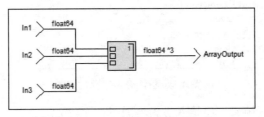

图 4-8 Data Array 使用示例一

如图 4-9 所示的仿真结果，将 3 个标量扩展为数组[2.2,3.0,4.5]。

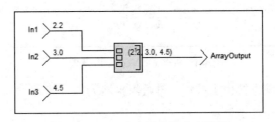

图 4-9 Data Array 操作符仿真结果

4.1.2 数组元素的获取

1. Projection 操作符（ 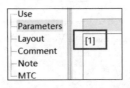 ）

Projection 操作符的功能是从数组中取出元素，其隐含输入即为数组的索引值。如果数组的大小为 N，则索引值取值范围是[0,N-1]，索引值必须为常量。使用方法是在 Structure/Array 栏中单击 Projection 预定义操作符，再单击模型设计区。选中该预定义操作符，在如图 4-10 所示属性栏的 Parameters 栏中修改索引值。

图 4-10 Projection 操作符的索引值修改方式

模型设计方式如图 4-11 所示。SCADE 文本创建方式为 Output1= Input1[1]。

如图 4-12 所示的仿真结果，将输入数组的第二个元素 1 取出来了。

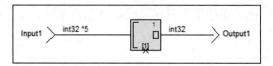

图 4-11　Projection 使用示例一

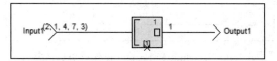

图 4-12　New projection 操作符仿真结果

2. Dynamic Projection 操作符（ ）

Dynamic Projection 操作符与 Project 操作符的差别是，隐含输入可以是变量，以动态获取数组的某个元素。由于索引值是变量，当索引越界时，需要额外指定越界时返回的默认值。使用方法是在 Structure/Array 栏中单击 Dynamic Projection 预定义操作符，再单击模型设计区。选中该预定义操作符，在如图 4-13 所示属性栏的 Parameters 栏中修改索引值变量和越界后返回的默认值。

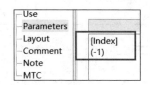

图 4-13　Dynamic Projection 操作符的索引值修改方式

连接好输入和输出，模型设计方式如图 4-14 所示。SCADE 文本创建方式为 Output = (In.[Index] default -1)。

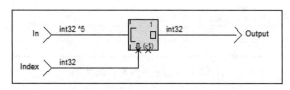

图 4-14　Dynamic Projection 使用示例

如图 4-15 所示的仿真结果一：当索引越界时，返回 Output = -1。

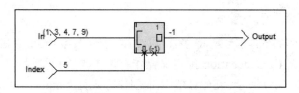

图 4-15　Dynamic Projection 操作符仿真结果一

如图 4-16 所示的仿真结果二：索引值正常未越界，返回 Output[3] = 7。

3. Slice 操作符（ ）

Slice 操作符的功能是数组切片，取出输入数组的一个子集。两个隐含输入分别是带取出数组子集的起始索引值和终止索引值，索引值必须为常量。使用方法是在 Structure/Array 栏中单击 Slice 预定义操作符，再单击模型设计区。选中该预定义操作符，在如图 4-17 所示属性栏的 Parameters 栏中修改索引值。

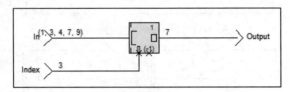

图 4-16　Dynamic Projection 操作符仿真结果二

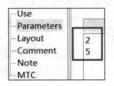

图 4-17　Slice 操作符的索引值修改栏

连接好输入和输出，模型设计方式如图 4-18 所示。SCADE 文本创建方式为 Output1=Input1[2…5]。

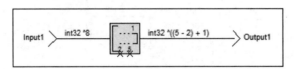

图 4-18　Slice 操作符使用示例

如图 4-19 所示的仿真结果，[1,2,3,4,5,6,7,8]切片索引为[2,5]，返回[3,4,5,6]。

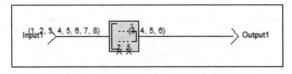

图 4-19　Slice 操作符仿真结果

4.1.3　数组操作

1. Concatenation 操作符（ ⊞ ）

Concatenation 操作符的功能是将多个同维度的输入数组进行拼接。使用方法是在 Structure/Array 栏中单击 Concatenation 预定义操作符，再单击模型设计区连接好输入和输出。

模型设计方式如图 4-20 所示。SCADE 文本创建方式为 Output1 = Input1@Input2。

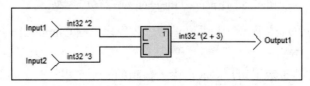

图 4-20　Concatenation 操作符使用示例一

如图 4-21 所示的仿真结果，两个一维数组拼接为[2,1,3,9,6]。

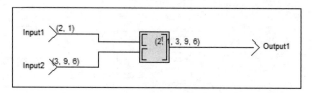

图 4-21　Concatenation 操作符仿真结果一

如图 4-22 所示是二维数组的拼接。

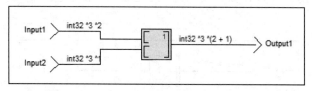

图 4-22　Concatenation 操作符仿真示例二

如图 4-23 所示的仿真结果，两个二维数组拼接为[[1,1,2], [3,1,4], [5,6,7]]。

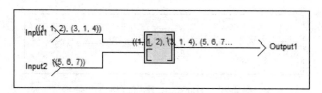

图 4-23　Concatenation 操作符仿真结果二

2．Reverse 操作符（ 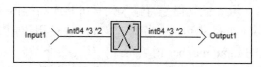 ）

Reverse 操作符的功能是将输入数组中的元素反序。如果是多维数组，只倒转多维数组的最外层。使用方法是在 Structure/Array 栏中单击 Reverse 预定义操作符，再单击模型设计区连接好输入和输出。模型设计方式如图 4-24 所示。SCADE 文本创建方式为 Output1 = Reverse input2。

图 4-24　Reverse 操作符使用示例

如图 4-25 所示的仿真结果，[[1,0,1],[3,2,4]]反序为[[3,2,4],[1,0,1]]。

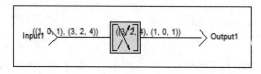

图 4-25　Reverse 操作符仿真结果

3．Transpose 操作符（ ）

Transpose 操作符的功能是数组转置。使用方法是在 Structure/Array 栏中单击 Transpose 预定义操作符，再单击模型设计区。选中该预定义操作符，在如图 4-26 所示属性栏的 Parameters 栏中修改转置参数。

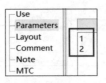

图 4-26　Transpose 操作符的转置参数修改栏

连接好输入和输出，模型设计方式如图 4-27 所示。SCADE 文本创建方式为 Output1= Transpose (Input1;1;2)。

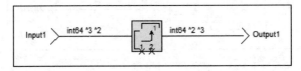

图 4-27　Transpose 操作符使用示例

如图 4-28 所示的仿真结果，[[1,3,2],[4,7,6]]转置为[[1,4],[3,7],[2,6]]。

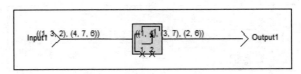

图 4-28　Transpose 操作符仿真结果

4.2　结构体操作

4.2.1　Data Structure 操作符

Data Structure 操作符（囲）的功能是将输入元素拼装成结构体。该操作符拼接的结构体类型可以是类型栏内预定义好的，也可以是临时定义的。在使用该预定义操作符时，需要如图 4-29 所示在属性的 Use 栏的 Input number 内填写结构体元素个数。

还需要在图 4-30 中设置各元素的名称，选中该操作符，在属性的 Parameters 栏内依次填写。

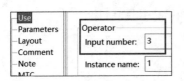

图 4-29　Data Structure 操作符的
输入元素个数设置方式

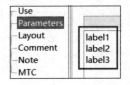

图 4-30　Data Structure 操作符的
输入元素名称设置方式

然后开始建模，如果是类型栏内预定义的结构体类型，则模型设计如图 4-31 所示。

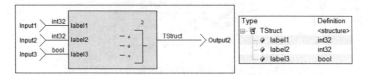

图 4-31　Data Structure 使用预定义类型的示例

如果是临时定义的结构体类型，则模型设计如图 4-32 所示。

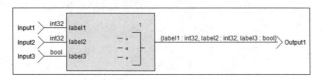

图 4-32　Data Structure 使用临时定义类型的示例

本例的 SCADE 文本创建方式为 Output1 = {label1 : Input1, label2 : Input2, label3 : Input3}。

4.2.2　Make 操作符

Make 操作符（▣）的功能也是将输入元素拼装成结构体，但该操作符拼接的结构体类型通常是类型栏内预定义好的。建模时选中该操作符，在图 4-33 所示属性的 Parameters 栏内填写预定义好的数据结构类型。

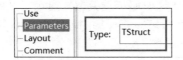

图 4-33　Make 操作符的输入数据类型设置方式

模型设计如图 4-34 所示。

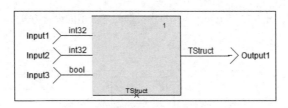

图 4-34　Make 操作符的示例

本例的 SCADE 文本创建方式为 Output1 = (make TStruct)(Input1,Input2,Input3)。Make 预定义操作符除了从工具条 Structure/Array 内选出外，也可在按住 Ctrl 键的情况下，把类型栏内的结构体类型拖拽到模型设计区，此时自动生成填充好 Parameters 参数的 Make 操作符。

4.2.3　Flatter 操作符

Flatter 操作符（▣）的功能是将输入结构体类型的全部内容拆解开，输出到各个元素。该操作符拼接的结构体类型通常是类型栏内预定义好的。建模时选中该操作符，在图 4-35 所示属性的 Parameters 栏内填写预定义好的数据结构类型。

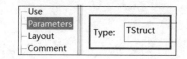

图 4-35　Flatter 操作符的输入数据类型设置方式

模型设计如图 4-36 所示。

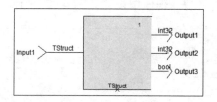

图 4-36　Flatter 操作符的示例

本例的 SCADE 文本创建方式为 Output1,Output2,Output3=(flatten TStruct)(Input1)。Flatter 预定义操作符除了从工具条 Structure/Array 内选出外，也可以把类型栏内的结构体类型直接拖拽到模型设计区，此时自动生成填充好 Parameters 参数的 Flatter 操作符。

4.2.4　Project 操作符

Project 操作符（⊞）的功能是将数组或者结构输入的某个元素拆解到单个输出，输出到各个元素。该操作符拼接的结构体类型通常是类型栏内预定义好的。建模时选中该操作符，在图 4-37 所示属性的 Parameters 栏内填写要拆解的数据结构类型的某个元素，元素前面需要加符号"."，类似获取 C 语言的结构体元素。

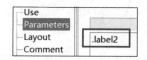

图 4-37　Project 操作符中拆解元素类型的设置方式

模型设计如图 4-38 所示。

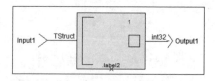

图 4-38　Project 操作符拆解结构体类型的示例

本例的 SCADE 文本创建方式为 Output1 =Input1.label2。

4.3　迭代器建模

通常操作符设计完毕后，SCADE 支持在此基础上添加高阶运算（Apply Higher Order），迭代操作就是操作符的高阶运算之一，主要用于设计 SCADE 模型的循环操作。SCADE 提供了三类迭代器实现不同种类的循环，即 map 系列迭代器、fold 系列迭代器和 mapfold 系列迭代器。迭代器的输入输出通常要用到数组类型。

4.3.1 迭代器的创建和循环次数设置

有三种方法进行迭代器的创建。

方法一：选中操作符，在属性窗口 Use 栏的 High Order 下拉列表框中选择特定的迭代器，如图 4-39 所示。

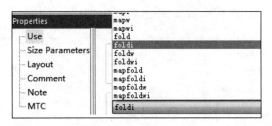

图 4-39　迭代器创建方法一

方法二：右击选中操作符，在弹出的快捷菜单中选择 Apply Higher Order 选项，再选择特定的迭代器，如图 4-40 所示。

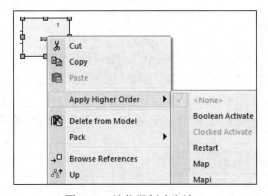

图 4-40　迭代器创建方法二

方法三：前两种方法都是先有操作符，再在操作符的基础上进行应用迭代器这样的高阶运算。本方法是先创建迭代器高阶操作符，再将操作符插入其中。

使用方法是在 Higher Order 栏中单击特定的迭代器，再单击模型设计区，然后连接好输入和输出，如图 4-41 所示。通常任一迭代器默认内置加法操作符。

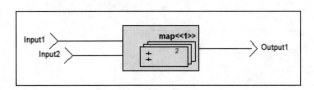

图 4-41　创建迭代器方法三

再将设计完毕的操作符从项目框架图中拖到迭代器上，例如 sum 操作符，该操作符内容会自动替换原来的加法操作符，如图 4-42 所示。

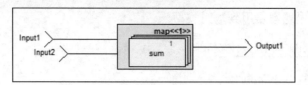

图 4-42　创建迭代器方法三结果展示

循环次数设置：选好特定的迭代器后需要设置循环次数，方法是选中迭代器，在属性 Use 栏右侧的 Array 内填写适当的迭代参数，如图 4-43 所示。

图 4-43　循环次数设置方式

4.3.2　map 迭代器

map 迭代器的使用场景中 I/O 都是同维度的数组，且输入数组单个元素的处理都是独立的，不依赖于数组上个元素循环的结果。考虑图 4-44 中的数组加法功能，左侧的 map 迭代器的运算操作也可理解为右侧展开的 Data Array 运算操作。其中 sum 是普通的整型加法操作符，应用 map 迭代器后，能依次将数组 T 和 U 的元素相加并逐个赋值给数组 V。

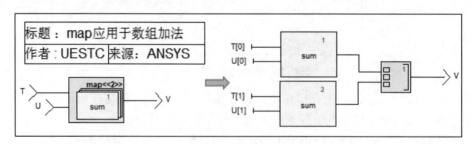

图 4-44　map 迭代器数组加法示例

图 4-45 所示的仿真结果中，T 和 U 数组元素依次相加，赋值给数组 V 得到[5,6]。

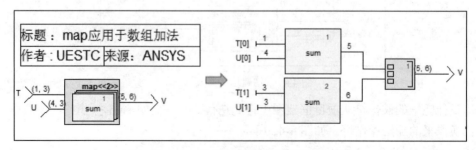

图 4-45　map 迭代器数组加法示例仿真结果

4.3.3 fold 迭代器

在 fold 迭代器的使用场景中，输入数组单个元素的处理不是独立的，需要依赖数组上个元素循环的结果。在 SCADE 语法中，这个关键的依赖关系由 Fold 迭代器的第一个输入和第一个输出实现，通常这两个参数的类型和输入数组中单个元素的类型相同。

本书中将 fold 的第一个输入和第一个输出称为输入迭代子和输出迭代子，两者都简称为迭代子。为不影响 fold 的运算结果，输入迭代子需要定义恰当的初始值。例如，对加法输入迭代子初始值可设为 0，对乘法输入迭代子初始值可设为 1。

如果迭代子的数据类型是数组或者结构体，fold 迭代器在生成代码时，每次循环都会执行一次迭代子数据复制，运算开销较大。推荐建模中，迭代子尽可能地仅包含需要参与循环运算的数据，或者使用后面介绍的多迭代子设计方法。

考虑图 4-46 中的数组加法功能，左侧的 fold 迭代器的运算操作也可理解为右侧展开的两个 sum 连加的运算操作。其中 sum 是普通的整型加法操作符，应用 fold 迭代器后，数组 In 的每个元素依次与输入迭代子相加，以输出迭代子的形式返回，而每次输出迭代子又作为下一次循环的输入迭代子，依此类推，遍历完数组后，最后仍以输出迭代子的形式返回结果。

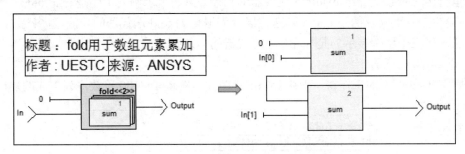

图 4-46　fold 迭代器数组元素累加示例

图 4-47 所示的仿真结果中，In 数组元素依次相加，最终求和得到 5。

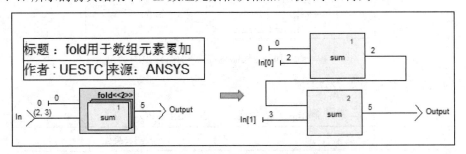

图 4-47　fold 迭代器数组元素累加仿真结果

4.3.4 mapfold 迭代器

mapfold 迭代器是 map 迭代器和 fold 迭代器的结合，同时具有两者的功能。在 SCADE 语法中，mapfold 的第一个输入和第一个输出必须是迭代子，类型是输入数组单个元素的类型，最后一个输入和最后一个输出通常是数组。从图 4-48 中可以看出，mapfold 迭代器的第一个输出相当于 fold 迭代器的输出，最后一个输出相当于 map 迭代器的输出。

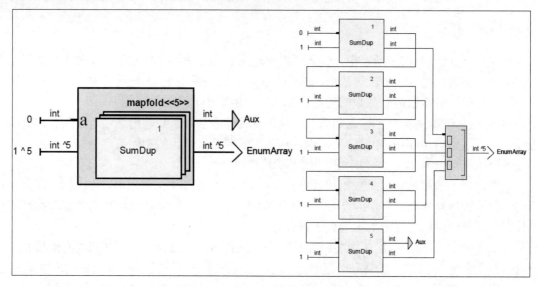

图 4-48   mapfold 迭代器展开的示意图

这里给出三个示例介绍 mapfold 迭代器的功能。第一个示例展示的是 mapfold 迭代器的常规用法；第二个示例展示的是 mapfold 迭代器行为退化为 fold 迭代器的功能，本书称为 mapfold 退化用法；第三个示例展示的是 mapfold 迭代器的多迭代子功能。

1. mapfold 迭代器示例一

考虑图 4-49 所示的操作符，使用 mapfold 迭代器实现 1～100 整数序列生成的功能。

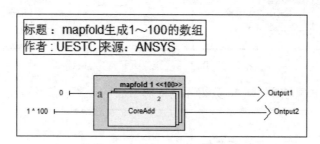

图 4-49   mapfold 迭代器生成 1～100 数组的示例

其中的 I/O 参数信息如表 4-1 所示。

表 4-1   mapfold 生成 1～100 数组的 I/O 列表

变量名称	类型
Output1	int32
Output2	int32^100

图 4-50 所示为 mapfold 中 CoreAdd 操作符的逻辑设计。

CoreAdd 操作符的 I/O 参数信息如表 4-2 所示。

在图 4-51 所示的仿真结果中，Output1 得到累加的结果 100，Output1 输出每次累加的和，形成 1～100 的数组。

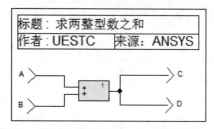

图 4-50 CoreAdd 操作符的逻辑设计

表 4-2 求两整型数之和 I/O 列表

变量名称	作用	类型
A	输入	int32
B	输入	int32
C	输出	int32
D	输出	int32

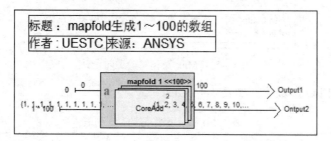

图 4-51 mapfold 迭代器生成 1～100 数组的仿真结果

2. mapfold 迭代器示例二

通常 mapfold 迭代器内的操作符有两个输出：第一个输出返回 fold 迭代器的功能，第二个输出返回 map 迭代器的功能。当 mapfold 迭代器内的操作符特意设计为一个输出时，mapfold 迭代器就退化成了 fold 迭代器。

考虑图 4-52 所示的操作符，使用 mapfold 迭代器实现取出数组中最大元素的功能。值得注意的是，本例的输入迭代子的初始值是以数组的第一个元素 A[0]传入。

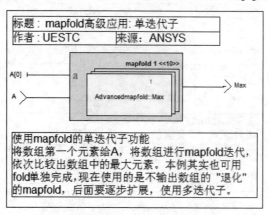

图 4-52 mapfold 迭代器退化应用

其中的 I/O 参数信息如表 4-3 所示。

表 4-3　mapfold 单选代子的 I/O 列表

变量名称	作用	类型
A	Input	int32^10
Max	Output	int32

图 4-53 所示为 mapfold 迭代器退化应用中 Max 操作符的逻辑设计。

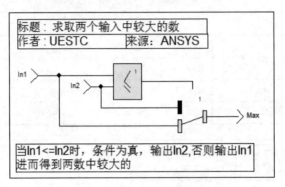

图 4-53　Max 操作符的逻辑设计

Max 操作符的 I/O 参数信息如表 4-4 所示。

表 4-4　Max 操作符的 I/O 列表

变量名称	作用	类型
In1	Input	int32
In2	Input	int32
Max	Output	bool

如图 4-54 所示的仿真结果，输出 Max 得到了数组 A 中比较出的最大值 8。

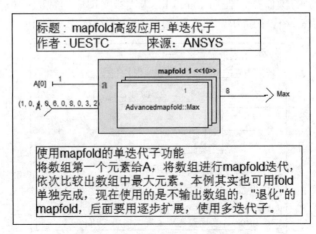

图 4-54　mapfold 单选代子仿真结果

3. mapfold 迭代器示例三

从 SCADE R16 的 KCG 6.5 开始，mapfold 支持多迭代子设计的功能。多迭代子有助于减小每次循环时参数传递的开销，是提升模型循环性能的一种方法。

迭代子数量设置的方法是，选中迭代器，在属性 Use 栏右侧的 Accumulators 内填写适当的迭代子数量，如图 4-55 所示。

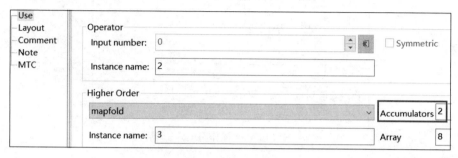

图 4-55　迭代子数量设置方式

考虑图 4-56 所示的操作符，使用 mapfold 迭代器的多迭代子技术实现同时获取数组的最小值和最大值的功能。

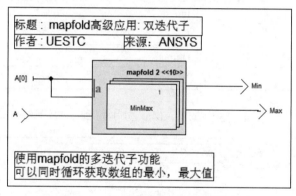

图 4-56　mapfold 迭代器双迭代子应用示例

其中的 I/O 参数信息如表 4-5 所示。

表 4-5　mapfold 迭代器双迭代子设计的 I/O 列表

变量名称	作用	类型
A	Input	int32^10
Min	Output	int32
Max	Output	int32

图 4-57 所示为 mapfold 迭代器多迭代子设计中 MinMax 操作符的逻辑设计。
MinMax 操作符的 I/O 参数信息如表 4-6 所示。

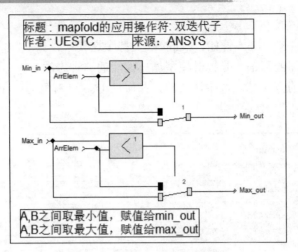

图 4-57　MinMax 操作符的逻辑设计

表 4-6　MinMax 操作符逻辑设计的 I/O 列表

变量名称	作用	类型
Min_in	Input	int32
Max_in	Input	int32
ArrElem	Input	int32
Min_out	Output	int32
Max_out	Output	int32

如图 4-58 所示的仿真结果，输出 Min、Max 分别得到了数组 A 的最小值 0 和最大值 8。

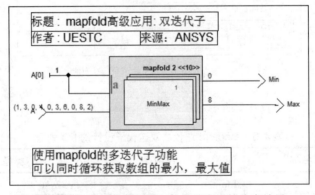

图 4-58　mapfold 迭代器双迭代子应用的仿真结果

4.3.5　mapi 迭代器

mapi 迭代器在 map 迭代器的基础上新增了自动索引计数功能。名称中的 i 是指索引 Index。mapi 迭代器内操作符的第一个输入必须为整型参数，它会记录当前操作符进行到第几次循环。而从高阶运算符 mapi 迭代器角度观察，上层并不会多一个整型索引的输入。

考虑图 4-59 所示的操作符，使用 mapi 迭代器实现数组的偶数次循环时，布尔型输入取反。

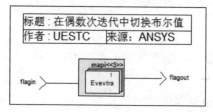

图 4-59　在索引为偶数的循环中布尔值取反的逻辑设计

其中的 I/O 参数信息如表 4-7 所示。

表 4-7　在偶数次迭代中切换布尔值的 mapi 迭代器的 I/O 列表

变量名称	作用	类型
flagin	Input	bool^5
flagout	Output	bool^5

图 4-60 所示为 mapi 迭代器中 Evevtra 操作符的逻辑设计。

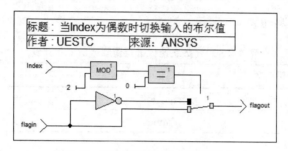

图 4-60　操作符 Evevtra 的逻辑设计

Evevtra 操作符的 I/O 参数信息如表 4-8 所示。

表 4-8　Evevtra 操作符的 I/O 列表

变量名称	作用	类型
Index	Input	int32
flagin	Input	bool
flagout	Output	bool

如图 4-61 所示的仿真结果，偶数索引的布尔型输入都被取反输出了。

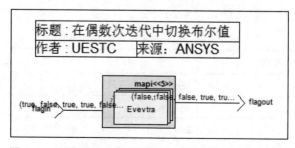

图 4-61　在索引为偶数的循环中布尔值取反的仿真结果

4.3.6　foldi 迭代器

foldi 迭代器在 fold 迭代器的基础上新增了自动索引计数功能。名称中的 i 是指索引 Index。foldi 迭代器内操作符的第一个输入必须为整型参数，它会记录当前操作符进行到第几次循环。而从高阶运算符 foldi 迭代器角度观察，上层并不会多一个整型索引的输入。

考虑图 4-62 所示的操作符，使用 foldi 迭代器实现数组的奇数次循环时，当前元素与上次循环的结果相或。

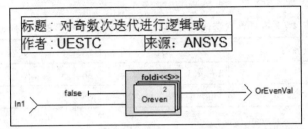

图 4-62　在索引为奇数的循环中进行逻辑或设计示例

其中的 I/O 参数信息如表 4-9 所示。

表 4-9　对奇数次迭代进行逻辑或的 I/O 列表

变量名称	作用	类型
In1	Input	bool^5
OrEvenVal	Output	bool^5

图 4-63 所示为 foldi 中 Oreven 操作符的逻辑设计。

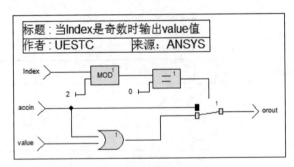

图 4-63　Oreven 操作符的逻辑设计

Oreven 操作符的 I/O 参数信息如表 4-10 所示。

表 4-10　Oreven 操作符的 I/O 列表

变量名称	作用	类型
Index	Input	int32
accin	Input	bool
value	Input	bool
orout	Output	bool

如图 4-64 所示的仿真结果，由于数组的奇数索引值都为 false，而迭代子的初值又为 false，所以最终输出为 false。

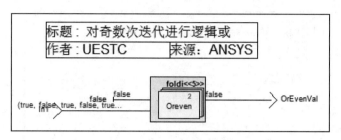

图 4-64 对奇数次迭代进行逻辑或的仿真结果

4.3.7 mapw 迭代器

mapw 迭代器在 map 迭代器的基础上新增了循环中断功能。名称中的 w 是指停止时间 when。mapw 迭代器内操作符的第一个输出必须为布尔型参数，它会记录是否进入下一次循环。当该布尔型输出为 true 时，会执行下一次循环；反之，mapw 循环结束。

从高阶运算符 mapw 迭代器角度观察，上层第一个输出必须为整型输出，表示实际循环的次数。mapw 迭代器还增加了一个隐含输入，用于填充剩余未参与循环的数组元素的值。mapw 顶部还有一个 bool 表达式输入，仅当该表达式为 true 时，mapw 迭代器内的操作符参与运算。

考虑图 4-65 所示的操作符，使用 mapw 迭代器遍历数组元素是否与隐含参数相等，如果相等退出循环，其中 undefined 为 int32 类型的常量。

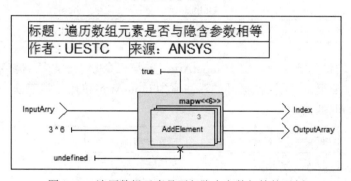

图 4-65 遍历数组元素是否与隐含参数相等的示例

其中的 I/O 参数信息如表 4-11 所示。

表 4-11 遍历数组元素是否与隐含参数相等的 I/O 列表

变量名称	作用	类型
InputArray	Input	int32^6
undefined	常量	int32
Index	Output	int32
OutputArray	Output	int32^6

图 4-66 所示为 mapw 迭代器中 AddElement 操作符的逻辑设计，其中 undefined 为 int32 类型的常量。

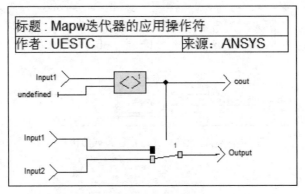

图 4-66　AddElement 操作符的逻辑设计

AddElement 操作符的 I/O 参数信息如表 4-12 所示。

表 4-12　AddElement 操作符的 I/O 列表

变量名称	作用	类型
Input1	Input	int32
Input2	Input	int32
undefined	常量	int32
cout	Output	bool
Output	Output	int32

图 4-67 所示的仿真结果中，由于 InputArray 的第三个元素值与隐含参数值一样都是 4。所以循环执行 3 次后退出，前两次循环的返回值为 InputArray 的值，第三次循环的返回值为 3，剩余未参与循环的取默认值 4。

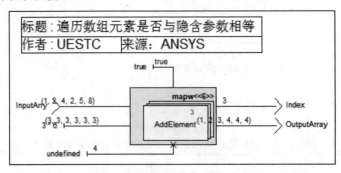

图 4-67　遍历数组元素是否与隐含参数相等的仿真结果

4.3.8　foldw 迭代器

foldw 迭代器在 fold 迭代器的基础上新增了循环中断功能。名称中的 w 是指停止时间 when。foldw 迭代器内操作符的第一个输出必须为布尔型参数，它会记录是否进入下一次循环。

当该布尔型输出为 true 时，会执行下一次循环；反之，foldw 循环结束。

从高阶运算符 foldw 迭代器角度观察，上层第一个输出必须为整型输出，表示实际循环的次数。foldw 顶部还有一个 bool 表达式输入，仅当该表达式为 true 时，foldw 迭代器内的操作符参与运算。

考虑图 4-68 所示的操作符，使用 foldw 迭代器遍历数组元素查找某元素，如果找到就退出循环。最后一个输出表征是否查找到。

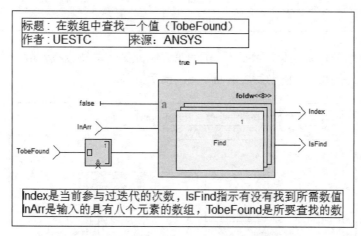

图 4-68　foldw 迭代器在数组中查找一个值的示例

其中的 I/O 参数信息如表 4-13 所示。

表 4-13　用 foldw 迭代器在数组中查找一个值的 I/O 列表

变量名称	作用	类型
InArr	Input	int32^8
TobeFound	Input	int32
Index	Output	int32
IsFind	Output	bool

图 4-69 所示为 foldw 迭代器中 Find 操作符的逻辑设计。

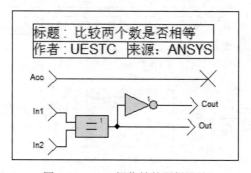

图 4-69　Find 操作符的逻辑设计

Find 操作符的 I/O 参数信息如表 4-14 所示。输出 Out 表征是否查找到。

表 4-14　Find 操作符的 I/O 列表

变量名称	作用	类型
Acc	Input	bool
In1	Input	int32
In2	Input	int32
Cout	Output	bool
Out	Output	bool

如图 4-70 所示的仿真结果，由于 InArr 的第五个元素值与待查找参数一样都是 3，所以循环执行 5 次后退出；第二个输出参数返回 true，表示找到。

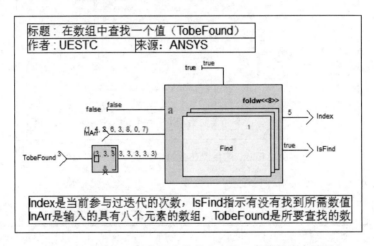

图 4-70　用 foldw 迭代器在数组中查找一个值的仿真结果

4.3.9　mapwi 迭代器

mapwi 迭代器是 mapw 迭代器和 mapi 迭代器的结合，同时具有两者的功能。

考虑图 4-71 所示的操作符，使用 mapwi 迭代器实现数组的偶数次循环且索引值小于 4 时，布尔型输入取反。

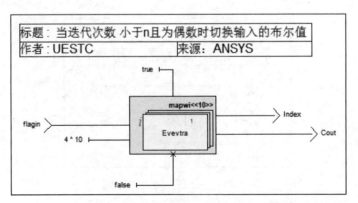

图 4-71　当迭代次数小于 n 且为偶数时切换输入的布尔值的示例

其中的 I/O 参数信息如表 4-15 所示。

表 4-15　当迭代次数小于 n 且为偶数时切换输入的布尔值的 I/O 列表

变量名称	作用	类型
flagin	Input	bool^10
Index	Output	int32
Cout	Output	bool^10

图 4-72 所示为 Evevtra 操作符的逻辑设计。

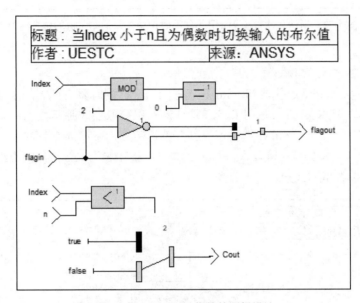

图 4-72　Evevtra 操作符的逻辑设计

Evevtra 操作符的 I/O 参数信息如表 4-16 所示。

表 4-16　Evevtra 操作符的 I/O 列表

变量名称	作用	类型
Index	Input	int32
flagin	Input	bool
n	Input	int32
Cout	Output	bool
flagout	Output	bool

　　在图 4-73 所示的仿真结果中，由于 flagin 的索引为 0，2 的输入被取反，共执行 5 次循环（索引为 4）。其余参与循环的由隐含参数 false 填充。

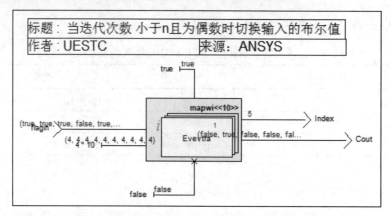

图 4-73　当迭代次数小于 n 且为偶数时切换输入的布尔值的仿真结果

4.3.10　foldwi 迭代器

foldwi 迭代器是 foldw 迭代器和 foldi 迭代器的结合，同时具有两者的功能。

考虑图 4-74 所示的操作符，使用 foldwi 迭代器实现获取斐波那契数列中第 n 个数的数值。

foldwi 迭代器示例：用 foldwi 迭代器找到斐波那契数列中第 n（此例中 n=5）个数。其中定义常量 ArrSize = 2 和 Max = 49，均为 int32 类型；新建名为 FaboArr 的数组类型，FaboArr 有 ArrSize 个 int32 类型的元素。

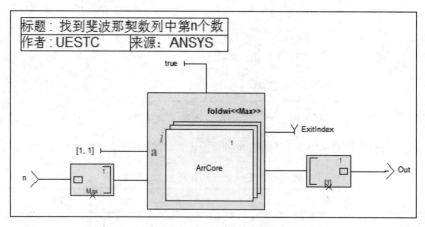

图 4-74　查找斐波那契数列中第 n 个数的示例

其中的 I/O 参数信息如表 4-17 所示。

表 4-17　查找斐波那契数列中第 n 个数的示例的 I/O 列表

变量名称	作用	类型
n	Input	int32
Out	Output	int32

图 4-75 所示为 ArrCore 操作符的逻辑设计。

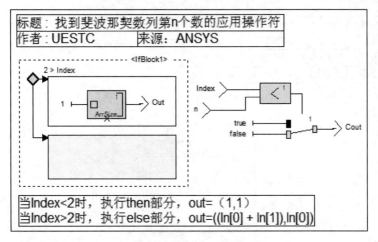

图 4-75　ArrCore 操作符的逻辑设计

图 4-76 所示为 ArrCore 操作符 If 块的 else 隐藏部分的逻辑设计。

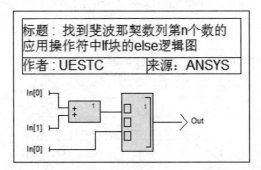

图 4-76　操作符 ArrCore 中 If 块的 else 部分逻辑设计

AddCore 操作符的 I/O 参数信息如表 4-18 所示。

表 4-18　ArrCore 操作符的 I/O 列表

变量名称	作用	类型
Index	input	int32
In	input	FaboArr
n	input	int32
Cout	output	bool
Out	output	FaboArr

在图 4-77 所示的仿真结果中，返回斐波那契数列的第五个值，共执行 6 次循环。

4.3.11　mapfoldi 迭代器

mapfoldi 迭代器在 mapfold 迭代器的基础上新增了自动索引计数功能。名称中的 i 是指索引 Index。mapfoldi 迭代器内操作符的第一个输入必须为整型参数，它会记录当前操作符进行到第几次循环。而从高阶运算符 mapfoldi 迭代器角度观察，上层并不会多一个整型索引的输入。这里将基于 mapfold 迭代器示例三介绍 mapfoldi 的使用方法。

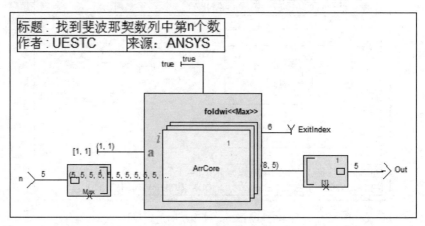

图 4-77　查找斐波那契数列中第 n 个数的示例的仿真结果

考虑图 4-78 所示的操作符，使用 mapfoldi 迭代器的多迭代子技术实现同时获取数组的最小值和最大值的功能，且只处理索引值为偶数的数组值。

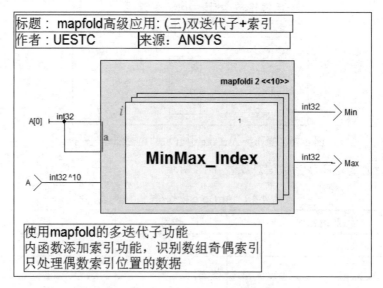

图 4-78　mapfoldi 迭代器双迭代子应用示例

其中的 I/O 参数信息如表 4-19 所示。

表 4-19　mapfoldi 迭代器双迭代子应用示例的 I/O 列表

变量名称	作用	类型
A	Input	int32^10
Min	Output	int32
Max	Output	int32

图 4-79 所示为 mapfoldi 迭代器多迭代子设计中 MinMax 操作符的逻辑设计。

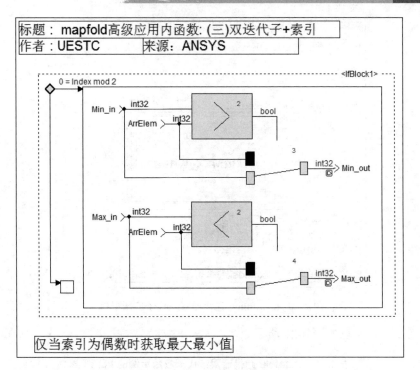

图 4-79　MinMax 操作符的逻辑设计

MinMax 操作符的 I/O 参数信息如表 4-20 所示。

表 4-20　MinMax 操作符的 I/O 列表

变量名称	作用	类型
Index	Input	int32
Min_in	Input	int32
Max_in	Input	int32
ArrElem	Input	int32
Min_out	Output	int32
Max_out	Output	int32

4.3.12　mapfoldw 迭代器

mapfoldw 迭代器在 mapfold 迭代器的基础上新增了循环中断功能。名称中的 w 是指停止时间 when。mapfoldw 迭代器内操作符的第一个输出必须为布尔型参数，它会记录是否进入下一次循环。当该布尔型输出为 true 时，会执行下一次循环；反之，foldw 循环结束。

从高阶运算符 mapfoldw 迭代器角度观察，上层第一个输出必须为整型输出，表示实际循环的次数；第二个输出必须为布尔型输出，表示是否中途退出循环。这里将基于 mapfold 迭代器示例三介绍 mapfoldw 的使用方法。

考虑图 4-80 所示的操作符，使用 mapfoldw 迭代器的多迭代子技术实现同时获取数组的最小值和最大值的功能。当输入数组 A 的某元素值不在(0,100)以内时，循环退出。

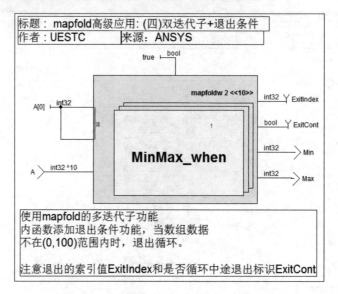

图 4-80　mapfoldw 迭代器双迭代子应用示例

其中的 I/O 参数信息如表 4-21 所示。

表 4-21　mapfold 迭代器双迭代子应用示例的 I/O 列表

变量名称	作用	类型
A	Input	int32^10
Min	Output	int32
Max	Output	int32
ExitIndex	Probe	Int32
ExitCout	Probe	bool

图 4-81 所示为 mapfold 迭代器双迭代子设计中 MinMax 操作符的逻辑设计。

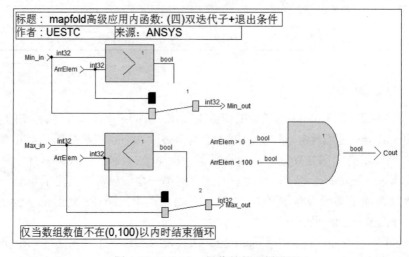

图 4-81　MinMax 操作符的逻辑设计

MinMax 操作符的 I/O 参数信息如表 4-22 所示。

表 4-22　MinMax 操作符的 I/O 列表

变量名称	作用	类型
Min_in	Input	int32
Max_in	Input	int32
ArrElem	Input	int32
Cout	Output	bool
Min_out	Output	int32
Max_out	Output	int32

4.3.13　mapfoldwi 迭代器

mapfoldwi 迭代器是 mapfoldi 迭代器和 mapfoldw 迭代器的结合，同时具有两者的功能。这里将基于 mapfold 迭代器示例三介绍 mapfoldwi 的使用方法。

考虑图 4-82 所示的操作符，使用 mapfold 迭代器的多迭代子技术实现同时获取数组的最小值和最大值的功能。

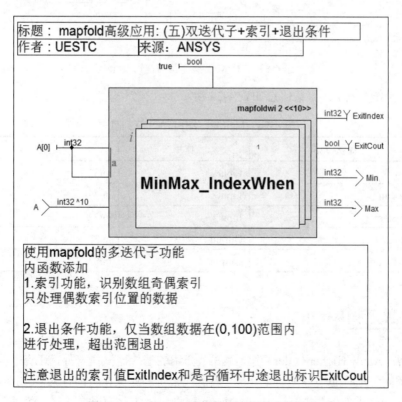

图 4-82　mapfoldwi 迭代器双迭代子应用示例

其中的 I/O 参数信息如表 4-23 所示。

表 4-23　mapfold 迭代器双迭代子应用示例的 I/O 列表

变量名称	作用	类型
A	Input	int32^10
Min	Output	int32
Max	Output	int32

图 4-83 所示为 mapfold 迭代器多迭代子设计中 MinMax 操作符的逻辑设计。

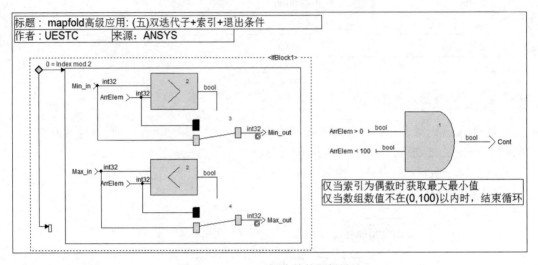

图 4-83　MinMax 操作符的逻辑设计

MinMax 操作符的 I/O 参数信息如表 4-24 所示。

表 4-24　MinMax 操作符的 I/O 列表

变量名称	作用	类型
Min_in	Input	int32
Max_in	Input	int32
ArrElem	Input	int32
Min_out	Output	int32
Max_out	Output	int32

4.4　条件激活操作

高阶运算（Apply Higher Order）除了 4.3 节介绍的迭代器操作符外，还有一类是条件激活操作符，这类高阶运算通过增加一个 bool 表达式来定制原操作符的行为。本节介绍 Boolean Activate 和 Restart 两个。其中 Boolean Activate 高阶运算的行为根据设置分为两种，这两种行为类似 2.5.3 节和 3.4 节中变量隐式赋值的情况。

4.4.1　条件激活操作符的创建

条件激活操作符同样属于高阶运算符，设置方法也有 3 种，可以参考 4.3.1 节迭代器的创建。

4.4.2　Boolean Activate 操作符

考虑图 4-84 所示的 Counter 自增操作符，有三个输入一个输出。输入 Init 为初始值和重置值。输入 Incr 是每周期自增数值。输入 Reset 为 false 时，输出每周期自增；输入 Reset 为 true 时，输出重置为 Init 值。

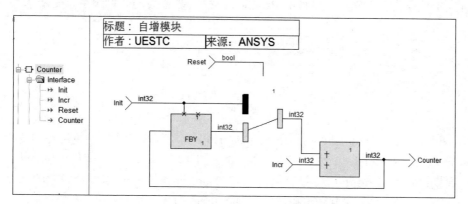

图 4-84　Counter 自增操作符的逻辑设计

（1）Boolean Activate 型条件激活（Last 方式）。

考虑图 4-85 在 Counter 操作符上添加 Boolean Activate 型条件激活功能，新增顶部的输入 Cond 和底部的默认值 0，如图 4-85 所示。

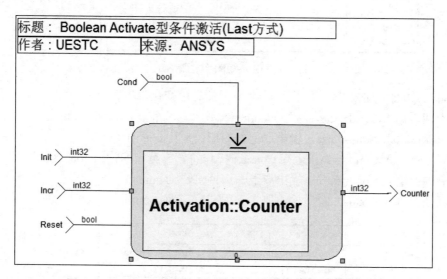

图 4-85　Boolean Activate 型条件激活操作符（Last 方式）示例

选中该操作符，在属性的 Use 栏右侧点选 With initial default values，则 Boolean Activate 的形状为圆角矩形，如图 4-86 所示。

图 4-86　激活操作符的输出行为设置为 Last 方式

保持选中该操作符，确认在属性的 Parameters 栏右侧参数为 0，如图 4-87 所示。

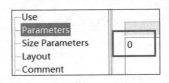

图 4-87　激活操作符的参数设置方式

使用 With initial default values 的 Boolean Activate 高阶运算操作符的输出类似变量隐式赋值的 Last 值行为。当 Cond 一开始为 false 时，通过图 4-88 所示的时序变化可以看出：

第一周期：输入 Cond=false，没有机会运行 Counter，所以输出取默认设置的 0。

第二周期：依然 Cond=false，输出取上一周期值，为 0。

第三周期：输入 Cond=true，运行 Counter 操作符，有特定的输出 count3。

第四周期：输入 Cond=false，输出取上一周期值，为 count3。

第五周期：输入 Cond=false，输出取上一周期值，为 count3。

cond	false	false	true	false	false
Activate Counter	0	0	count3= Counter()	count3	count3

图 4-88　Boolean Activate 操作符的输出时序变化图一

当 Cond 一开始为 true 时，通过图 4-89 所示的时序变化可以看出：

第一周期：输入 Cond=true，运行 Counter 操作符，有特定的输出 count1。

第二周期：输入 Cond=false，输出取上一周期值，为 count1。

第三周期：输入 Cond=true，运行 Counter 操作符，有特定的输出 count3。

第四周期：输入 Cond=false，输出取上一周期值，为 count3。

第五周期：输入 Cond=false，输出取上一周期值，为 count3。

cond	true	false	true	false	false
Activate Counter	count1= Counter()	count1	count3= Counter()	count3	count3

图 4-89　Boolean Activate 操作符的输出时序变化图二

（2）Boolean Activate 型条件激活（Default 方式）。

考虑图 4-90 在 Counter 操作符上添加 Boolean Activate 型条件激活功能，新增顶部的输入

Cond 和底部的默认值 0。

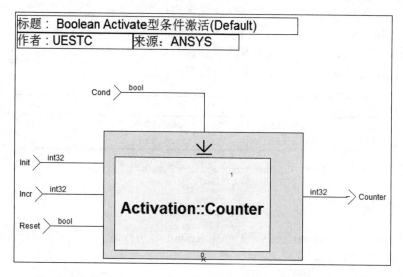

图 4-90 Boolean Activate 型条件激活操作符（Default 方式）示例

选中该操作符，在属性的 Use 栏右侧点选 With default values，则 Boolean Activate 的形状为方角矩形，如图 4-91 所示。

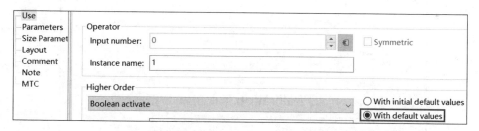

图 4-91 激活操作符的输出行为设置为 Default 方式

保持选中该操作符，同样确认在属性的 Parameters 栏右侧参数为 0。

使用 With default values 的 Boolean Activate 高阶运算操作符的输出类似变量隐式赋值的 default 值行为。当 Cond 一开始为 false 时，通过图 4-92 所示的时序变化可以看出：

第一周期：输入 Cond=false，输出取默认设置的 0。

第二周期：依然 Cond=false，输出取默认设置的 0。

第三周期：输入 Cond=true，运行 Counter 操作符，有特定的输出 count3。

第四周期：输入 Cond=false，输出取默认设置的 0。

第五周期：输入 Cond=false，输出取默认设置的 0。

cond	false	false	true	false	false
activate Counter	0	0	count3= Counter()	0	0

图 4-92 Boolean Activate 操作符的输出时序变化图三

当 Cond 一开始为 true 时，通过图 4-93 所示的时序变化可以看出：

第一周期：输入 Cond=true，运行 Counter 操作符，有特定的输出 count1。

第二周期：输入 Cond=false，输出取默认设置的 0。

第三周期：输入 Cond=true，运行 Counter 操作符，有特定的输出 count3。

第四周期：输入 Cond=false，输出取默认设置的 0。

第五周期：输入 Cond=false，输出取默认设置的 0。

cond	true	false	true	false	false
activate Counter	count1= Counter()	0	count3= Counter()	0	0

图 4-93 Boolean Activate 操作符的输出时序变化图四

4.4.3 Restart 操作符

考虑在图 4-94 中的 Counter 操作符上添加 Restart 型条件激活功能，新增顶部的输入 Cond 和底部的默认值 0。

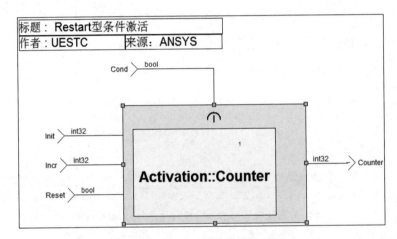

图 4-94 Restart 型条件激活示例

Restart 操作符的属性栏无须进行设置，如图 4-95 所示。

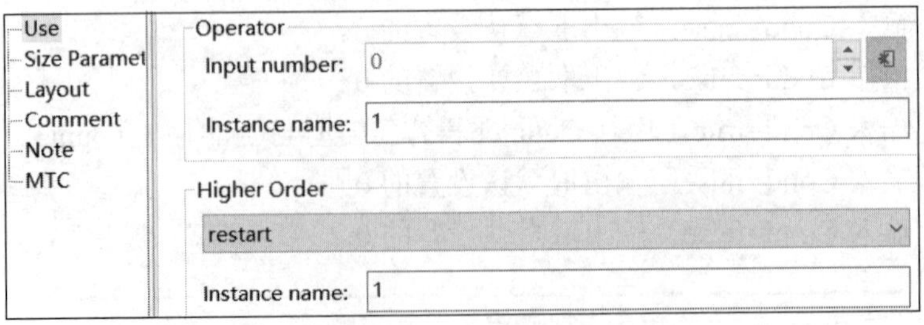

图 4-95 Restart 操作符的属性栏

使用 Restart 高阶运算操作符的行为是：当 Cond 输入为 false 时，Counter 操作符正常运算输出；当 Cond 输入为 true 时，Counter 操作符重置，相当于从第一周期开始运算。

4.5　多态建模

SCADE 多态建模可以提高模型的重用率。主要有 3 种多态操作：

● 数组大小的参数化。

● 变量类型的参数化。

● 操作符行为的参数化。

多态建模的操作符由于不确定性，不可作为根操作符进行检查。仅当它们实例化所有的参数且被调用时，检查调用它们的根操作符才可通过语法检测。

4.5.1　数组大小的参数化

使用方法是，右击操作符，在弹出的快捷菜单中选择 Insert→Parameter 选项，如图 4-96 所示。默认的参数名称为 N，用户可以自行修改为其他名称。

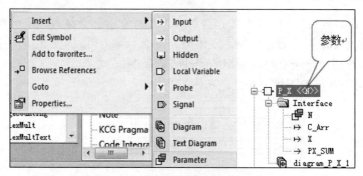

图 4-96　带参数的操作符设置方法

前面介绍过 1～100 的序列发生器，其中的数组大小为常数 100。为重用操作符 Arr，可以设置数组大小参数化。其中 mapfold 迭代器内的 CoreAdd 操作符无需修改，只在 mapfold 迭代器的模型设计图中将 mapfold 的遍历大小改为 N，数组大小改为 int32^N 即可，如图 4-97 所示。

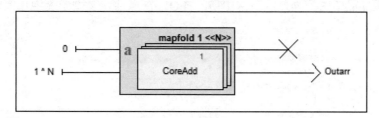

图 4-97　用 mapfold 迭代器产生 1～N 的序列示例

新建操作符 useArr 调用本操作符，调用图 4-97 中的操作符，在属性栏的 Size Parameter 处实例化参数值即可，如图 4-98 所示。注意，实例化的参数必须是正整数。

如图 4-99 所示的仿真结果，返回 1～100 的序列。

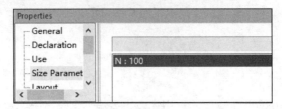

图 4-98　操作符的参数设置方法

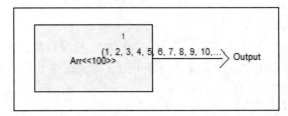

图 4-99　用 mapfold 迭代器产生 1～100 的数组的仿真结果

4.5.2　变量类型的参数化

由于 SCADE 是强类型的，所有操作符的变量在运算中都必须有确定的数据类型。但同样的功能仅由于数据类型不同而逐一设计操作符，效率不高。可以考虑使用变量类型的参数化。以加法为例，设计适用于所有数据类型的加法步骤如下：

（1）如图 4-100 所示新建一个加法操作符 Add。

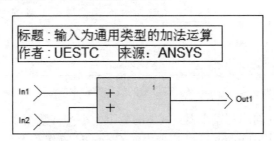

图 4-100　加法操作符 Add 的逻辑设计

（2）在项目框架图的操作符下选中所有 I/O，在属性栏类型定义中填写'T，如图 4-101 所示。

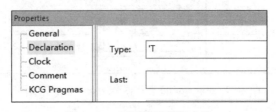

图 4-101　通用类型设置方法

（3）选中 Add 操作符，在属性窗口 Type Variables 栏右侧的 Constraint 下拉列表框中选择 numeric，表示该多态类型可以应用于所有的数值型数据类型，如图 4-102 所示。

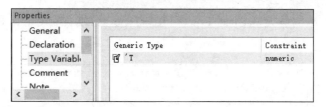

图 4-102　numeric 设置方法

（4）新建操作符 UseAdd 来调用 Add 操作符，使用 float32 和 int32 类型实例化 Add 操作符的 I/O，如图 4-103 所示。

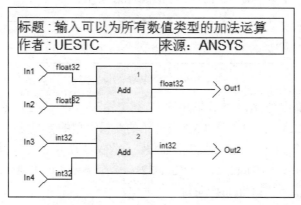

图 4-103　输入可以为任意数值类型的加法操作符示例

（5）在图 4-104 所示的仿真结果中，Add 操作符同时得出 float32 和 int32 两种类型的加法结果。

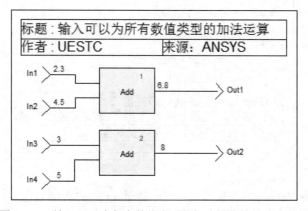

图 4-104　输入可以为任意数值类型的加法操作符的仿真结果

4.5.3　操作符行为的参数化

类似面向对象设计中的多态设计，通过调用基类的函数实现派生类同名函数的不同功能。SCADE 中同样可以调用同名函数实现不同功能的输出。SCADE 中的实现方法是以导入操作符作为基类函数，其他操作符作为该导入操作符的特化。下面以获取几何面积的导入操作符为例来实现获取圆形和矩形的面积。

（1）新建两个结构体类型 CircleType 和 RectType，分别含有 Circle 和 Rect 一个元素，如图 4-105 所示。

Type	Definition	Comments
CircleType	\<structure\>	
Circle	bool	
RectType	\<structure\>	
Rect	bool	

图 4-105　两个结构体类型 CircleType 和 RectType

（2）新建圆周率常量 PAI = 3.1415，如图 4-106 所示。

Constant	Type	Value
PAI	float32	3.1415

图 4-106　常量 PAI 的设置方式

（3）新建导入操作符 Area，在其中建立 3 个输入：Shape('T)、P1(float32)、P2(float32) 和一个输出 Res(float32)。其中'T 是 4.3.2 节介绍的变量类型的参数化。

（4）新建操作符 Circle，用来求圆形面积，如图 4-107 所示。在其中建立 3 个输入，分别为 Shape(CircleType)、P1(float32)、P2(float32)；一个输出 Res(float32)（要注意 Shape 的类型是刚才新建的自定义类型 CircleType）。

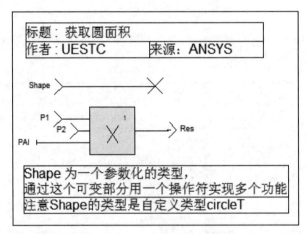

图 4-107　获取圆面积的操作符 Circle 示例

（5）选中 Circle 操作符，在属性窗口 Declaration 栏的右侧勾选 specialization，并在右边的下拉列表框中选择在步骤（3）中新建的导入操作符 Area，将 Circle 操作符作为 Area 操作符的特例之一，如图 4-108 所示。

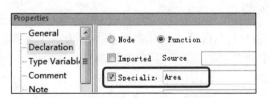

图 4-108　操作符的关联设置方法

（6）新建操作符 Rect，用来求矩形面积，如图 4-109 所示。在其中建立 3 个输入，分别为 Shape(RectType)、P1(float32)、P2(float32)；一个输出 Res(float32)（要注意 Shape 的类型是刚才新建的自定义类型 RectType）。

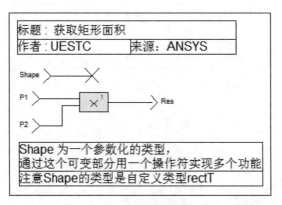

图 4-109   获取矩形面积的操作符 Rect 示例

（7）选中 Rect 操作符，在属性窗口 Declaration 栏的右侧勾选 specialization，并在右边的下拉列表框中选择在步骤（3）中新建的导入操作符 Area，将 Rect 操作符作为 Area 操作符的特例之一，如图 4-110 所示。

图 4-110   操作符的关联设置方法

（8）新建操作符 CalArea，分别调用 Area 操作符计算圆形和矩形的面积，如图 4-111 所示。

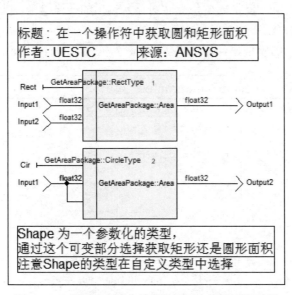

图 4-111   用同一个操作符获取圆形和矩形面积示例

（9）在图 4-112 所示的仿真结果中同时获取了圆形和矩形的面积。

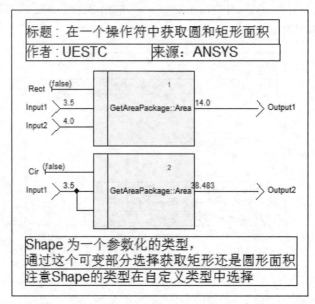

图 4-112　用同一个操作符获取圆形和矩形面积的仿真结果

4.6　仿真相关的设置

4.6.1　Assume 和 Guarantee

Assume 和 Guarantee 是建模设计中对输入输出的限制设定，默认情况下这两个预定义操作符的设置不生成到代码，仅是模型仿真时对输入输出的严格验证，以加快验证流程。Assume 通常应用于输入，Guarantee 通常应用于输出。

考虑图 4-113 所示的模型设计，定义 Assume 为 A>B，Guarantee 为 C>0。

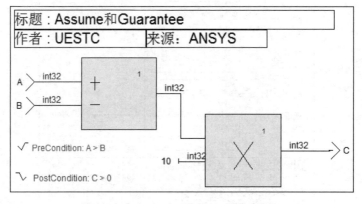

图 4-113　Assume 和 Guarantee 示例

启动仿真，可以观察到当 A=10，B=8 时，Assume 和 Guarantee 都检测到是有效的，如图 4-114 所示。

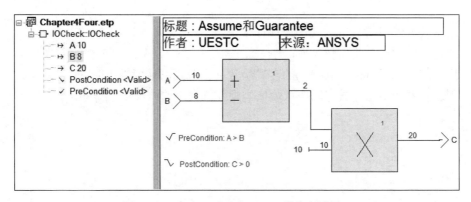

图 4-114　Assume 和 Guarantee 的仿真结果一

当 A=10，B=12 时，Assume 和 Guarantee 都检测到失败了，如图 4-115 所示。

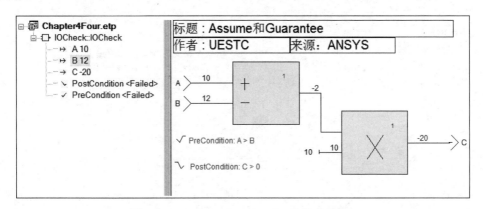

图 4-115　Assume 和 Guarantee 的仿真结果二

4.6.2　精度的设置

SCADE Suite 环境中浮点数的默认仿真精度为 5 个有效数字，用户可通过选中项目框架图中的工程名，在属性窗口 Simulation 栏的 Real significant digits 内修改精度值，该值允许范围为 1～17，如图 4-116 所示。

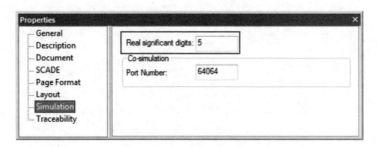

图 4-116　仿真精度的设置

练习题

1. 用迭代器实现两个 2×2 矩阵的相乘。
2. 用迭代器实现斐波那契数列，N<50。
3. 用迭代器实现 sin(x)、cos(x)的泰勒级数展开公式，精度为 10E-6。
4. 用迭代器和多态方式实现任意数值类型任意大小的一维数组排序。

5

SCADE Suite 基于模型的验证

5.1 基于 SCADE Suite 模型的验证流程

本节先介绍 DO-178C 传统验证方面的内容，再说明引入 SCADE 模型开发方式后对验证流程的改变及优势，最后分段详细介绍 SCADE 各验证模块的使用方法。

5.1.1 DO-178C 的传统验证手段

《安全关键软件开发与审定——DO-178C 标准实践指南》一书中指出：验证，是应用于整个软件生命周期的一个整体性过程[1]。在 DO-178C 中的验证，是包括评审、分析和测试的一个组合。评审是提供一个定性的评估。分析是提供正确性的可重复的证据。测试是运行一个系统或系统部件，以验证它满足指定的需求并检测其错误[1]。

1. 评审

评审的对象主要是计划、需求、设计、代码、测试用例、测试规程、测试报告、配置索引、完成总结等。评审通常是执行一个或多个同行评审，工作中可分为两个阶段的评审：非正式的和正式的。非正式的评审有助于让被评审的对象尽早完善，从而最小化正式评审中的问题发现。正式的评审应该将流程标准化，这里列出一些推荐的最佳实践。

（1）有负责人专门安排评审过程、主持会议、提供待评审的资料和检查单、分配工作、收集意见、确保检查单填写完整，评审关闭前所有的意见都被反馈或驳回，未解决的意见应当生成问题报告。

（2）使用一个精心设计的检查单（打钩的活动）。

（3）确保待评审的资料是纳入配置管理的。

（4）邀请有资质的评审者，特别是关键的技术评审者，需求评审应当邀请系统和安全方面的工程师等。

（5）邀请软件质量保证人员和合格审定联络人员及其他支持人员参与评审。

（6）邀请客户代表参与评审（按照合同或规章有必要的话）。

（7）确保适当级别的独立性。

（8）为评审者分配恰当的职责（有的评审可追溯性、有的评审标准符合性等）。

（9）对争议条目建立可讨论的过程。安排会议（可能比多人反复往来的冗长邮件更有效），召集专家当面讨论，确定仲裁依据和仲裁负责人[1]。

评审一词在 DO-178C 中的原文为 Review。国内 DO-178C 编委王云明、蔡喁先生参与编著的《机载软件研制流程最佳实践》一文中指出，试图用一个通用的中文单词来准确地翻译 Review 似乎是不可能的事情。因此，在不同语境下把 Review 翻译成不同的中文术语应该是准确翻译的一个可行之道，如图 5-1 所示[3]。

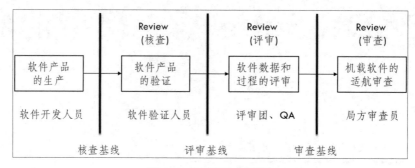

图 5-1　软件评审流程图

推荐根据 Review 的对象、主体、依据、方法、结论等方面的不同分别翻译为核查、评审和审查[3]。

2. 分析

分析主要分两类：编码和集成分析、覆盖分析。其他分析取决于特定的验证方法。编码和集成分析包括最坏运行时间分析、内存余量分析、链接和内存映像分析、加载分析、中断分析、数学分析、错误和警告分析、分区分析等。覆盖分析包括需求覆盖分析、结构覆盖分析、数据耦合和控制耦合分析等[1]。

DO-178C 中的分析是有特定含义的——它是可重复的。因此，需要被编档，有书面记录，有确定的准则。推荐的最佳实践是，一个分析应当有规程和结果。

（1）分析规程包括：

● 目的、准则和相关需求。

● 执行分析的详细指示。

● 分析的可接受和完成准则。

（2）分析结果包括：

● 分析规程的标识。

● 分析资料项的标识。

● 分析执行者的标识。

● 分析结果和支持数据。

● 作为分析结果生成的纠正行为。

● 带有实质性数据的分析结论。

（3）分析的执行需要有适当级别的独立性。

（4）分析应当尽早开展，目的是尽早地识别问题。通常代码基线建立后，分析工作可以开始了[1]。

3．测试

测试的对象是可执行目标码。需要预先编写测试用例、测试规程，执行完毕后，对结果进行分析和总结，得到测试报告。DO-178C 十分强调基于需求的测试，以确保需求得到满足，且只有需求得到满足[1]。为此 DO-178C 的 6.4.3 节提出了 3 种基于需求的测试方法。

（1）基于需求的低层测试。该测试方法聚焦于低层需求的符合性。

（2）基于需求的软件集成测试。该测试方法聚焦于软件的相互关系，以确保软件部件（函数、过程或模块）的正确交互，并满足需求和体系结构。

（3）基于需求的软件/硬件集成测试。该测试方法在目标计算机上执行，以揭示软件在其执行环节中运行时的错误，因为许多软件错误只有在目标机运行中才会被发现[19]。

DO-178C 定义的测试用例是"为一个特定目标开发的一组测试输入、执行条件和预期结果"。通常需要为测试团队提供一个模板，以确保用约定的方式描述测试用例。如果测试是自动化的，则格式至关重要。测试用例的开发需要包括正常测试用例和健壮性测试用例。测试用例推荐的最佳实践包括如下信息：

（1）测试用例标识。

（2）测试用例版本历史。

（3）测试用例编写者。

（4）被测软件标识。

（5）测试描述。

（6）测试覆盖/实现的需求标识号。

（7）测试类型（正常测试或健壮性测试）。

（8）测试输入。

（9）测试输出。

（10）预期结果。

（11）通过/失败准则[1]。

DO-178C 定义的测试规程是"建立和执行一组给定的测试用例的具体说明，以及评价测试用例执行结果的说明"。测试规程是用于执行测试用例和获得测试结果的步骤。执行测试的人可能不是编写测试的人，实际上某些公司和合格审定机构坚持独立的测试执行。因此，对编写者而言是清晰的测试步骤，对其他人可能无法成功执行。所以，在正式执行测试前，需要评审测试用例和测试规程。安排一个非测试编写人员在评审前非正式地试运行、执行测试是一个好方法，评审也可以参考其结果。

多数安全关键的软件项目在执行测试之前会进行测试就绪评审，以确保：

（1）需求、设计、源代码和目标码已经建立基线。

（2）测试与需求、设计和代码的基线版本一致。

（3）测试用例和测试规程已经得到评审和建立基线。

（4）试运行测试中的问题已经得到解决。

（5）测试配置已经完成，被测软件的零部件编号已经编档。

（6）使用批准了的测试环境。

（7）测试追踪数据是最新的。

（8）测试进度安排已经提供需要见证或支持测试的人员，例如质量保证人员、合格审定联络人员、客户等。

（9）任何针对被测软件的已知问题报告已经得到解决或者同意延期[1]。

执行测试就是执行测试规程、观察响应及记录结果的过程。测试执行通常由非编写测试的人员进行，并且由 SQA、客户见证。通常需要保留测试日志，记录谁执行测试、何时进行测试、谁见证测试、测试和软件的版本信息、测试结果等。

测试运行后，对结果进行分析和总结，形成测试报告。任何测试失败应该产生一个问题报告，并且必须进行分析[1]。DO-178C 还要求测试流程 3 个层面的双向可追溯性。

（1）软件需求和测试用例。

（2）测试用例和测试规程。

（3）测试规程和测试结果[19]。

4. 其他

某些项目会使用单元测试作为 DO-178C 验证中基于需求的低层测试，这当然没问题，单元测试概念仍然可以使用，但需要防止测试是基于代码做的，测试必须基于需求。

编写测试用例时，可能会发现有些需求是不可测试的。最好的方法当然是要求重新编写需求，使之可对应到测试用例。在其他情况下，也可以使用一个分析或代码评审来代替测试。但此时必须证明：①该分析或代码评审为什么能与测试一样找到同样类型的错误；②分析或代码评审为何能等价于测试。还需要注意的是，用于代替测试的分析或者代码评审需要与原测试有同级别的独立性[1]。

DO-178C 目标中关于"验证过程结果的验证"是航空工业所独有的。其实质是要求评价测试工作的充分性和完整性。也就是说，要求对测试工作进行验证，包括验证测试规程、测试结果、需求覆盖、结构覆盖等。主要的验证方法依然是前面提到的评审和分析[1]。

以上是 DO-178C 中传统验证流程的主要内容，下面介绍引入 SCADE Suite 模型后带来的变化。

5.1.2 基于 SCADE Suite 模型的验证工作

DO-331 标准介绍了使用 MBDV 后符合 DO-178C 的推荐方法。应用 SCADE 产品的 MBDV 方式，对验证工作主要的改变是：

（1）V 生命周期变为 Y 生命周期。

（2）更早更有效的验证。

（3）更简化的验证。

（4）形式化方法的支持。

1. V 生命周期变为 Y 生命周期

使用 MBDV 方式的主要动因就是应用模型自动生成代码的功能，省去了工程师的手工编码。这使传统的 V 生命周期变为 Y 生命周期，带来缩短开发时间、降低成本，甚至降低人为错误的潜力。其中，使用一个没有鉴定的代码生成器可以使流程有 20%的缩短，使用一个得到鉴定的代码生成器可以得到 50%的缩短[1]。

而 SCADE 的代码生成器是可通过 DO-178C 的 TQL-1 工具鉴定的，因此模型设计和验证完毕后可生成认证级代码。DO-178C 中 A-5 表——软件编码和集成过程输出的验证——的部分目标由 SCADE 代码生成器满足了。

2. 更早更有效的验证

当开发流程中确定使用经过鉴定的代码生成器时，开发焦点从代码转移到了模型。虽然代码验证方面的工作量由于认证级代码生成器减少了，但是新增了在模型级的验证工作。其中，模型仿真或自动化测试工具的使用促进了及早验证，使得需求和错误检测能够更早成熟。由于安全关键软件的验证花费不菲，更早检测出错误和减少手工验证活动可以降低成本、加快进度。

既然聚焦于模型了，MBDV 方式就在传统验证手段基础上增加了模型仿真。模型仿真是指使用仿真器检查一个模型行为的活动。模型仿真器是一个设备、计算机程序或系统，使得一个模型能够执行以表明其行为，从而支持验证确认[1]。

DO-178C 中原先通常由评审、分析和测试完成的验证工作可以由模型仿真部分地来代替或者组合进行，具体验证流程中使用的关于模型仿真的方法需要写入验证计划并通过局方的审查。DO-331 的 MB.6.8 节提供了模型仿真的专门指南。

针对软件高层需求、软件低层需求、软件架构这些数据，相对于评审和分析的传统手段，模型仿真是一种动态的验证手段，更加直观有效[1]。模型仿真的主要特点是：

（1）测试是针对可执行目标码进行的，模型仿真主要是针对低层需求（设计模型和软件架构）的仿真。

（2）大部分模型仿真工具使用的代码通常不同于加载到目标环境的代码。

（3）模型仿真的环境通常是 PC，也不同于测试使用的目标机运行环境。

所以，使用模型仿真依然不能省略在目标机上的测试活动。

DO-331 的 MB.6.8.3 节指出：模型是基于需求开发出来的，为模型仿真而开发的仿真用例和仿真规程也应该是基于同样的需求编写的。考察 DO-178C 的流程，Suite 模型通常相当于低层需求，则 Suite 模型、仿真用例和仿真规程都是基于高层需求设计的。如果仿真用例和仿真规程用于正式验证置信度，那么仿真用例和仿真规程的准确性需要验证，仿真结果需要评审，仿真结果与预期结果的差异需要解释。DO-331 的表 MB.A-3（目标 MB8 至目标 MB10）、表 MB.A-4（目标 MB14 至目标 MB16）和表 MB.A-7（目标 MB10 至目标 MB12）是增加了 3 组相同的新目标，因为它们适用于软件生命周期的不同阶段[2,20]。

（1）仿真用例是正确的（表 MB.A-3 目标 MB8、表 MB.A-4 目标 MB14、表 MB.A-7 目标 MB10）。

（2）仿真规程是正确的（表 MB.A-3 目标 MB9、表 MB.A-4 目标 MB15、表 MB.A-7 目标 MB11）。

（3）仿真结果是正确的，且差异得到解释（表 MB.A-3 目标 MB10、表 MB.A-4 目标 MB16、表 MB.A-7 目标 MB12）。

3. 更简化的验证

评审、分析和测试这 3 个传统验证手段中，测试的工作量最大。DO-178C 一般要求进行 3 个层次的测试：基于需求的低层测试、基于需求的软件集成测试、基于需求的软件/硬件集成测试。

DO-178C 的 6.4 节指出：如果为硬件/软件集成测试或软件集成测试开发了测试用例及其相应的测试规程并进行了测试，而且满足了基于需求的覆盖和结构覆盖，那么就不必重复低层测试。反之，以低层测试代替高层测试则行不通，因为低层测试中缺少对整体功能的测试[19]。

使用 Suite 模型开发后，模型相当于 DO-178C 的低层需求和软件架构。如果模型仿真的仿真用例和仿真规程是为硬件/软件集成测试或软件集成测试开发的，且仿真结果满足了高层需求的覆盖和结构覆盖，那么就不需要做低层测试了。

4. 需求覆盖分析和结构覆盖分析

DO-178C 传统验证流程中需要满足三层覆盖分析的目标：

（1）A-7 表目标 3：高层需求的测试覆盖达到要求。

（2）A-7 表目标 4：低层需求的测试覆盖达到要求。

（3）A-7 表目标 5 至目标 8：软件结构覆盖达到要求。

模型覆盖分析是评估模型验证活动是否完备彻底的手段之一。DO-331 标准的 MB.6.7 节专门介绍了设计模型的覆盖分析。使用 Suite 模型开发后，模型就相当于 DO-178C 的低层需求。验证模型的仿真用例是基于高层需求编写的。分析仿真用例基于高层需求的测试覆盖，可以满足 A-7 表目标 3。

DO-331 的 MB.B.11 FAQ#16 指出当符合以下 3 个条件时，模型仿真可支持对包含设计模型的低层需求覆盖测试的评估：

（1）仿真用例是基于高层需求编写的。

（2）仿真用例测试验证了可执行目标码是符合高层需求的。

（3）仿真用例进行了设计模型的仿真，验证了设计模型是符合高层需求的。

通过 SCADE QTE 和 MTC 载入基于高层需求设计的仿真用例，在主机上和目标机上复用同样的仿真用例进行验证，可以满足 A-7 表目标 4。

DO-178C 中提到，如果可以证明源代码、中间代码或目标码的一致性，那么在这 3 个层面进行的软件结构覆盖都具有同等效力。常见的方法是在源代码中进行软件结构覆盖分析。需要注意的是，如果是 A 级软件目标代码被编译环境等自动加入了附加代码，则必须开展一致性分析[2]。

在主机上用 SCADE QTE 载入仿真用例，使用 MTC 工具进行代码级覆盖测试，并评审、分析代码结构覆盖结果，可以满足 A-7 表目标 5 至目标 8。使用 SCADE CVK 可以验证 A 级软件中源代码和目标码的一致性。

值得一提的是，模型覆盖分析不同于代码结构覆盖分析，因此模型覆盖分析活动不能免去完成代码结构覆盖分析的目标。而 EASA 的 CM-SWCEH-002 一文中指出，使用模型设计后，通常情况下模型覆盖分析不能用代码结构覆盖分析代替，其中一个原因是代码覆盖分析严重依赖于生成代码的结构和优化设置。

所以使用 MBDV 开发后，模型覆盖分析和软件结构覆盖分析都不可省略。SCADE R16 版本开始的 SCADE MTC 工具，支持相同的仿真用例和仿真规程进行模型覆盖分析和代码结构覆盖分析。

5. 形式化方法的支持

DO-333 的全称是《DO-178C 和 DO-278A 的形式化方法补充》，其中对形式化方法的定义为：用于构造、开发和推理一个系统行为的数学模型的描述性符号系统和分析方法[21]。基本上，形式化的方法=形式化模型+形式化分析。采用形式化方法的验证手段的最重要优点是完备性，它能从数学逻辑上完全证明系统设计的正确性。然而，形式化方法的缺点同样令人印象深刻，需要对原始设计进行反复提炼、抽象、提取、精化，最终得到其数学模型。这一过程对使用者的数学技巧、项目理解和工程经验都有较高的要求[1]。

客观地说，形式化方法在电子硬件世界中有更多应用——主要是因为硬件工具更标准化和稳定，而软件领域还未达到那样的程度。系统设计、高层需求对应的模型可能因为不具备足够的细节，无法对一些属性进行有意义的分析，形式化方法应用效果、实用价值一般。目前，形式化方法在低层需求层面对于一些软件行为的模型较适用[1]。

业内绝大部分基于模型的开发工具，如果不做专门的定制，由于模型本身不是形式化的，也就无从谈起形式化的方法。而 SCADE 由于其支撑语言发轫于形式化的同步语言，因此 SCADE 是真正形式化的模型；再结合第三方形式化分析引擎（Prover、GATeL 等产品），可以得到不少形式化方法验证的成功案例[22]。

迄今为止，SCADE 产品的形式化方法在轨道交通的信号控制领域、核电的仪控系统领域的成功应用最为广泛[22]。罗克韦尔-柯林斯、洛克希德马丁、霍尼韦尔、NASA 等航空企业对 SCADE 产品的形式化方法做了不少有意义的探索[23,24]。这些成功应用领域的共性是：输入输出以信号量为主，软件行为以布尔逻辑为主，求解系统是线性的或有边界约束的非线性系统。所以求解的状态空间虽然巨大，但依然是有界的，可以穷举。

当前，在航空领域，形式化方法只被用于关键软件的算法控制部分，更多的是一种辅助验证活动，以提升软件安全的可信度。

6. SCADE 关于 DO-178C 目标的实现

SCADE 支持的验证工具包括模型检查器（Model Checker）、模型仿真（Model Simulation）、模型覆盖验证（Model Coverage Test）、认证级测试环境（Qualified Test Environment）、形式化验证（Design Verify）、最坏运行时间和堆栈分析（Timing and Stack Optimizer）、编译器验证套件（Complier Verification Kit）、需求追踪管理（Requirement Traceability）、多学科仿真文件生成（FMI/FMU）再导入系统仿真环境验证等。

SCADE 模型检查器支持静态检查 Suite 模型的语法语义，是最基本的验证活动，也是成功运行其他 SCADE 验证工具的前提。

SCADE 模型仿真支持在主机端仿真模型的行为，也可以作为 QTE 大规模自动化模型仿真活动之前的预仿真。

SCADE 模型覆盖验证支持低层需求的覆盖验证。除了可以单独执行外，更常见的操作是基于 QTE 进行大规模自动化的模型覆盖。

以上 3 个验证活动列为基础验证活动，是应用 SCADE 开发安全关键项目中最基本的验证活动。

SCADE 认证级测试环境是一套自动化环境，除融合了模型仿真和模型覆盖验证功能外，还支持管理仿真用例、仿真规程和仿真结果。

SCADE 形式化验证工具融合了第三方供应商 Prover Technologies 公司的产品，支持基于 SCADE 模型进行形式化的验证。

SCADE 最坏运行时间和堆栈分析工具融合了第三方供应商 AbsInt 公司的产品，支持模型优化分析，也支持 DO-178C 中目标机兼容方面的分析。将在第 7 章中介绍该工具的使用方法。

SCADE 编译器验证套件中包含了 SCADE Suite C 代码生成器生成的 C 样例代码及这些 C 样例代码在相应可定制复杂程度之上的排列组合，支持验证特定的 C 代码编译器能否正确地编译 SCADE 模型生成的 C 代码。

SCADE 需求追踪管理工具融合了第三方供应商 Dassault 公司的 Reqtify 产品，支持以图形化的方式帮助用户管理模型和其他结构化文档之间的追踪关系。将在第 8 章中介绍该工具的使用方法。

SCADE 多学科仿真文件生成用于将 SCADE 模型导出为 FMU 文件后再导入到多学科仿真平台中进行系统级仿真。将在第 6 章中介绍其使用场景。

5.2 基础验证活动

在本节中，用一个简单的例子来介绍 SCADE 基础验证活动。模型的功能是 3 个布尔型输入的运算：(A&&B)||C，如图 5-2 所示。

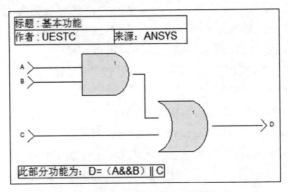

图 5-2　(A&&B)||C 逻辑图

首先需要对模型进行静态分析，这是开展其他验证活动的前提。

5.2.1　SCADE 模型检查器

SCADE 模型检查器是静态分析模型语法语义的工具，它通过一组内置的规则检查 SCADE 模型。检查完毕后生成报告，其中包含检测到的可能的警告或错误。SCADE 模型检查器可用于满足 DO-178C/DO-331 中 A-4 表中的部分目标。其主要作用是检查：

（1）丢失的或多余的定义；

（2）类型一致性。

（3）时序一致性。

（4）因果分析一致性。

（5）初始化分析一致性。

模型检查的对象为项目框架图中的根目录、包和操作符。操作方法有以下两种：

（1）选中检查对象后在工具条 Code Generator 中单击 Check 按钮 ⟨Simulation⟩。

（2）右键选中检查的对象，在弹出的快捷菜单中选择 Check 选项，如图 5-3 所示。

模型检查完毕后，SCADE Suite Checker 生成一个 HTML 摘要报告，如果检查通过会显示 No error detected，如图 5-4 所示。

图 5-3　Check 选项

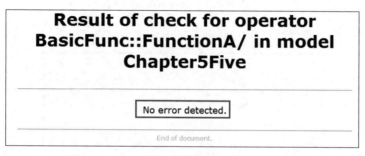

图 5-4　Check 通过图

如果检查未通过，报告会提示错误和警告，按照提示可以快速找到原因。再单击报告中的超链接可直接跳转到模型中错误的位置，进行修改，如图 5-5 所示。

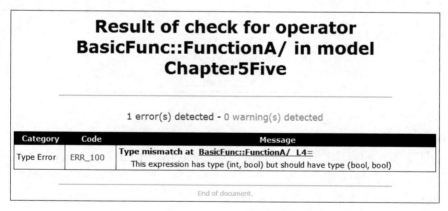

图 5-5　Check 未通过图

操作符通过静态分析后，仅表明语法语义的正确，并不意味着在功能上实现了需求要求的功能，可通过模型仿真来验证。

5.2.2　SCADE 模型仿真

模型仿真用于验证模型是否满足高层需求，也可作为 5.3 节的 QTE 做自动化测试前的预仿真，可用于满足 DO-178C/DO-331 中 A-4 表中的部分目标。SCADE 仿真器是可视化的调试环境,支持利用断言、断点的设定,测试用例的保存、载入,测试结果的输出等功能完成模型仿真。

1. 设置并启动模型仿真

确保设计完毕的操作符通过模型检查后,在工具栏 Code Generator 上选择 Simulation 选项,如图 5-6 所示。左侧框内是"设置"按钮。

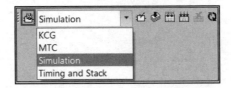

图 5-6　Code Generator 工具栏

单击工具栏 Code Generator 中的"设置"按钮,弹出如图 5-7 所示的 Settings 对话框。

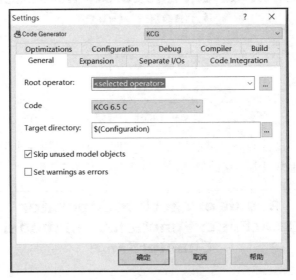

图 5-7　Settings 对话框

其中需要关注的项是:

(1)需要仿真的根操作符(Root operator),<selected operator>表示将仿真用户在项目框架图中鼠标单击选中的操作符。

(2)选择代码生成器的版本 KCG 6.5 C。

(3)程序可执行文件输出的目录。

推荐不做模型级集成测试情况下,保留 General 选项卡中的 Root operator 为<selected operator>。由于工具条 Code Generator 较为常用,因此对其常用按钮再展开介绍一下,图 5-8 中矩形框内从左到右分别是:

图 5-8　Code Generator 工具栏

（1）Check（检查）按钮：用于语法语义检查。

（2）Generate（生成）按钮：用于 C 代码生成。

（3）Build（增量构建）按钮：用于增量编译链接生成可执行目标文件。

（4）Rebuild All（完全构建）按钮：用于完全编译链接生成可执行目标文件。

（5）Run（运行）按钮：用于启动仿真。

模型检查完毕后，选中项目框架图中待仿真的操作符，单击 Rebuild All（完全构建）按钮编译链接。如果构建正确，则输出窗口如图 5-9 所示。

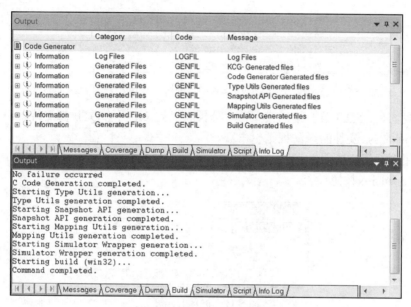

图 5-9　Simulation 输出窗口

再保持选中项目框架图中待仿真的操作符，单击 Run 按钮启动仿真。

2．模型仿真操作

SCADE 仿真器支持两种仿真用例输入的方式：导入预先编档的仿真用例和直接输入仿真用例。直接输入仿真用例可作为简易的模型预仿真，确认模型可以运行。大规模的自动化模型仿真推荐使用导入预先编档的仿真用例方式。

（1）导入预先编档的仿真用例。

DO-331 中指出在使用模型仿真活动来满足 A-3 表、A-4 表和 A-7 表的目标时，还需要额外验证仿真用例、仿真规程和仿真结果的正确性[20]。可以使用 SCADE 的测试场景文件（Test Scenario）部分满足这些目标。SCADE 的测试场景文件包含了需要执行仿真用例的信息。一个测试场景可以包含一个或者多个仿真用例，SCADE 支持 3 种文件格式的测试场景。

● .sss 格式：基于 Tcl 脚本格式的仿真文件格式，最常用，可扩展性强。

● .in 格式：简单的向量方式组织的仿真文件格式，简单易读。

● .sts 格式：由模型仿真器自动保存的二进制仿真文件格式，不可修改。

这里只介绍最常用的.sss 格式的编写，其语法规则如下：

● SSM::set <var><val>

　　➢ var 为输入变量、外部引用变量（Sensor）的名称。

> ➤ val 为下一周期的输入值。
- SSM::cycle [<integer>]
  > ➤ 设置运行 integer 个周期。
  > ➤ integer 为整型，数值必须大于 0。
  > ➤ 不填写 integer，则默认值为 1。
- #符号开头的是注释

本例的仿真用例如图 5-10 所示。

```
SSM::set BasicFunc::FunctionA/A true
SSM::set BasicFunc::FunctionA/B true
SSM::set BasicFunc::FunctionA/C true
SSM::cycle 1
```

图 5-10 .sss 测试用例格式

值得一提的是，5.2.3 节介绍的模型覆盖分析和 5.3 节介绍的 QTE 都支持.sss 格式的文件，不过 QTE 使用的.sss 文件的语法规则更丰富。

当仿真用例编档完毕后，可以通过图 5-11 所示工具条 Simulation Extension 中左侧的第一个按钮 Load Scenario 按钮导入。

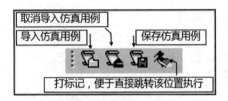

图 5-11 仿真工具条

（2）直接输入仿真用例。

直接输入仿真用例的操作方式是，仿真启动后在左侧的 Instances 选项卡内直接设置输入值，单击输入变量或者使用 F2 键使变量成为可输入状态。如果变量类型为布尔型，可直接输入 t、f 代表 true、false，如图 5-12 所示。

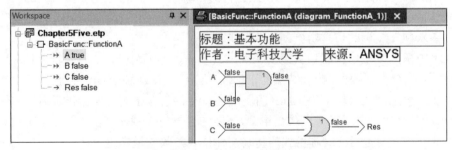

图 5-12 Instance 选项卡

然后可以使用图 5-13 所示的工具条 Simulator 进行仿真调试。

仿真运行时选用恰当的按钮操作来观察模型设计区域内的执行结果。可以看到模型中的每条连线，在仿真时都作为局部变量，有实时的内容显示，如图 5-14 所示。

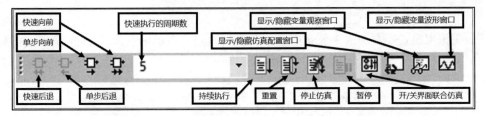

图 5-13 Simulator 工具栏

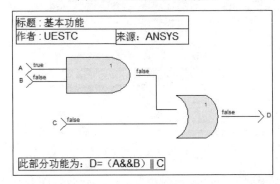

图 5-14 基本功能仿真结果

SCADE 仿真器支持使用辅助调试窗口来观察模型的运行效果。

（3）仿真属性窗口。

支持修改仿真运行周期数和每周期时间间隔，观察仿真用例的执行历史信息。打开仿真属性窗口的方式有以下两种：

- 仿真模式下，单击菜单 View→Docking Windows→Simulation。
- 仿真工具条下，单击 按钮。

打开仿真窗口后，显示界面如图 5-15 所示。

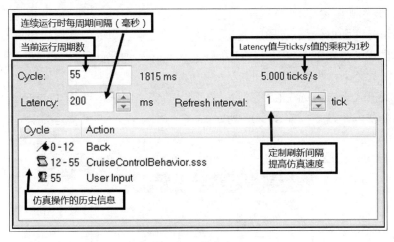

图 5-15 仿真窗口

（4）仿真变量观察窗口。

支持观察变量在当前周期的数值，打开仿真变量观察窗口的方式有以下两种：

- 仿真模式下，单击菜单 View→Docking Windows→Watch。

- 仿真工具条下，单击 ⊞ 按钮。

然后在仿真模式下右击选中特定变量，在弹出的快捷菜单中选择 Watch 选项，仿真变量观察窗口中就存有该变量了，如图 5-16 所示。

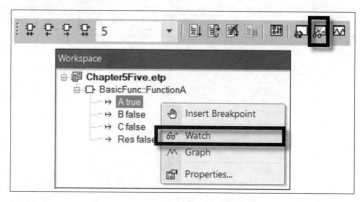

图 5-16　仿真变量观察窗口打开方式

本例中将所有输入输出放到仿真变量观察窗口后的界面如图 5-17 所示。

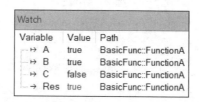

图 5-17　观察窗口

其中变量标为红色表明数值有变化，变量标为蓝色表明在执行下个周期前输入数值没有变化。不需要观察某变量时，选中并按 DEL 键即可删除。

（5）仿真波形观察窗口。

支持以波形方式观察变量的变化，打开仿真波形观察窗口的方式有以下两种：

- 仿真模式下，单击菜单 View→Docking Windows→Graph。
- 仿真工具条下，单击 ⊡ 按钮。

然后在仿真模式下右击选中特定变量，在弹出的快捷菜单中选择 Graph 选项，仿真波形观察窗口中就存有该变量了，如图 5-18 所示。

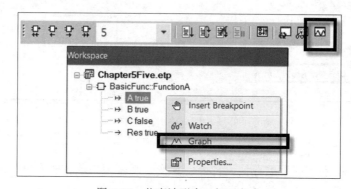

图 5-18　仿真波形窗口打开方式

本例中将输入 A 和输出 Res 放到仿真波形观察窗口后的界面如图 5-19 所示。

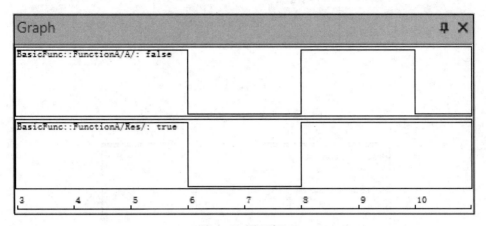

图 5-19　图形窗口

不需要观察某变量波形时，按 DEL 键即可删除。

可通过菜单 Tools→Options→Simulator 并勾选 Enable colored graphs 选项设置波形图为彩色显示。

3. 设置和管理断点

SCADE 仿真器提供了断点设置等操作，便于仿真调试。

（1）数据流元素设置断点。

右击如图 5-20 所示的元素，在弹出的快捷菜单中选择 Insert Breakpoint 选项。

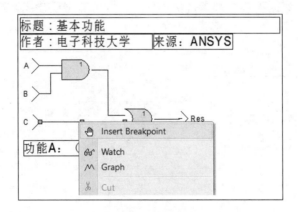

图 5-20　Insert Breakpoint 选项

也支持在仿真模式下项目框架图的 Instance 选项卡中右击某输入、输出、临时变量，选择 Insert Breakpoint 选项，如图 5-21 所示；或者在选中某输入、输出、临时变量时按快捷键 F9 弹出断点设置窗口。

在弹出的"插入数据断点"对话框中可以设置断点使能的属性，如图 5-22 所示。

● 更改（On Changes）：变量的值更改时启用断点。

● 在值上（On Value）：变量必须与给定值进行比较为真时才启用断点。支持从下拉列表中选用预定义的比较公式。

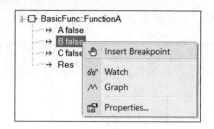

图 5-21　Insert Breakpoint 选项

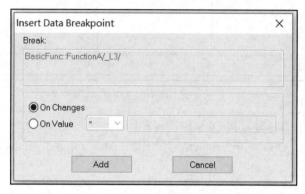

图 5-22　Insert Data Breakpoint 对话框

设置完毕后单击 Add 按钮，添加完毕的元素上有个小红点。

（2）控制流元素设置断点。

对图 5-23 所示的数据流模型，支持从模型设计图中右击迁移线并选择 Insert Breakpoint 选项。

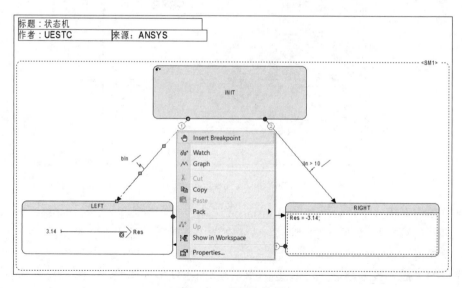

图 5-23　数据流模型

也支持如图 5-24 所示从仿真模式下项目框架图的 Instance 选项卡中右击控制流元素并选择 Insert Breakpoint 选项；或选中控制流元素后按快捷键 F9 设置。

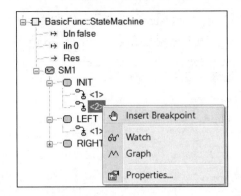

图 5-24　仿真模式下项目框架图的 Instance 选项卡

控制流元素的断点添加不会弹出断点属性设置对话框，断点添加完毕的元素上有个小红点。

（3）断点的高级设置。

通过菜单 Simulation→Breakpoint 或者快捷键 Alt+F9 可弹出断点高级设置对话框，对话框会自动定位到 Advanced 选项卡，底下是已经设置完毕的断点信息列表，如图 5-25 所示。

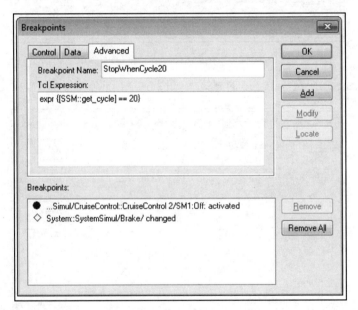

图 5-25　断点高级设置对话框

可以在其中设置断点的名称和 Tcl 脚本语言的表达式。表达式主要定义断点触发条件，通常有以下两种情况：

- 根据数值条件触发：例如 expr {[SSM::get Output1] > 10}表示 Output1 数值大于 10 时触发。
- 根据周期条件触发：例如 expr {[SSM::get_cycle] == 20}表示当达到第 20 周期时触发。

当单击 Add 按钮时，该高级断点添加到了下面的断点信息列表中。

（4）修改断点的设置。

SCADE 支持修改添加的断点属性，通过菜单 Simulation→Breakpoint 或者快捷键 Alt+F9

可弹出断点高级设置对话框，切换到 Data 选项卡进行修改。

例如，原 changed 变量只要改变就触发断点，如图 5-26 所示。

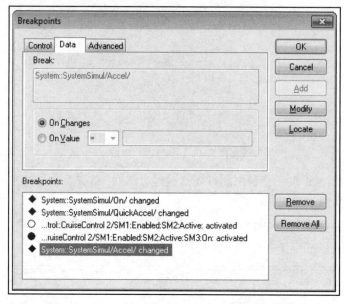

图 5-26　断点高级设置对话框的 Data 选项卡

现修改为 changed 变量等于 150 时触发，如图 5-27 所示。

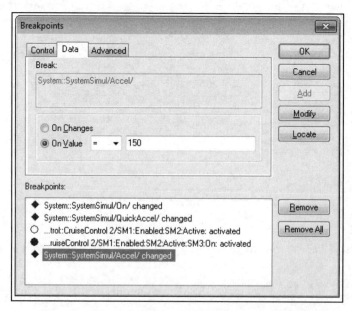

图 5-27　changed 变量等于 150 时的 Breakpoints 对话框

注意：控制流的断点没有内置属性可以修改，只有添加和删除两种操作，可在项目框架图的 Instance 选项卡中通过快捷键 F9 来操作。

（5）使能/禁用断点。

设置断点后，断点有使能和禁用两个属性。禁用不是删除断点，只是设置该断点不使能。

通过菜单 Simulation→Breakpoint 或者快捷键 Alt+F9 可弹出断点高级设置对话框。可通过在底部的断点信息列表中单击左侧的小圆圈或者小方块来设置断点的使能和禁用属性，如图 5-28 所示。

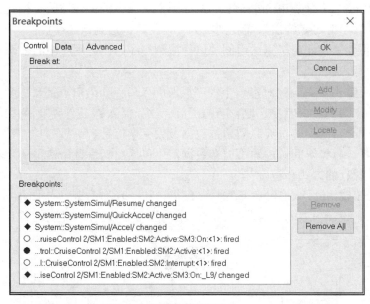

图 5-28　设置断点的使能和禁用属性的 Breakpoints 对话框

左侧图标的含义如下：

● 实心红色菱形：数据流断点使能状态。
● 空心红色菱形：数据流断点禁用状态。
● 实心红色圆圈：控制流断点使能状态。
● 空心红色圆圈：控制流断点禁用状态。

5.2.3　SCADE 覆盖分析

前面介绍了在使用 SCADE 进行 MBDV 开发过程中可以满足 DO-178C 中覆盖分析的目标，这里详细介绍采用 SCADE 的 MBDV 方式后如何完成模型覆盖分析和代码结构覆盖分析。

DO-331 的 MB.6.7.2 节中指出模型覆盖分析支持检测和解决：

（1）基于需求的仿真用例或仿真规程的缺陷。

（2）高层需求的不充分或缺陷，而设计模型是基于高层需求的。

（3）先前未确认的派生的低层需求。

（4）设计模型中的非激活功能。

（5）设计模型中的非预期功能[1]。

DO-178C 的 6.4.4.3 节中指出代码结构覆盖分析支持检测和解决：

（1）基于需求的仿真用例或仿真规程的缺陷。

（2）需求的不充分。

（3）非激活代码。

（4）死代码[1]。

另外，覆盖分析需要依据不同的软件研制级别选择特定的覆盖准则。DO-178C 中定义了以下几个准则：

（1）语句覆盖。设计若干测试用例，运行被测程序，使得程序中的每个可执行语句至少执行一次。语句覆盖被认为是相对较弱的准则，因为它不评价一些控制结构并且不检测某种类型的逻辑错误。一个 if-else 构造只需要判定为真，就可以达到语句覆盖。

（2）判定覆盖。设计若干测试用例，运行被测程序，使得程序中的每个判断取真分支和取假分支至少执行一次。

（3）条件变更/判定覆盖。对每一个程序模块的入口点和出口点都至少考虑调用一次，且需求中的每条输入值都至少能独立地影响输出值一次。仅 A 级软件需要满足此目标。

（4）数据耦合。两个模块彼此间通过数据参数交换信息。

（5）控制耦合。模块间传递的不但有数据，还包括控制信息，使得一个软件模块影响另外一个软件模块执行的方式和程度[1]。

使用 SCADE 软件进行 MBDV 开发时，仅需设计一套基于高层需求的仿真用例和仿真规程即可同时应用于设计模型的覆盖分析、代码结构的覆盖分析，如图 5-29 所示。

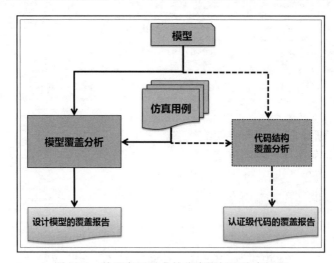

图 5-29　基于高层需求的仿真用例和仿真规程

程序插桩（Instrument）是覆盖分析的关键技术之一。它是在保证被测程序原有逻辑完整性的基础上插入一些探针（本质上就是进行信息采集的代码段，可以是赋值语句或采集覆盖信息的函数调用），通过探针的执行并抛出程序运行的特征数据，通过对这些数据的分析可以获得程序的控制流和数据流信息，进而得到逻辑覆盖等动态信息，从而实现测试目的的方法。

SCADE 同样使用插桩技术进行覆盖分析。根据选定的覆盖准则和操作符进行模型插桩后，生成新的只读的插桩工程，然后在该插桩工程中导入仿真用例和仿真规程进行覆盖分析。SCADE MTC 是可通过 DO-330 TQL-5 级别鉴定的验证工具。

1．SCADE 覆盖测试工作流

SCADE 覆盖测试工作流要分为以下 5 个步骤：

（1）模型准备（Model Preparation）。

（2）覆盖采集（Coverage Acquisition）。

（3）覆盖分析（Coverage Analysis）。

（4）覆盖解决（Coverage Resolution）。

（5）覆盖报告（Coverage Reporting）。

2．模型准备

模型覆盖分析通常在模型仿真活动完毕之后进行。此时，模型设计完毕且通过了评审。基于高层需求的仿真用例和仿真规程也设计完毕，通过了评审。模型的仿真也运行完毕，获得了仿真结果且差异得到解释。

3．覆盖采集

覆盖采集前需要设置覆盖分析准则和待覆盖分析的操作符，再设置该操作符的代码生成选项和插桩操作符，最后将插桩后的工程编译链接为可仿真的程序。

（1）设置覆盖分析准则。

右击空白工具栏，确保打开工具栏 Instrumenter ，然后单击左侧的"设置"按钮，在弹出的对话框内设置覆盖准则等内容，如图 5-30 所示。

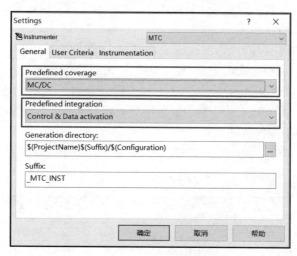

图 5-30　Settings 对话框

切换到 General 选项卡。支持在 Predefined coverage 列表中选择 DC 或者 MC/DC 覆盖两种准则。支持在 Predefined integration 列表中选择控制耦合或者控制耦合与数据耦合两种准则。支持在 Generation directory 栏定制插桩后的输出目录名称，默认提供两个内置宏定义：$(ProjectName)为当前的工程名称，$(configuration)为当前的配置名称。支持在 Suffix 栏定制后缀信息。

（2）设置待覆盖分析的操作符。

切换到 Instrumentation 选项卡，如图 5-31 所示，支持选择待插桩的操作符。

● All：设置所有操作符都插桩。

● Selected：设置仅将勾选的操作符插桩。

● All except selected：设置勾选的操作符都不插桩。

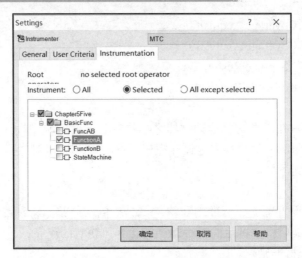

图 5-31　Instrumentation 选项卡

由于插桩后的操作符会插入很多额外的观察语句，覆盖分析时较占用内存空间，故推荐每次只插桩要进行覆盖分析的操作符。User Criteria 选项卡用于自定义覆盖准则的设置，没有导入操作符时不推荐使用。

（3）设置待分析操作符的代码生成选项。

模型覆盖分析的代码生成选项应该与最终生成到目标机的代码选项一致。在 Code Generator 列表中选择 MTC 项 ，再按下左侧的"配置"按钮，弹出"配置"对话框。具体每个选项卡的配置信息设置可参考 6.1 节的内容。本例中，仅需要关注 General 选项卡中根操作符的设置。

需要在根操作符中将待插桩的操作符选中。如果不止一个操作符需要插桩进行覆盖分析，则可以单击[...]按钮将多个待插桩的操作符选中，如图 5-32 所示。

图 5-32　General 选项卡

其他选项卡的设置完毕后单击"确定"按钮。

（4）插桩操作符。

单击插桩工具栏右侧的"插桩"按钮 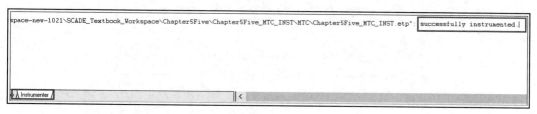，SCADE 的 MTC 工具会自动分析模型，并根据覆盖准则在原操作符内插桩待测分支。插桩失败的话，根据提示解决错误（通常是根操作符设置错误等）。插桩成功后会有如图 5-33 所示的信息。

```
space-new-1021\SCADE_Textbook_Workspace\Chapter5Five\Chapter5Five_MTC_INST\MTC\Chapter5Five_MTC_INST.etp":  successfully instrumented.

  Instrumenter
```

图 5-33　插桩成功后信息的对话框

在输出栏双击该语句，SCADE 自动跳转到新的只读工程，如图 5-34 所示。

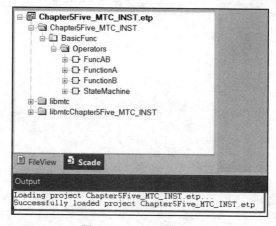

图 5-34　新的只读工程

该只读工程包含插桩后的操作符。由于是只读的，覆盖分析过程中插桩后的操作符不可修改。

（5）插桩后的工程设置。

右击空白工具栏，确保打开工具栏 MTC 。然后单击左侧的 Launch Acquisition 按钮进行覆盖采集。该按钮用于编译链接插桩后的操作符。如果是首次采集或者重新插桩过了，会询问是否要重新编译链接，单击"是"按钮即可，如图 5-35 所示。

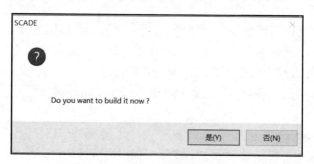

图 5-35　询问重新编译链接界面

在编译链接前，如果工作区或工程有修改，会自动询问是否需要保存改动项，单击"是"按钮即可，如图 5-36 所示。

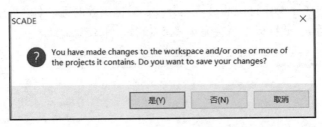

图 5-36　询问是否需要保存改动项界面

4. 覆盖分析

启动后的覆盖分析页面类似 5.2.2 节的模型仿真页面，如图 5-37 所示。

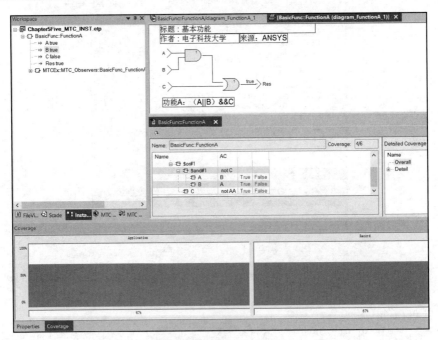

图 5-37　覆盖分析页面

左侧项目框架图 Workspace 中自动新增了 3 个选项卡。

（1）Instances 选项卡。

Instances 选项卡支持直接输入仿真用例。覆盖分析的仿真用例也分为导入预先编档的仿真用例和直接输入仿真用例两种方式。本节仅介绍直接输入仿真用例方式，推荐在大规模覆盖分析时采用 5.3.5 节中导入预先编档的仿真用例方式进行分析。

覆盖分析的仿真用例直接输入使用的是工具条 Simulator，操作方法也相同。

（2）MTC Records 选项卡。

MTC Records 选项卡以记录文件的形式保存模型覆盖结果，记录文件的扩展名为.crf，如图 5-38 所示。

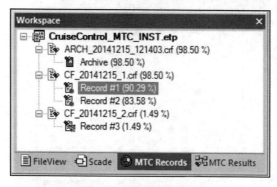

图 5-38   模型覆盖结果

每个记录文件可以由若干记录组成，不同记录图标的含义如图 5-39 所示。

图标	含义
🗒	仿真用例采集(Acquisition)的覆盖记录文件
🗒	解释修正(Justification)的覆盖记录文件
🗒	已经归档(Archiving)的覆盖记录文件

图 5-39   不同记录图标的含义

通过单击工具条 MTC ⬦⬦⬦⬦⬦ 中的"百分比显示"按钮可以开关记录文件的覆盖统计显示，如图 5-40 所示。

图 5-40   记录文件的覆盖统计显示

双击每条记录文件，可在模型设计区打开对应的详细覆盖分析结果，如图 5-41 所示。

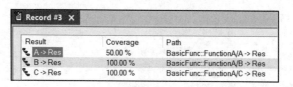

图 5-41   详细覆盖分析结果

（3）MTC Results 选项卡。

MTC Results 选项卡以操作符、控制流、调用关系等元素的形式保存模型覆盖结果，如图 5-42 所示。每个元素的覆盖结果以 4 种颜色着色。

● 绿色：表示完全覆盖，达到 100%。

● 红色：表示完全未覆盖，仅 0。

● 黄色：表示部分覆盖。

● 白色：该项不可进行覆盖分析。例如加法算术运算，没有分支项。

图 5-42　模型覆盖结果

通过单击工具条 MTC中的"百分比显示"按钮可以开关模型元素的覆盖统计显示，如图 5-43 所示。

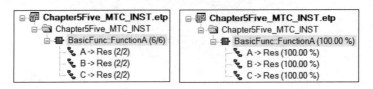

图 5-43　覆盖统计显示结果

双击模型元素，可在右侧打开对应的详细覆盖分析结果，如图 5-44 所示。

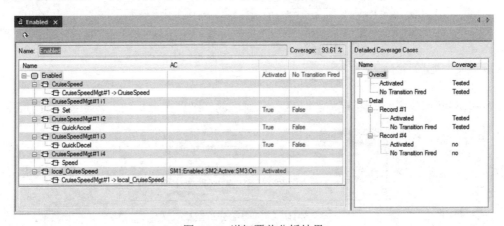

图 5-44　详细覆盖分析结果

当需要观察某个未覆盖元素在原模型设计图中的内容时，可以右击该元素，在弹出的快捷菜单中选择 View Use 选项，如图 5-45 所示。

SCADE 会自动跳转到模型设计图并高亮显示待覆盖的分支路径，如图 5-46 所示。

（4）覆盖分析结果的其他观察窗口。

SCADE 支持不同窗口供用户观察覆盖分析的结果。单击工具条 MTC中的覆盖窗口可弹出覆盖统计柱状图窗口，如图 5-47 所示。

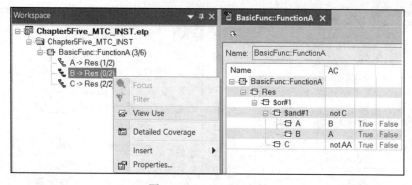

图 5-45   View Use 选项

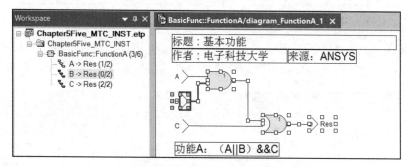

图 5-46   模型设计图

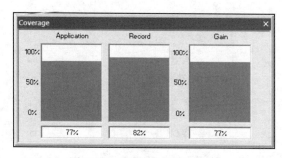

图 5-47   覆盖统计柱状图窗口

柱状图三列的含义分别是:

● Application:当前工程中所有记录的总覆盖分析结果。

● Record:当前记录的覆盖分析结果。

● Gain:以上一次统计的 Application 覆盖结果为基准计算当前 Record 的覆盖结果增量。

在项目框架图的 MTC Results 选项卡中选中某元素,可以在输出栏的 MTC 选项卡中观察覆盖结果,如图 5-48 所示。

覆盖分析的仿真用例输入完毕后,单击工具条 Simulator 中的"停止"按钮 结束覆盖分析。开启工具条 MTC Predefined Filters ,可以设置覆盖分析的过滤项。图 5-49 列出了常用的覆盖分析按钮图标及其含义。列表的前三个操作符是工具条 MTC 上的按钮 。

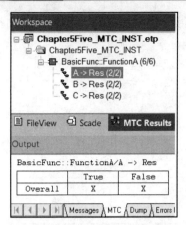

图 5-48　项目框架图的 MTC Results 选项卡

图标	含义
✂	开启或关闭覆盖结果的百分比显示
🔍	只查看已经选中元素的覆盖结果
🔍	取消覆盖分析的所有过滤设置 (仿真运行中不可使用)
🔍	查看已经覆盖的分支项(绿色)
🔍	查看部分覆盖的分支项(黄色)
🔍	查看未覆盖的分支项(红色)
🔍	查看操作符元素的覆盖结果
🔍	查看控制元素的覆盖结果
🔍	查看信号元素(Signal)的覆盖结果
🔍	查看解释(Justification)形式的覆盖结果

图 5-49　常用的覆盖分析按钮图标及其含义

可通过菜单 View→MTC Filters→Save Filter to File 和 View→MTC Filters→Load Filter from File 来保存和载入定制的覆盖分析过滤规则文件，较完整的覆盖分析如图 5-50 所示。

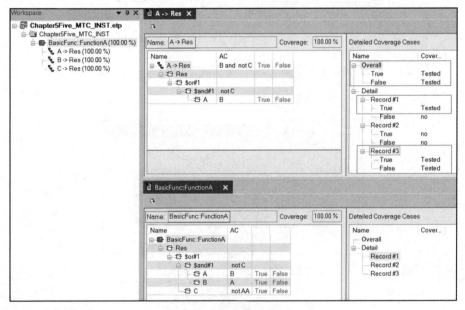

图 5-50　较完整的覆盖分析图

5. 覆盖解决

当找到未覆盖分支的项后，需要找出原因。如果确认是设计模型中的非预期功能，需要将模型中的该分支项删除。如果是以下 3 种原因，可以通过完善需求、仿真用例和仿真规程解决：

● 基于需求的仿真用例或仿真规程的缺陷。

● 高层需求的不充分或存在缺陷，而设计模型是基于高层需求的。

● 先前未确认的派生低层需求。

如果是模型中的非激活功能，则需要给出解释。SCADE 支持以解释作为记录来覆盖分支。

（1）解释 Justification 未覆盖的分支。

不考虑高层需求、仿真用例是否充分的情况，观察图 5-51 所示含调用关系的 3 个操作符，特别注意 FunctionB 操作符的第二个输入为常量 true。

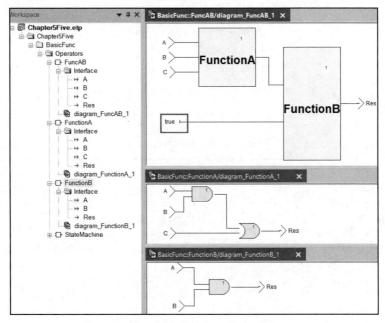

图 5-51　含调用关系的 3 个操作符的模型图

显然 FuncAB 和 FunctionA 两个操作符可以达到完全覆盖，而 FunctionB 由于第二个输入为常量 true，无法覆盖 Res 输出为 false 的情况，如图 5-52 所示。

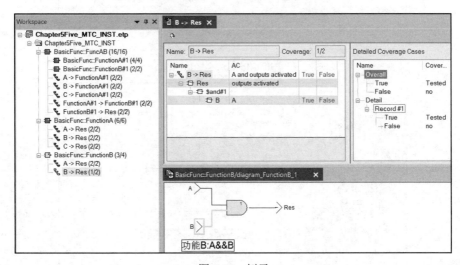

图 5-52　例子

在此情况下，停止覆盖分析。在项目框架图的 MTC Results 选项卡中右击选中未覆盖的分支，在弹出的快捷菜单中选择 Insert→Justification Record 选项，如图 5-53 所示。

在弹出的解释记录向导中填入记录名、覆盖文件名和作者，单击"下一步"按钮，如图 5-54 所示。

再填写解释信息并确认勾选需要解释的未覆盖项，如图 5-55 所示，再单击"完成"按钮。

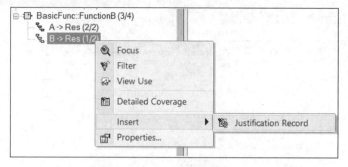

图 5-53   Justification Record 选项

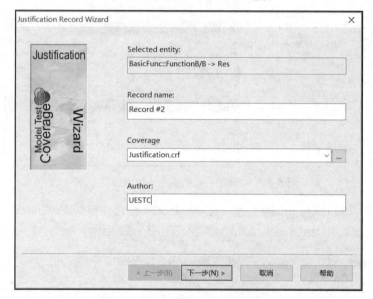

图 5-54   Justification Record 界面一

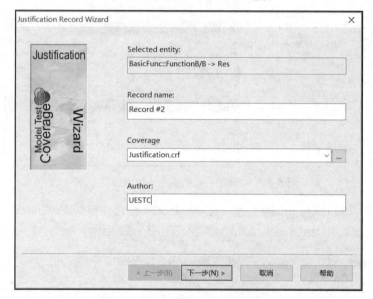

图 5-55   Justification Record 界面二

新增解释记录后，项目框架图的 MTC Results 选项卡中及未覆盖的 View Use 选项卡的分支都是以绿色完全覆盖的形式显示。右侧的详细覆盖项中也列出了 Record #2 中 False 分支已经通过 Justified，如图 5-56 所示。

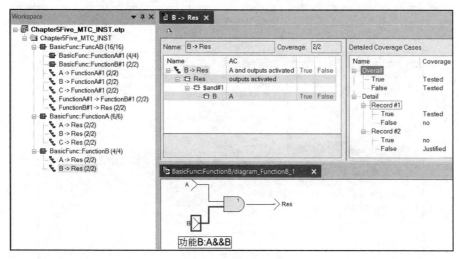

图 5-56　项目框架图

（2）检查与修改 MTC Record 的属性。

在生成最终的覆盖报告前，需要检查 MTC Record 的属性，补充完善描述信息。切换到项目框架图的 MTC Record 选项卡，展开列表内容。选中通过仿真用例达到覆盖的记录后打开属性对话框，其 General 选项卡内容如图 5-57 所示。

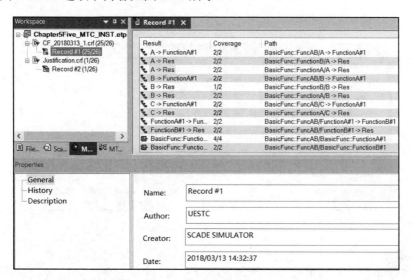

图 5-57　General 选项卡

History 选项卡内容如图 5-58 所示。

解释记录没有 History 属性，却有 User Coverage 属性，可以在该属性中修改解释对应的未覆盖分支项，如图 5-59 所示。

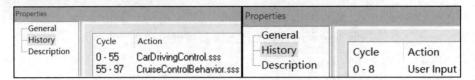

图 5-58　History 选项卡

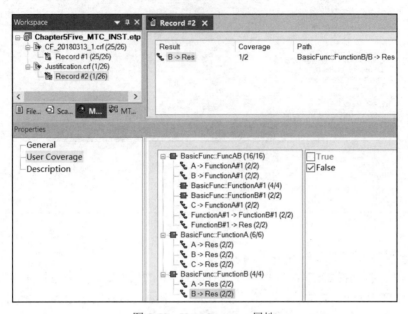

图 5-59　User Coverage 属性

Description 属性的内容如图 5-60 所示，用户可以再补充修改些信息。

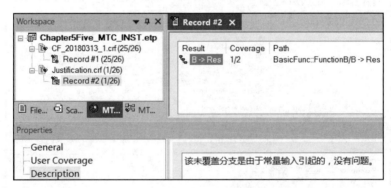

图 5-60　Description 属性

6. 覆盖报告

覆盖分析结束后，SCADE 支持生成覆盖分析报告。打开工具条 Reporter ，确保下拉列表框切换为 MTC 项。单击左侧的"设置"按钮，在弹出的对话框中默认显示 General 选项卡，如图 5-61 所示，SCADE 支持 HTML 格式的报告和 RTF 格式的报告，内置以 Tcl 脚本编写的英文格式和内容的报告，也可以定制中文格式的内容。用户可以设定报告类型、输出目录、脚本文件。

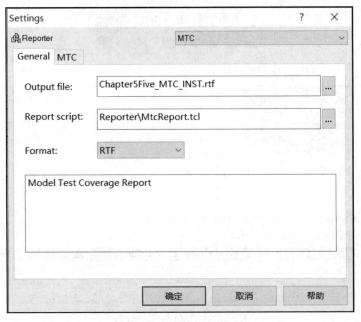

图 5-61　General 选项卡

切换至 MTC 选项卡后可以选择待显示的内容，包括仿真用例记录、解释记录、仿真用例输入的历史记录、每个分支的覆盖分析结果、百分比统计等，如图 5-62 所示。

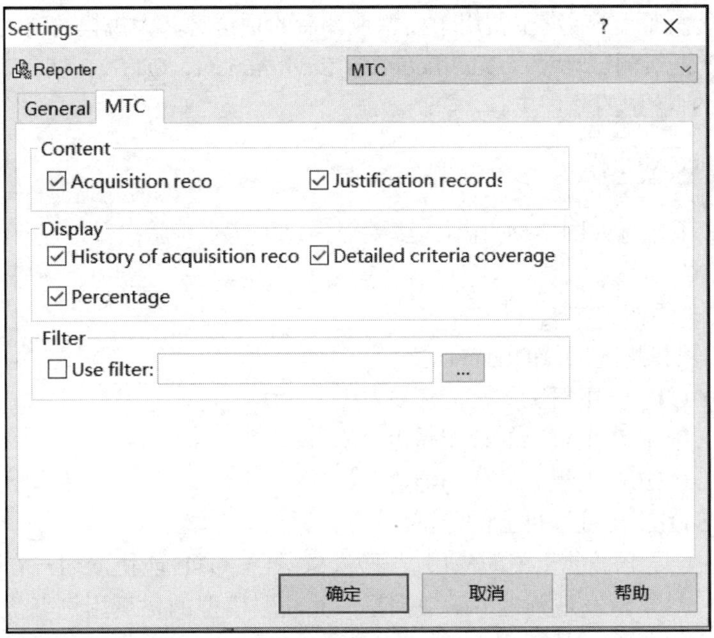

图 5-62　MTC 选项卡

设置完毕后单击工具条 Reporter 右侧的按钮生成文档。本例选择 RTF 格式。如果已经预装好 Word 软件，则会自动弹出 Word 格式的报告，如图 5-63 所示。

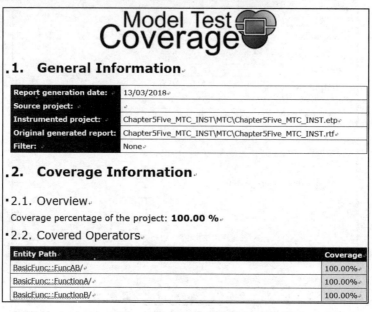

图 5-63　Word 格式的报告

5.3　认证级测试环境 QTE

5.2 节介绍的基础验证活动主要用于模型设计后的预仿真，大规模的自动化验证活动推荐使用 SCADE 的认证级测试环境（Qualified Test Environment，QTE）。SCADE QTE 是可通过 DO-330 TQL-5 级别鉴定的验证工具。

5.3.1　SCADE QTE 的工作流

SCADE QTE 工作流如图 5-64 所示，主要分为以下 7 个步骤：

（1）创建测试工程。

（2）设计仿真用例和仿真规程。

（3）开发工程和测试工程的配置设置。

（4）SCADE QTE 在主机上的功能测试。

（5）SCADE QTE 在主机上的模型覆盖分析。

（6）SCADE QTE 在主机上的代码覆盖分析。

（7）SCADE QTE 在目标机上的测试。

SCADE 产品专注于平台无关的应用层开发，SCADE QTE 能协助用户在主机上完成绝大部分的测试工作，尽早地发现问题、解决问题，并获取模型的仿真用例、仿真规程和仿真结果。而在目标机上进行软硬件集成测试时，SCADE QTE 支持将主机上模型仿真完毕后得到的仿真用例、仿真规程自动转换为目标机上的测试用例和测试规程，以便简单快捷地进行目标机上的测试。SCADE QTE 的工作流也可以简化为图 5-65 所示，分为主机上的测试和目标机上的测试。

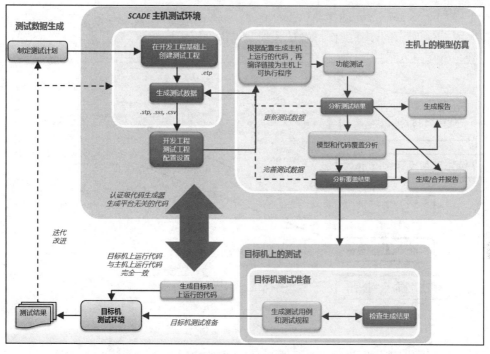

图 5-64　QTE 工作流

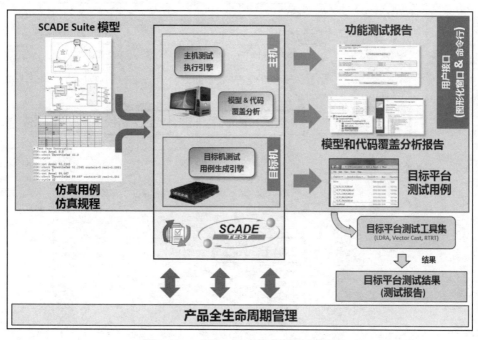

图 5-65　SCADE QTE 简化后的工作流

5.3.2　创建测试工程

测试需要有被测对象，SCADE 测试工程的对象是 SCADE 设计工程。本例中将基于已有的设计工程 Chapter5Five.etp 创建测试工程。

按照图 5-66 所示的步骤操作，确认无误后单击"确定"按钮。

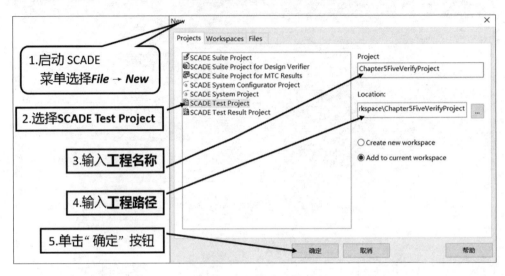

图 5-66　新建工程

将待测的设计工程找出来，确认无误后单击"完成"按钮，如图 5-67 所示。

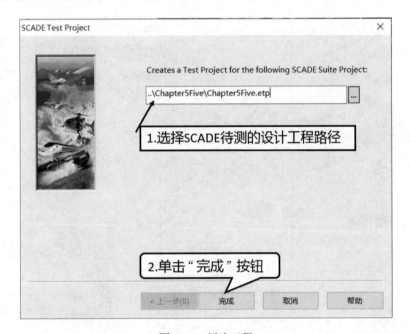

图 5-67　新建工程

5.3.3　设计仿真用例和仿真规程

在测试规程的项目框架图中切换至 TestView 选项卡，打开工具条 Test Creation，单击"新建测试规程"按钮并设置该测试规程的属性，需要在属性栏 Operator 右侧将待测的操作符选择出来，以供自动生成测试用例框架，如图 5-68 所示。

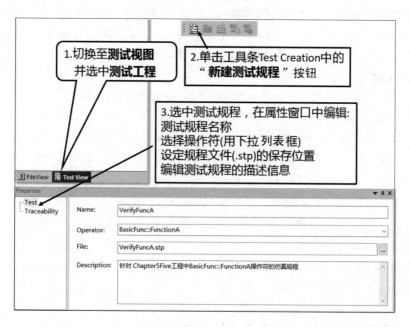

图 5-68　SCADE 测试步骤

　　然后选中测试规程，新建目录筛选器（可选）和记录，推荐以预定义的命名规则给目录筛选器和记录定义名称，便于后期的脚本识别实现自动化测试，如图 5-69 所示。

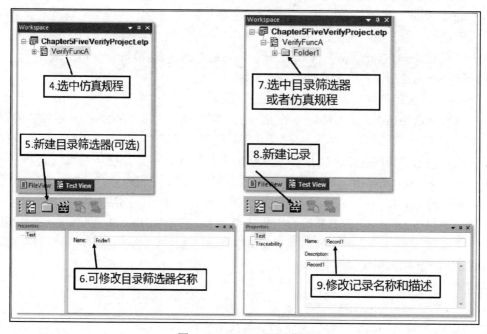

图 5-69　SCADE 测试步骤

　　接下来需要根据预先定义好的仿真用例正式编写仿真规程。同 5.2.2 节，QTE 也支持多种格式的场景文件，最常用的是.sss 和.csv 两种格式。

（1）.sss 格式：基于 Tcl 脚本命令格式的仿真文件格式，最常用，可扩展性强。.sss 格式文件可用于定义别名的场景文件，定义别名后，可简化场景文件中仿真用例的编写。

（2）.csv 格式：简单符号分隔的仿真文件格式，易于将 Excel 编辑或其他文件编辑的测试用例转换为.csv 格式。.csv 格式文件分为按行布局和按列布局两种方式。

1．.sss 格式的场景文件

QTE 中扩展了 5.2.2 节中.sss 文件的语法，其主要语法规则如下：

（1）SSM::set <var><val>。

- var 为输入变量、外部引用变量（Sensor）的名称。
- val 为下一周期的输入值。

（2）SSM::set_tolerance [path=<var>] real=<tolerance>。

- var 为期望观察的输出变量、局部变量的名称。
- tolerance 为设置的检测精度值。一旦设置后，该变量的检测精度保持不变，直到有新的设置改变了检测精度。

（3）SSM::cycle [<integer>]。

- 设置运行 integer 个周期。
- integer 为整型，数值必须大于 0。
- 不填写 integer，则默认值为 1。
- 初始化文件内禁用该语句。

（4）SSM::alias <alias><dip>。

- alias 为别名，不能与其他别名冲突。
- dip 为输入、输出、局部变量都包含的全路径名称。
- 本语句只能在初始化文件内使用。

（5）SSM::check <var><val> {{ sustain=((forever | <integer>)) |real=<tolerance> }}。

- integer 为整型，必须大于 0。
- var 为待检测的输出、局部变量的名称或别名。
- 该检测语句在下一次 SSM::cycle 语句执行时启用。如果 SSM::cycle 语句的周期值为 N 且 N>1，则默认情况下，该检测语句仅在第一周期执行，后 N-1 周期不执行；如果要检测语句保持多执行若干周期，可以使用 sustain=……语句设置。
- 如果 forever 代替 integer，则变量的检测保持到测试结束。
- 如果没有 sustain=……的语句，则该变量的检测仅在下一周期启用。
- 该语句的 real=……检测精度设置优先级高于 SSM::set_tolerance……语句的设置；如果没有 real=……的语句，或者该语句执行完毕后，该浮点型变量的检测精度值遵从 SSM::set_tolerance 语句。
- 初始化文件内禁用该语句。

（6）SSM::uncheck <var>。

- var 为待检测的输出、局部变量的名称或别名。
- 取消检测。
- 初始化文件内禁用该语句。

（7）#符号开头的是注释。

下面是一些.sss 格式场景文件的范例，供用户参考借鉴。

别名设置的案例，如图 5-70 所示。

```
# 设置输入变量的别名
SSM::alias INPUT_BOOL Operator1/Input1
SSM::alias INPUT_ENUM Operator1/Input6
SSM::alias INPUT_ARR_INT Operator1/Input7
SSM::alias INPUT_ARR_STRUCT Operator1/Input8
SSM::alias INPUT_STRUCT1 Operator1/Input9

# 设置输出变量的别名
SSM::alias OUTPUT_REAL Operator1/Output3
SSM::alias OUTPUT_CHAR Operator1/Output4
SSM::alias OUTPUT_ARR_STRUCT Operator1/Output8
SSM::alias OUTPUT_STRUCT1 Operator1/Output9
# 设置输出变量某元素的别名
SSM::alias PART1_OUTPUT7 {Operator1/Output7[0]}
SSM::alias PART1_OUTPUT8 {Operator1/Output8[1].Bool}
SSM::alias PART1_OUTPUT9 {Operator1/Output9.Int}
SSM::alias PART2_OUTPUT10 {Operator1/Output10.ArrInt[1]}

# 设置探针的别名
SSM::alias PROBE_BOOL Operator1/Probe1

# 设置外部引用变量的别名
SSM::alias SENSOR_REAL Sensor3
```

图 5-70　别名设置的案例

仿真用例设置的案例 1，如图 5-71 所示。

```
# 浮点型数组
SSM::set {P1::Operator2/Input1} (1.0,2.0,3.0)
SSM::check {P1::Operator2/Output1} (1.0,2.0,3.0) sustain=forever

# 浮点型结构体
SSM::set {P1::Operator2/Input2} (1.0,2.0,3.0)
SSM::check {P1::Operator2/Output2} (1.0,2.0,3.0) sustain=forever

# 结构体
SSM::set {P1::Operator2/Input3} {(8,12.2,'Z',value1,(1,2,3))}
SSM::check {P1::Operator2/Output3} {(8,12.2,'Z',value1,(1,2,3))} sustain=forever

# 结构体数组
SSM::set {P1::Operator2/Input4} {((8,12.2,'Z',value1,(1,2,3)),(8,12.2,'Z',value2,(4,5,6)))}
SSM::check {P1::Operator2/Output4} {((8,12.2,'Z',value1,(1,2,3)),(8,12.2,'Z',value2,(4,5,6)))} sustain=forever
SSM::cycle

# 第2周期: 取消某个元素的检测
SSM::uncheck {P1::Operator2/Output3.ArrInt}
SSM::uncheck {P1::Operator2/Output4[0]}
SSM::cycle
```

图 5-71　仿真用例设置的案例 1

仿真用例设置的案例 2，如图 5-72 所示。

推荐先在验证工程目录下准备好文件夹（如 TestCases），然后在 SCADE 项目框架图内选中记录项，按照图 5-73 所示在 TestCases 文件夹中新建初始化的别名场景文件 VerifyFuncA_Alias.sss。

```
# 第3周期: 取消整个变量的检测
SSM::check {P1::Operator2/Output3} {(8,12.2,'Z',value1,(1,2,3))} sustain=forever
SSM::check {P1::Operator2/Output4} {((8,12.2,'Z',value1,(1,2,3)),(8,12.2,'Z',value2,(4,5,6)))} sustain=forever
SSM::cycle

# 第4周期: 取消结构体数组的某个元素的检测
SSM::uncheck {P1::Operator2/Output3.ArrInt[2]}
SSM::uncheck {P1::Operator2/Output4[1].ArrInt[2]}
SSM::cycle

# 精度设置
SSM::set_tolerance path=OUTPUT_BOOL real=2.0
SSM::set_tolerance path=OUTPUT_INTEGER real=2.0r
SSM::set_tolerance path=OUTPUT_CHAR real=2.0r
SSM::set_tolerance path=OUTPUT_REAL real=2.0
SSM::set_tolerance path=OUTPUT_ENUM real=2.0r
```

图 5-72　仿真用例设置的案例 2

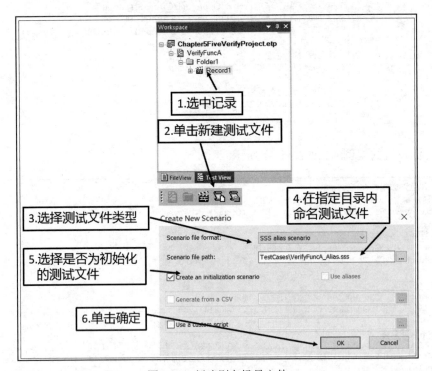

图 5-73　新建别名场景文件

　　该别名文件会检测待测操作符 FunctionA 含有包的名称、I/O 等全部信息，然后自动生成推荐的别名内容。本例中将输入 BasicFunc::FunctionA/A 简化为别名 A，用户也可以修改 SCADE 推荐的别名 A 为其他名称，如图 5-74 所示。

　　然后在项目框架图内选中记录项，新建场景文件 VerifyFuncA_TC1.sss。确认勾选使用别名文件定义的名称，然后单击"确定"按钮，如图 5-75 所示。

　　默认生成的内容如图 5-76 所示，可以看到其中的 I/O 参数名称都已经使用简写的别名来命名了，且包含一个周期的仿真用例。用户可以在此基础上按照.sss 文件的格式修改扩展内容，比较完整的仿真用例集合如图 5-77 所示。

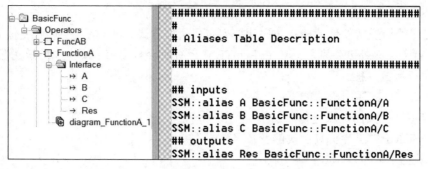

图 5-74　别名文件

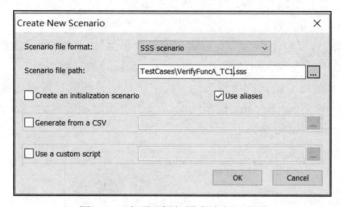

图 5-75　在项目框架图内选中记录项

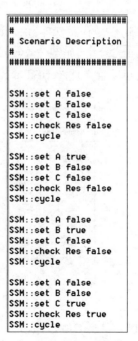

图 5-76　仿真用例集合默认生成的内容　　　　图 5-77　比较完整的仿真用例集合

2. .csv 格式的场景文件

.csv 格式的场景文件分为按行布局和按列布局两种方式。.csv 格式的场景文件无法使用别名功能，也就无需额外创建别名.csv 文件。QTE 在运行时会自动将.csv 格式场景文件转换为.sss 文件后再执行测试过程。

.csv 格式文件的通用语法如下：

（1）#字符开头的是注释行。

（2）*SCRIPT*引导仿真用例的变量名称。

（3）数据由分号或 Tab 符号分隔。

（4）数据定义后，除非修改它，否则一直取之前设定的值。

（5）期望输出数据用逗号表示忽略该期望输出值。

（6）Repeat n（n 为整数）表示该仿真用例值连续执行 n 次。

（7）Tol 起始的行或列不作为仿真用例，而是表示某输出的浮点数的精度。

（8）Last 起始的行或列表示仿真用例的结束，其后的数据被忽略。

下面介绍如何创建.csv 格式的场景文件。选中项目框架图的目录筛选器 Fold1，单击工具条 Test Creation 中的 New Record 按钮两次，分别给新增项起名为 Record_CsvByLines 和 Record_CsvByColumns，如图 5-78 所示。

图 5-78　创建.csv 格式场景文件的方式

创建横排方式的 csv 文件，选中 CsvByLines 记录，单击工具条 Test Creation 中的 New Scenario File 按钮，如图 5-79 所示，在弹出的对话框中设置文件类型为 CSVsteps-by-lines scenario，新建场景文件 VerifyFuncA_Stepbylines.csv，该文件放在前述的 TestCases 文件夹中。

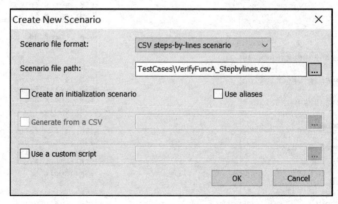

图 5-79　csv 横行方式创建界面

确认无误后单击 OK 按钮，自动生成图 5-80 所示的场景文件内容。

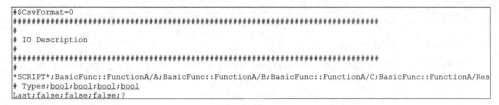

图 5-80　场景文件内容

推荐用文本编辑器将分号批量改为逗号后再用 Excel 编辑，如图 5-81 所示。

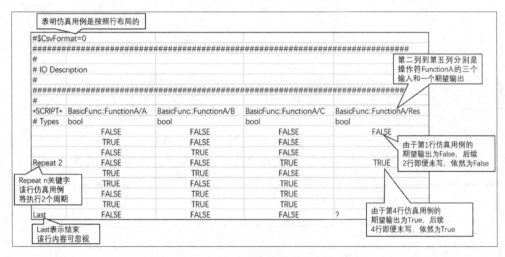

图 5-81　Excel 格式的场景文件

确认编辑完毕后，关闭 Excel 软件。推荐用文本编辑器将其中的逗号批量改为分号后保存备用。

创建纵排方式的 csv 文件，选中 CsvByLines 记录，单击工具条 Test Creation 中的 New Scenario File 按钮，如图 5-82 所示，在弹出的对话框中设置文件类型为 CSV steps-by-columns scenario，新建场景文件 VerifyFuncA_Stepbycolumns.csv，该文件放在前述的 TestCases 文件夹中。

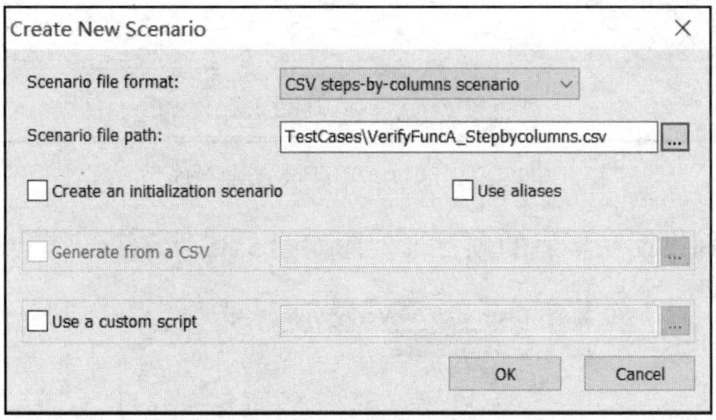

图 5-82　csv 纵排方式创建界面

确认无误后单击 OK 按钮，自动生成图 5-83 所示的场景文件内容。

```
#$CsvFormat=1
##################################################################
#
# IO Description
#
##################################################################
#
*SCRIPT*;Last

# inputs

BasicFunc::FunctionA/A;false;bool
BasicFunc::FunctionA/B;false;bool
BasicFunc::FunctionA/C;false;bool

# sensors


# outputs

BasicFunc::FunctionA/Res;?;bool

# probes
```

图 5-83　场景文件内容

推荐用文本编辑器将分号批量改为逗号后再用 Excel 打开编辑，如图 5-84 所示。确认编辑完毕后关闭 Excel 软件。推荐用文本编辑器将其中的逗号批量改为分号后保存备用。

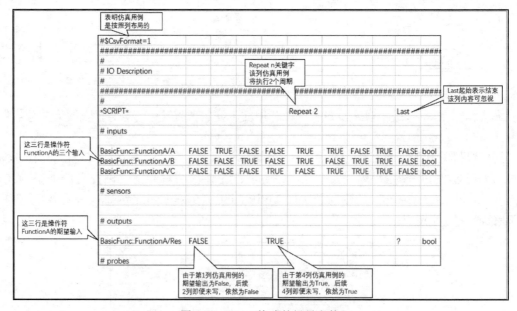

图 5-84　Excel 格式的场景文件

.csv 仿真场景文件设计完毕后的项目框架图如图 5-85 所示。

图 5-85　csv 场景文件

3. 评审仿真用例和仿真规程

可参考 5.1.1 节进行操作。

评审仿真用例和仿真规程是为了满足 DO-178C/DO-331 的如下目标：

● A-7 表目标 1：测试规程是正确的。

● A-7 表目标 3：高层需求的测试覆盖达到要求。

仿真用例是正确的(表 MB.A-3 目标 MB8、表 MB.A-4 目标 MB14、表 MB.A-7 目标 MB10)。

仿真规程是正确的(表 MB.A-3 目标 MB9、表 MB.A-4 目标 MB15、表 MB.A-7 目标 MB11)。

通常这些目标是并行得到满足的，以确保所有的需求得到测试，而且是完全测试。典型地，使用一个同行评审来满足该目标，与需求、设计和代码评审的方法相似[1]。

5.3.4　QTE 在主机上的功能测试

这是 SCADE 大规模自动化测试中最基础、最常用的测试，主要步骤如下：

（1）设置开发工程中操作符的编译链接属性。

在项目框架图中右击选中开发工程，在弹出的快捷菜单中选择 Set as Active Project 选项切换回开发工程，如图 5-86 所示。

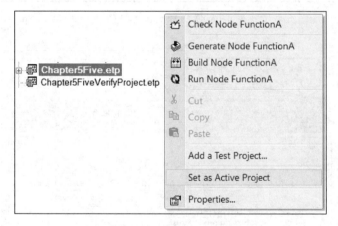

图 5-86　Set as Active Project 选项

将工具条 Code Generator ▣ Simulation ▾ ◌ ◉ 凹 凸 ✕ ◉ 设置为 KCG 或 Simulation 或自定义设置选项。单击左侧的"设置"按钮，如图 5-87 所示，在弹出对话框 General 选项卡的 Root operator 内选中待测的操作符，在其他选项卡中设置需要的编译和链接设置，确认无误后单击"确定"按钮退出。

（2）设置测试工程中仿真规程的运行属性。

在项目框架图中切换回测试工程，打开工具条 Test Tool，单击左侧的"设置"按钮，切换到 General 选项卡，勾选需要运行的仿真规程，如图 5-88 所示。

再切换至 Host Execution 选项卡，按照图 5-89 所示操作。

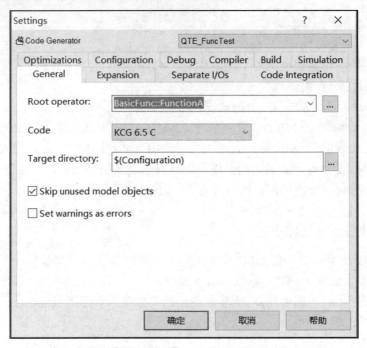

图 5-87　General 选项卡

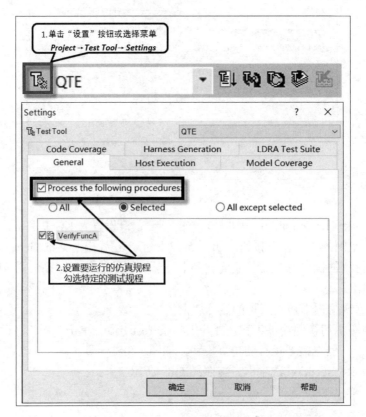

图 5-88　在 General 选项卡中勾选需要运行的仿真规程

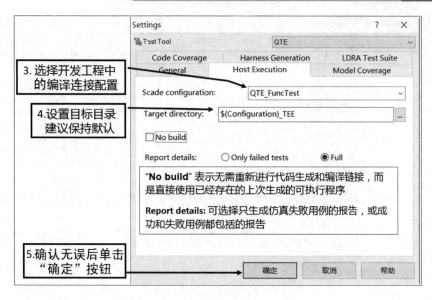

图 5-89　Host Execution 选项卡

（3）执行功能测试，评审结果。

所有设置完毕后，选中项目框架图中的待测仿真规程，单击工具条 Test Tool 中的 Execute Tests 按钮，如图 5-90 所示。

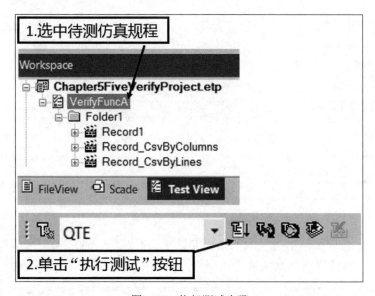

图 5-90　执行测试步骤

SCADE QTE 会自动将开发工程中的操作符生成代码，添加框架代码，编译链接为可执行程序；再将仿真场景文件中的仿真用例逐个输入运行，将实际输出与期望输出比对，生成仿真结果报告。

正常功能测试结束后，项目框架图会自动新增 Test Result View 选项卡，双击左侧的 Record 项，会在右侧自动显示每条仿真用例的结果，如图 5-91 所示。

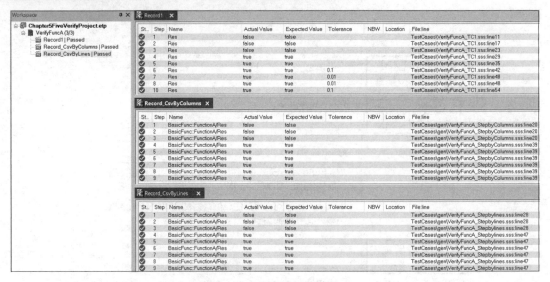

图 5-91　仿真用例的结果

在 Test Result View 选项卡中双击仿真规程可以得到文本化的仿真报告，如图 5-92 所示。

```
3. Test Summary
---------------------------------------------------
| Operator          | Status    | #OK/#Total |
| BasicFunc::FunctionA | Passed  | 27/27      |

4. Detailed Test Results

4.1. BasicFunc::FunctionA: Passed (#OK: 27/27)

<Record1> Passed (#OK: 9/9)
---------------------------------------------------------------------------------
| Step | Data item | Tol. | Expected | Actual | Status | NBW | Location | File:line |
| 1    | Res      |      | false    | false  | OK    |     |          | 1:11      |
| 2    | Res      |      | false    | false  | OK    |     |          | 1:17      |
| 3    | Res      |      | false    | false  | OK    |     |          | 1:23      |
| 4    | Res      |      | true     | true   | OK    |     |          | 1:29      |
| 5    | Res      |      | true     | true   | OK    |     |          | 1:35      |
| 6    | Res      | 0.1  | true     | true   | OK    |     |          | 1:42      |
| 7    | Res      | 0.01 | true     | true   | OK    |     |          | 1:48      |
| 8    | Res      | 0.01 | true     | true   | OK    |     |          | 1:48      |
| 10   | Res      | 0.1  | true     | true   | OK    |     |          | 1:54      |
```

图 5-92　文本化的仿真报告

如果仿真结果与预期输出不一致，则需要评审仿真结果，通过模型修改或者仿真用例和仿真规程的修改，最终确保仿真结果是正确的，差异得到解释，如图 5-93 所示。

St..	Step	Name	Actual Value	Expected Value
✓	1	Res	false	false
✗	2	Res	false	true
✓	3	Res	false	false
✓	4	Res	true	true
✓	5	Res	true	true
✓	6	Res	true	true
✓	7	Res	true	true
✓	8	Res	true	true
✓	10	Res	true	true

Workspace
- Chapter5FiveVerifyProject.etp
  - VerifyFuncA (2/3)
    - Record1 | Failed
    - Record_CsvByColumns | Passed
    - Record CsvByLines | Passed

图 5-93　评审仿真结果

5.3.5　QTE 在主机上的模型覆盖分析

QTE 在主机上的模型覆盖分析是在模型覆盖的基础上增加了自动化的操作，适合大规模的模型覆盖分析，主要步骤如下：

（1）设置开发工程中操作符的编译链接和覆盖准则属性。

在项目框架图中右击选中开发工程，在弹出的快捷菜单中选择 Set as Active Project 选项切换回开发工程，如图 5-94 所示。

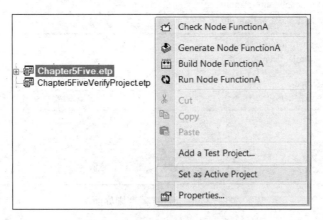

图 5-94　Set as Active Project 选项

将工具条 Code Generator █ MTC ▾ 设置为 MTC 或自定义设置选项。单击左侧的"设置"按钮，在弹出对话框 General 选项卡的 Root operator 内选中待测的操作符，如图 5-95 所示，在其他选项卡中设置需要的编译和链接设置，确认无误后单击"确定"按钮退出。

图 5-95　General 选项卡

单击工具条 Instrumenter █ MTC ▾ 左侧的"设置"按钮，在弹出的对话框内设置覆盖准则，如图 5-96 所示。

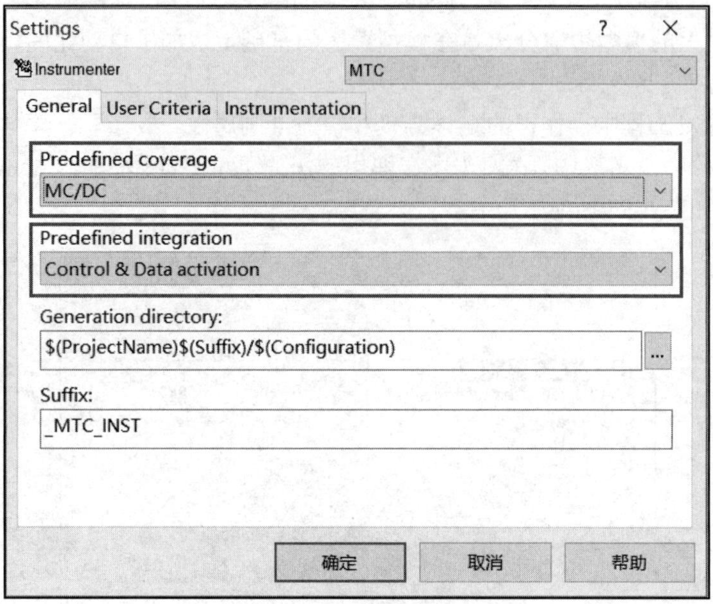

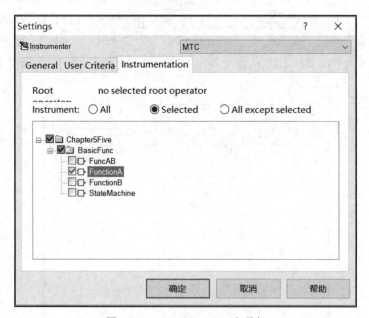

图 5-96　设置覆盖准则界面

切换到 Instrumentation 选项卡，选择待插桩的操作符，如图 5-97 所示。

图 5-97　Instrumentation 选项卡

模型覆盖准则等细节内容可参考 5.2.3 节。

（2）设置测试工程中仿真规程的运行属性。

在项目框架图中切换回测试工程，打开工具条 Test Tool，单击左侧的"设置"按钮，切换到 General 选项卡，勾选需要运行的仿真规程，如图 5-98 所示。

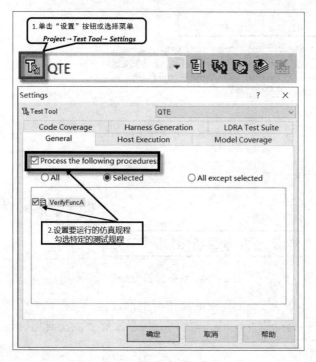

图 5-98   General 选项卡

再切换至 Model Coverage 选项卡，按照图 5-99 所示操作。

图 5-99   Model Coverage 选项卡

（3）执行模型覆盖分析，评审结果。

所有设置完毕后，选中项目框架图中的待测仿真规程，单击工具条 Test Tool 中的 Acquire Model Coverage 按钮，如图 5-100 所示。

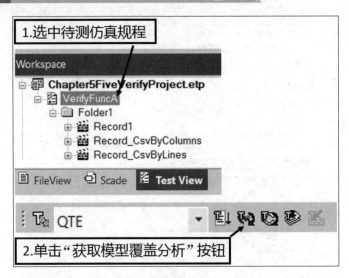

图 5-100　获取模型覆盖分析步骤

SCADE QTE 会自动将开发工程中的操作符根据设定的覆盖准则生成代码和插桩内容，添加框架代码，编译链接为可执行程序；再将仿真场景文件中的仿真用例逐个输入运行，得出模型分支覆盖报告。

正常模型覆盖分析结束后，项目框架图会自动新增 MTC Records 和 MTC Results 选项卡，双击相关内容，会在右侧自动显示覆盖分析的结果，如图 5-101 所示。

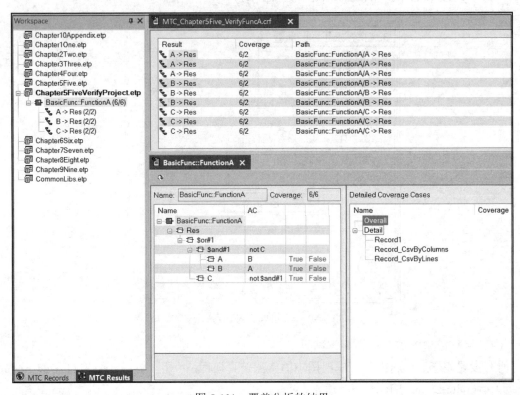

图 5-101　覆盖分析的结果

如果覆盖未达到要求，则需要进行覆盖分析，通过模型修改，或者仿真用例和仿真规程的修改，或者增加 Justification 解释，最终确保覆盖达到要求。单个操作符的覆盖分析细节操作可以参考 5.2.3 节。

5.3.6 QTE 在主机上的代码覆盖分析

SCADE 产品的 MBDV 流程中，在低层需求即模型级完成功能测试和覆盖分析并达到要求后，认证级代码生成器会确保模型和生成代码的一致性，代码层不会产生额外的非预期内容。不过，DO-178C 标准依然有代码覆盖分析方面的目标要满足，这时可以使用 QTE 在主机上的代码覆盖分析活动满足该目标，如图 5-102 所示。

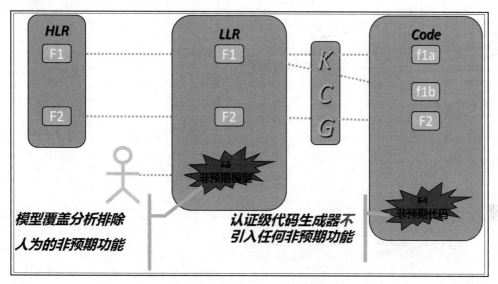

图 5-102 代码覆盖分析流程图

通常在完成了 5.3.4 节和 5.3.5 节的验证工作后，仿真用例、仿真规程和开发工程中的操作符基本完善了，QTE 在主机上的代码覆盖分析可以直接复用这些仿真用例和仿真规程，而几乎不需要任何修改，主要操作步骤如下：

（1）设置开发工程中操作符的编译链接和覆盖准则属性。

设置方式与 5.3.5 节的设置方式一致，读者可以参考。

（2）设置测试工程中仿真规程的运行属性。

在项目框架图中切换回测试工程，打开工具条 Test Tool，单击左侧的"设置"按钮，切换到 General 选项卡，勾选需要运行的仿真规程，如图 5-103 所示。

再切换至 Code Coverage 选项卡，按照图 5-104 所示操作。

（3）执行代码覆盖分析，评审结果。

所有设置完毕后，选中项目框架图中的待测仿真规程，单击工具条 Test Tool 中的 Acquire Code Coverage 按钮，如图 5-105 所示。

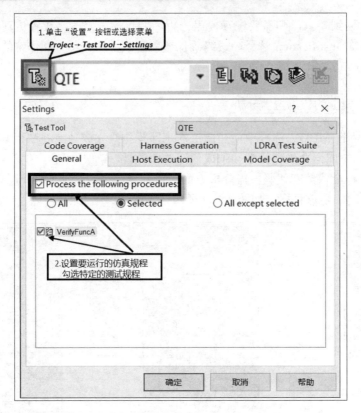

图 5-103　设置测试工程中仿真规程的运行属性界面

图 5-104　Code Coverage 选项卡

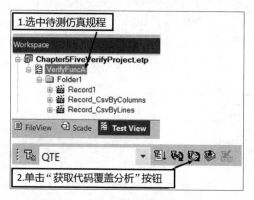

图 5-105　获取代码覆盖分析步骤

SCADE QTE 会自动将开发工程中的操作符根据设定的覆盖准则生成代码和插桩内容，添加框架代码，编译链接为可执行程序；再将仿真场景文件中的仿真用例逐个输入运行，得出代码分支覆盖报告。

正常代码覆盖分析结束后，项目框架图右侧自动显示覆盖分析的结果，如图 5-106 所示。

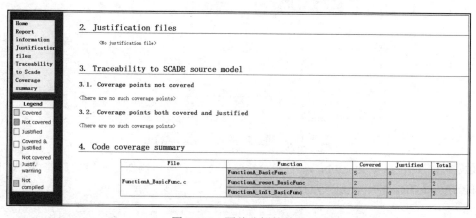

图 5-106　覆盖分析的结果

通常一组完整的仿真用例和仿真规程可以使模型覆盖和代码覆盖分析结果达到相同的百分比。但某些情况下由于模型生成的代码含有额外防御性编码的内容，所以代码覆盖结果可能无法达到模型覆盖分析已经达到的 100%。此时新增解释记录即可，不推荐通过直接修改模型生成的代码达到同样的 100%。

值得一提的是，SCADE R16 中只支持 KCG 6.4 版本模型的代码覆盖分析。

5.3.7　QTE 在目标机上的测试

5.3.4 节至 5.3.6 节的测试工作都是在主机上进行的，如果需要在目标机上进行软硬件集成测试，SCADE QTE 支持将主机上模型仿真完毕后得到的仿真用例、仿真规程转换为目标机上的测试用例，以便简单快捷地进行目标机上的测试。SCADE QTE 可支持向 LDRA、RTRT、VectorCast 等多款软件测试用例的转换。

（1）设置开发工程中操作符的编译链接属性。

设置方式与 5.3.4 节的设置方式一致，读者可以参考。

（2）设置测试工程中仿真规程的运行属性。

在项目框架图中切换回测试工程，打开工具条 Test Tool，单击左侧的"设置"按钮，切换到 General 选项卡，勾选需要运行的仿真规程，如图 5-107 所示。

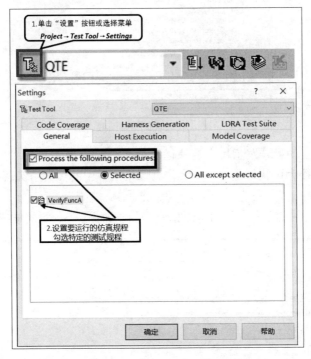

图 5-107　勾选需要运行的仿真规程

再切换至 Harness Generation 选项卡，按照图 5-108 所示操作。本例选择将 SCADE 的仿真用例转换为 LDRA Testbed 工具的测试用例。

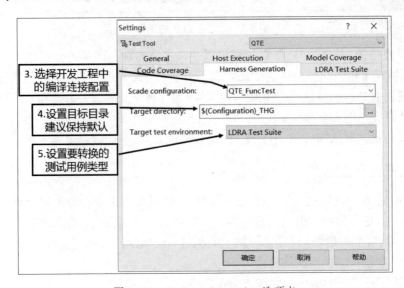

图 5-108　Harness Generation 选项卡

（3）执行测试用例转换。

所有设置完毕后，选中项目框架图中的待测仿真规程，单击工具条 Test Tool 中的 Generate Target Test Harness 按钮，如图 5-109 所示。

图 5-109　生成目标机测试场景步骤

SCADE QTE 会自动将验证工程中的仿真用例和仿真规程转换为目标机的测试场景，用户可在验证工程下找到$(Configuration)_THG 目录，里面包含目标机的测试用例文件。

接下来可以使用 LDRA Testbed 软件导入转换后的测试用例文件和模型生成的代码进行目标机上的测试。

5.3.8　QTE 下多操作符验证的注意事项

QTE 支持多操作符的多仿真用例和仿真规程的自动化验证，当多个操作符之间有互相调用关系时，在开发工程中的编译链接设置必须只选中父操作符，QTE 根据调用关系会自动执行子操作符对应的仿真用例和仿真规程。

考察图 5-110 所示开发工程中的 5 个操作符，其中操作符 FuncAB 调用 FunctionA 和 FunctionB，其他操作符之间没有调用关系，如图 5-110 所示。

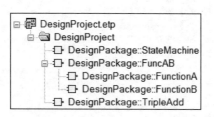

图 5-110　5 个操作符层次图

（1）设置开发工程中操作符的编译链接属性。

多操作符需要验证的情况下，在开发工程的工具条 Code Generator 设置对话框的 General 选项卡中单击 Root operator 右侧的 按钮，如图 5-111 所示。在弹出的对话框中勾选多个操作符，其中有互相调用关系的操作符间必须只勾选父操作符，无互相调用关系的操作符都需要勾选。

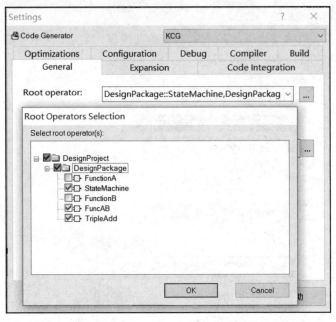

图 5-111　Root Operators Selection 界面

（2）设置测试工程中仿真规程的运行属性。

在测试工程的工具条 Test Tool 设置对话框的 General 选项卡中，需要勾选所有待测试的仿真规程，如图 5-112 所示。

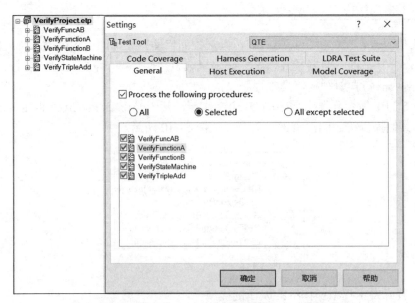

图 5-112　工具条 Test Tool 设置对话框的 General 选项卡

（3）执行测试，评审结果。

在验证工程上分别执行工具条 Test Tool 的测试，如图 5-113 所示。

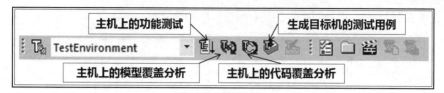

图 5-113 工具条 Test Tool 的测试工具栏

得到的主机上的功能测试结果如图 5-114 所示。

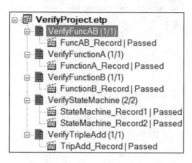

图 5-114 功能测试结果

主机上的模型覆盖分析结果。TripleAdd 操作符没有分支，所以不生成覆盖分析结果，如图 5-115 所示。

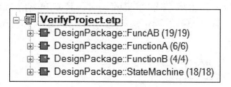

图 5-115 模型覆盖分析结果

主机上的代码覆盖分析结果如图 5-116 所示。

3. Traceability to SCADE source model

3.1. Coverage points not covered

Coverage point	Model information
StateMachine_DesignPackage_act_SM1	DesignPackage::StateMachine/SM1:
StateMachine_DesignPackage_act_SM1_1	DesignPackage::StateMachine/SM1:
StateMachine_DesignPackage_sel_SM1	DesignPackage::StateMachine/SM1:
StateMachine_DesignPackage_sel_SM1_1	DesignPackage::StateMachine/SM1:

3.2. Coverage points both covered and justified

<There are no such coverage points>

4. Code coverage summary

File	Function	Covered	Justified	Total
FunctionA_DesignPackage.c	FunctionA_DesignPackage	3	0	3
FunctionB_DesignPackage.c	FunctionB_DesignPackage	3	0	3
FuncAB_DesignPackage.c	FuncAB_DesignPackage	9	0	9
	FuncAB_reset_DesignPackage	2	0	2
	FuncAB_init_DesignPackage	2	0	2
TripleAdd_DesignPackage.c	TripleAdd_DesignPackage	2	0	2
	TripleAdd_reset_DesignPackage	2	0	2
	TripleAdd_init_DesignPackage	2	0	2
StateMachine_DesignPackage.c	StateMachine_DesignPackage	39	0	43
	StateMachine_reset_DesignPackage	2	0	2
	StateMachine_init_DesignPackage	2	0	2

Home
Report
information
Justification
files
Traceability
to Scade
Coverage
summary

Legend
☐ Covered
☐ Not covered
☐ Justified
☐ Covered &
justified
☐ Not covered
Justif.
warning
☐ Not
compiled

图 5-116 代码覆盖分析结果

生成的可在目标机上运行的测试用例如图 5-117 所示。

名称	类型	大小
FuncAB_Record.tcf	TCF 文件	6 KB
FunctionA_Record.tcf	TCF 文件	11 KB
FunctionB_Record.tcf	TCF 文件	6 KB
StateMachine_Record1.tcf	TCF 文件	7 KB
StateMachine_Record2.tcf	TCF 文件	7 KB
TripAdd_Record.tcf	TCF 文件	8 KB

图 5-117　在目标机上运行的测试用例

5.3.9　仿真结果的评审

评审仿真结果是为了满足 DO-178C/DO-331 的如下目标：

● A-7 表目标 2：测试结果正确，差异得到解释。
● 仿真结果是正确的，且差异得到解释（表 MB.A-3 目标 MB10、表 MB.A-4 目标 MB16、表 MB.A-7 目标 MB12）。

这些目标确保仿真结果的正确性，并确保任何失败的仿真得到分析和正确解决。该目标通过评审，仿真结果和软件验证/测试报告得到满足。

QTE 运行完毕后，对结果进行分析和总结。任何仿真失败都应该产生一个问题报告，并必须进行分析。典型地，生成一个软件验证报告（SVR）总结验证活动的结果。SVR 总结所有的验证活动，包括评审、分析和测试，以及验证活动的结果。SVR 还包括可追踪性的资料[1]。

5.4　SCADE 的形式化验证

5.1.2 节引用了 DO-333 标准中对形式化方法的定义，形式化方法验证的基础是：形式化的模型+形式化的分析。其中形式化的模型是 SCADE 模型，形式化的分析引擎是用 Design Verify 工具，该工具是 Prover Technologies 公司的产品。

5.4.1　安全属性

SCADE 的形式化验证中，用户不需要编写传统验证流程中大量的测试用例和测试规程，但需要根据项目的安全需求设计出安全属性，而安全属性也是需要用 SCADE 模型实现的。

安全属性模型的特点是它的输出是布尔型的。在将原项目模型和安全属性模型联合起来后，形式化验证引擎就可根据穷举出各种输入组合自动对 SCADE 模型状态空间进行遍历。若形式化分析得到安全属性模型的输出为真，表示模型满足安全属性；若输出为假，形式化分析引擎会提供相应的测试用例，用户可加载该测试用例来调试模型，判断后续是改进原模型还是修改安全属性模型，如图 5-118 所示。

5.4.2　形式化验证的工作流

工作流如图 5-119 所示。

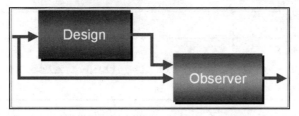

图 5-118　安全模型

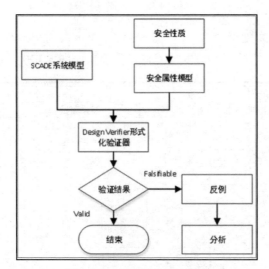

图 5-119　形式化验证流程图

（1）根据需求设计 SCADE 模型，确保语法语义正确。

（2）根据系统安全性分析得到安全相关的属性，设计 SCADE 安全属性模型。

（3）将原 SCADE 模型与 SCADE 安全属性模型联合起来。

（4）启动形式化验证引擎，进行形式化验证。

（5）分析结果：输出为真则设计达到要求，输出为假则需要继续改进。

5.4.3　形式化验证工具 Design Verifier

Design Verifier 工具使用基于 SAT 算法（BMC，k-induction）[25]的模型检查器检验模型是否满足给定安全属性。

Design Verifier 工具支持的验证内容包括：

（1）算术表达式。

● 数据类型：布尔型、整型、定长整型、有理数。

● 运算：布尔运算（与或非等）、算术运算（加、减、乘、除、整除等）、关系型运算（=、<、>、<=、>=）等线性运算或半线性运算。

（2）运算类型。

● 整数运算：最多一个乘数变量。

● 有理数运算：乘数或除数仅有一个为变量。

● 不支持三角函数、幂函数、平方根运算。

支持	不支持
5*X + Y	X*Y + 1
Z/2.0 - W	Z div (if X=0 then 1 else X) + 5
(T%3) * 2	(W%P) * 3

Design Verifier 工具的验证策略有 Proof、Debug 和 Induction 等，供用户选择。

5.4.4 形式化验证实例

1. 创建待测的设计工程

设计模型，实现取两个数平均值的功能，模型建立如图 5-120 所示。

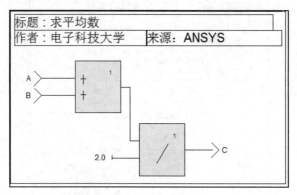

图 5-120 Average 操作符

2. 创建形式化验证工程

测试需要有被测对象，SCADE 测试工程的对象是 SCADE 设计工程。本例中将基于已有的设计工程 Chapter5Five.etp 创建测试工程，如图 5-121 所示。

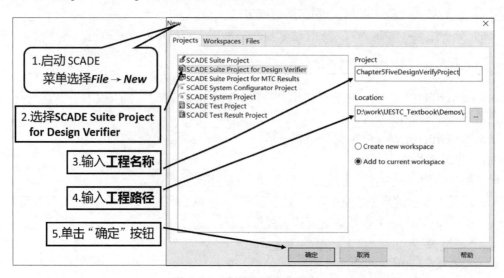

图 5-121 创建测试工程界面一

按照图示步骤操作，确认无误后单击"确定"按钮，进入如图 5-122 所示的界面。

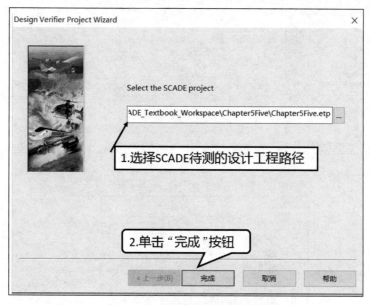

图 5-122　创建测试工程界面二

　　将待测的设计工程找出来，确认无误后单击"完成"按钮。创建完成后，原设计工程内的取平均值操作符 Average 是以库的形式导入到形式化验证工程中的，如图 5-123 所示。

　　3. 创建安全属性模型

　　本例为取平均数，可提出的安全属性为：平均数的输出必须介于两个输入之间。根据该安全属性设计图 5-124 所示的模型 Property，其中 A、B 是取平均数操作符的输入，C 是输出，则有 A<=C<B 或 A>C>B 两种情况。

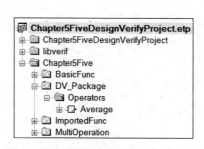

图 5-123　创建完成后的操作符层次图

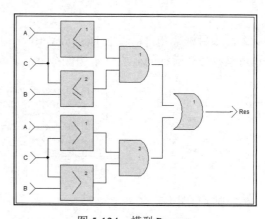

图 5-124　模型 Property

　　再将该安全属性模型与原模型连接在一起，形成完整操作符 Proof，如图 5-125 所示。

　　4. 创建形式化验证目标

　　在验证工程中右击选中需要验证的布尔型输出，在弹出的快捷菜单中选择 Insert→Proof Objective 选项，如图 5-126 所示。

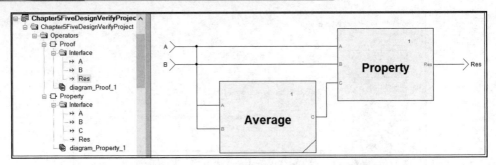

图 5-125   setting 界面

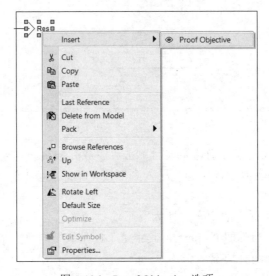

图 5-126   Proof Objective 选项

此时项目框架图自动新增 Design Verifier 选项卡，其中包含刚刚创建的形式化验证目标，用户可以修改该目标的名称，本例保持默认名称，如图 5-127 所示。

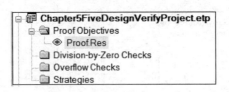

图 5-127   新增的 Design Verifier 选项卡

5. 进行形式化验证

右击选中该形式化验证目标，在弹出的快捷菜单中选择 Analyze 选项，启动形式化分析引擎进行分析，如图 5-128 所示。

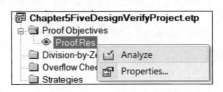

图 5-128   Analyze 选项

如果结果正确，右侧模型设计区自动弹出图 5-129 所示的分析报告。

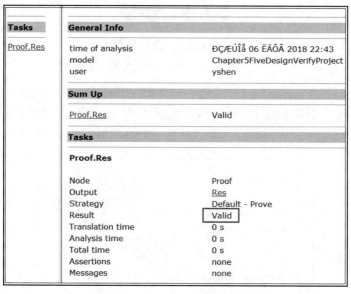

图 5-129　结果正确时的分析报告

同时，在输出栏返回图 5-130 所示的 Valid 结果。

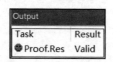

图 5-130　Valid 结果

如果结果不正确，右侧模型设计区自动弹出图 5-131 所示的分析报告。

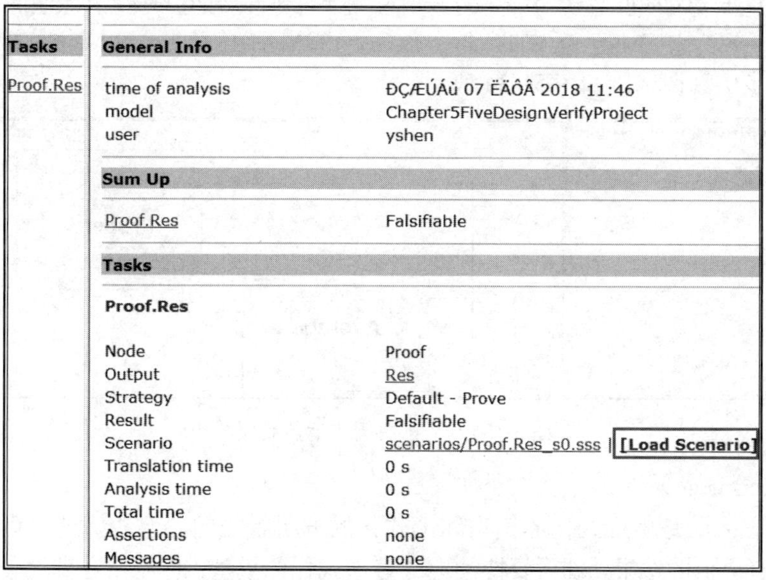

图 5-131　结果不正确时的分析报告

同时，在输出栏返回图 5-132 所示的 Falsifiable 结果。

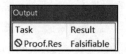

图 5-132　Falsifiable 结果

当形式化分析结果为 Falsifiable 时，会返回一个测试用例供用户进行单步的模型仿真调试。可以在该形式化验证工程中单击工具条 Code Generator 中的"设置"按钮，在弹出的对话框中设置 Root operator 为形式化验证的操作符，如图 5-133 所示。

图 5-133　Code Generator 的设置界面

然后单击 Load Scenario 按钮，SCADE 会自动编译链接并启动仿真程序，单击工具条 Simulator 中的 Step 按钮，SCADE 自动导入形式化分析失败的测试用例，供用户单步仿真调试，如图 5-134 所示。

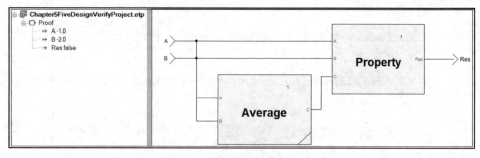

图 5-134　测试用例单步仿真调试

6. 形式化验证的策略

形式化验证方法是由形式化的模型和形式化的分析组成的，要较好地实现形式化验证方法，尽快得出有价值的结果，既需要持续地改善形式化的模型，也需要合理地使用形式化的分析工具。SCADE 选用的 Design Verifier 工具内置了以下 3 组形式化验证策略供用户选择：

- Prove：完全验证安全属性是否正确。含有 valid、falsifiable、indeterminate（不能证明）三种结果。Prove 是默认属性。
- Debug：用于特定约束条件下快速验证安全属性是否有错，查找反例。
- Induction：用于特定约束条件下验证安全属性是否正确。

另外，Design Verifier 工具还提供除 0 检测和溢出检测两个策略。

- Division-by-Zero Checks。
- Overflow Checks。

设置验证策略的方法是，在项目框架图的 Design Verifier 选项卡内右击选中 Strategies 目录，在弹出的快捷菜单中选择 Insert→Strategy 选项，如图 5-135 所示。

图 5-135　Strategies 目录

SCADE 会自动在 Strategies 目录下生成新策略，可修改该策略名称（例如 UESTC）。然后选中该策略，在属性的 General 选项卡设置属性，如图 5-136 所示。

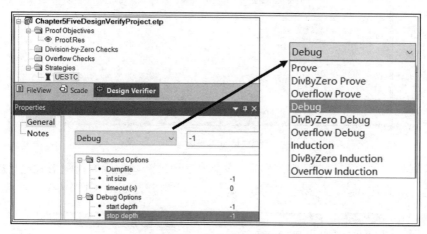

图 5-136　生成新策略界面

可在下拉列表框中选择特定的策略类型，然后定制其中的参数。

- Timeout：超时设置，单位秒。0 表示没有超时限制。
- Integer size：整型数据的比特位范围设置。-1 表示没有限制。
- Start depth：分析开始的周期值，默认为 0。-1 表示不设置。
- Stop depth：分析终止的周期值，默认为 100。-1 表示不设置。

设置完毕后，选中项目框架图 Design Verifier 选项卡中的形式化验证目标，在属性栏 General 的 Strategy 内将该策略选中，然后可以按照 5.4.4 节的操作进行特定策略的验证，如图 5-137 所示。

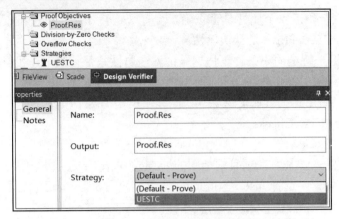

图 5-137　特定策略的验证界面

（1）设置和分析除 0 检测的目标。

在形式化验证工程中右击选中操作符 Average，在弹出的快捷菜单中选择 Insert→Division-by-Zero Check 选项，如图 5-138 所示。

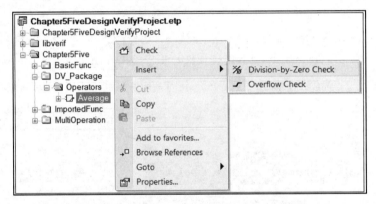

图 5-138　Insert→Division-by-Zero Check 选项

在项目框架图的 Design Verifier 选项卡中会自动出现新建的除 0 检测形式化目标，右击选中该目标进行形式化分析，结果是 Valid，没有除 0 的问题，如图 5-139 所示。

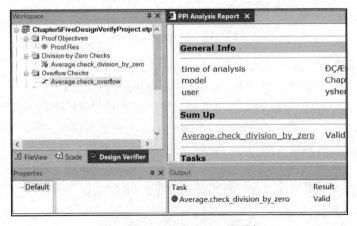

图 5-139　Design Verifier 选项卡

（2）设置和分析溢出检测的目标。

在形式化验证工程中右击选中操作符 Average，在弹出的快捷菜单中选择 Insert→Overflow Check 选项，如图 5-140 所示。

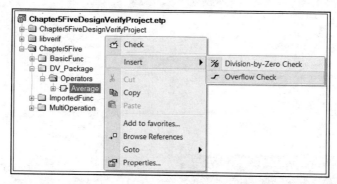

图 5-140　Insert→Overflow Check 选项

在项目框架图的 Design Verifier 选项卡中会自动出现新建的溢出检测形式化目标。由于溢出检测的状态空间较大，本例创建了 UESTC_Overflow 的 Overflow Induction 策略，并将 UESTC_Overflow 策略应用到 Average.check_overflow 目标上，进行分析后结果是 Stop Depth Reached，如图 5-141 所示。

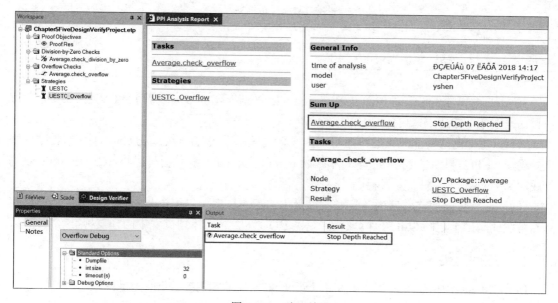

图 5-141　验证结果

设置 UESTC_Overflow 策略的 int size 属性为 32，再进行分析，结果是 Valid，在 int 为 4 字节的情况下不存在溢出的问题，如图 5-142 所示。

正如 5.1.2 节介绍的，可以通过形式化方法验证的模型的共性是：输入输出以信号量为主，软件行为以布尔逻辑为主，求解系统是线性的或有边界约束的非线性系统。更多的情况下，模型的形式化验证结果可能由于状态空间过大而无法证明。推荐用户通过以下两种途径去解决：

● 增加输入和输出的约束，使用 4.6.1 节介绍的 Assume 和 Guarantee 来缩小验证范围。

- 替换非线性的模块，观察某些非线性的操作符，用线性或半线性的操作符替代。例如，用常量[-1,1]替换正弦函数的运算，用查找表（数组）替换幂函数、对数函数的运算等。

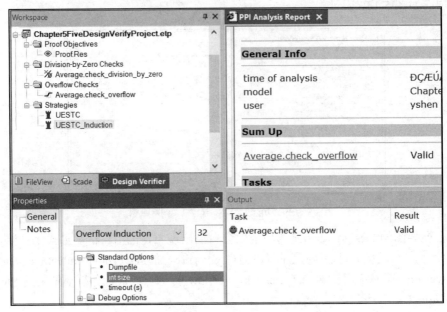

图 5-142　分析结果

5.5　SCADE 编译器验证套件

SCADE 编译器验证套件的英文名是 Compiler Verification Kit，缩写为 CVK。在安全关键项目的开发中，CVK 主要有两大作用：

（1）CVK 支持验证编译器：在特定的嵌入式操作系统（Embedded OS）上；在特定的中央处理器（CPU）上；在特定的编译选项（Compiler Option）上是否可以将 SCADE Suite KCG 生成的 C 代码正确地编译为目标码。

（2）在项目前期通过使用 CVK 后以极小的工作量就可以得出目标机兼容相关的限制信息。可在此基础上定制 Suite 建模规范，完善 DO-178C 标准计划过程中的开发标准。

5.5.1　编译器的验证

DO-178C 标准中的以下 3 个目标可以通过 SCADE CVK 来部分地满足：

- A-4 表第 3 个目标：低层需求与目标计算机兼容。
- A-4 表第 10 个目标：软件架构与目标计算机兼容。
- A-7 表第 9 个目标：验证无法追踪到源代码的附加代码。

其中 A-7 表第 9 个目标是 DO-178C 标准新加的。大多数项目在源代码级执行结构覆盖，然而由于可执行目标码是实际飞行的代码，所以对于 A 级软件，需要有一些分析来确保编译器没有生成不可追踪的或不确定的代码[1]。

但是编译器是非常复杂的软件，特别是对于 C 语言这类全功能通用语言的处理更为复杂，直接对编译器进行验证极为困难。因此，业内并不存在通过了工具鉴定的通用 C 语言编译器。作为变通方法之一，可以通过验证编译器的输出与输入之间的关系来间接验证编译器。

为满足该目标，就需要执行源代码到目标码的可追踪性分析，其中包括源代码与目标码之间的比较，以确保编译器没有增加、删除或改变代码。根据认证机构软件组发布的《源代码到目标码可追踪性批准指南》的推荐，该分析通常应用于实际代码的一个样本上，而不是 100% 的代码。使用的样本应当包含源代码允许的所有构造，并且包括至少 10% 的实际代码。此外，还建议对构造的组合进行评价[1,26]。

该分析的执行应当使用生成实际代码的编译器设置。对任何不能直接追踪到源代码的目标码（或机器代码）要进行分析和解释。在一些情况下，该分析可以发现不可接受的编译器行为，诸如寄存器跟踪、指令调度和分支优化等编译器特征可能导致需要分析的问题，这需要采取措施来解决。高度优化的编译器设置和某些语言（例如带有面向对象特征的语言）也可能导致不可追踪的代码，因此也是不能审定的[1,26]。

SCADE CVK 就是按照《源代码到目标码可追踪性批准指南》设计的。

5.5.2 C 语言安全子集

安全关键的嵌入式软件多用 C 语言编码，但是 C 语言并非专为安全关键的嵌入式软件设计。它没有针对安全关键的嵌入式环境必需的安全性、可靠性的要求作任何语法语义上的特殊约定，从而导致 C 语言的使用降低了软件的置信度。

针对安全关键系统开发中的 C 编码规范子集，美国国家航空航天局的喷气推进实验室总结了安全关键的 C 编码规范的 10 条准则。其中指出，为了防止导致安全隐患的 C 语言，应用定制的编码标准、形成统一的编码风格是一项重要的约束，通过应用一套可验证的编码规则集，可以消除编码结构已知的危险、提高软件质量、减少团队内的沟通成本、降低项目升级及维护的难度[27]。

另外，由于人工评审含有几十万行代码的大型应用程序几乎是不切实际的，因此基于可信验证工具的自动化检测是较可接受的方案。一套精选的可验证的编码规则集可以使软件更彻底地被分析。然而若要分析有效，规则集就必须要精简，要足够清晰易于理解和记忆，还必须足够精确能被机械地检查[27]。

业内较广泛选用的 C 语言子集是 MISRA C 子集，它是由汽车产业软件可靠性协会（MISRA）提出的 C 语言开发标准。MISRA C 一开始主要是针对汽车产业的，现在航空航天、国防军事、轨交列控、能源重工等安全关键行业也逐渐选用 MISRA C 作为通用的 C 编码规范之一。1998 年 MISRA C 发布了第一版，2004 年发布了第二版，称为 MISRA-C:2004。MISRA-C:2004 有 141 项规则，其中 121 项是强制要求，其余的 20 项是推荐的规则。

SCADE 生成的代码使用的是与 MISRA-C:2004 兼容的 C 代码安全子集。图 5-143 和图 5-144 分别是 SCADE Suite KCG 生成的 C 代码与 MISRA-C:2004 的符合程度的含义和符合性分析。

SCADE 生成的代码也符合 NASA 总结的大部分准则的要求。2016 年 11 月 TUV SUD 认证机构发布的 SCADE 代码生成器鉴定证书（certificate）中描述 SCADE 生成的代码特性有：
- 生成的 C 代码是平台无关、方便移植的，是兼容 ISO-C 标准的。
- 生成的 Ada 代码是平台无关、方便移植的，是兼容 SPARK 95 标准的。

- 生成的 C/Ada 代码结构体现了数据流部分的模型架构。
- 生成的 C/Ada 代码行为符合模型的语义。
- 生成的 C/Ada 代码是可读的，是可以通过对应的名称、特定注释、追溯文件追踪到输入模型的。
- 模型的控制流部分，状态机名称和 C/Ada 代码的可追溯性是可确保的。
- 内存分配是完全静态的（没有动态内存分配）。
- 递归操作是被排除的。
- 循环边界是确定的。
- 没有基于指针的算术运算。
- 执行时间是确定的。

Compliance Level	Comment
Full	The rule is always satisfied.
Derivable	In order to fully comply with the rule, certain restrictions at the model-level have to be observed.
Configurable	Using appropriate SCADE Suite KCG code generator options, the C generated code can be configured. Selecting/deselecting a certain option makes the generated code compliant with the rule. Generated C code contains macros that offer some possibilities of configuration.
Partial	The rule states several requirements, some of which are fulfilled and some of which are not.
External	Generated C code may rely on external code, which shall also meet the rules.
None	The generated code may deviate from the rule.
Not Applicable	Does not depend on the SCADE Suite KCG code generator (e.g., this is a compiler issue).

图 5-143　SCADE Suite KCG 生成的 C 代码与 MISRA-C:2004 的符合程度的含义

Compliance	Number of rules
Full	99
Derivable	16
Configurable	12
Partial	3
External	3
None	6
Not Applicable	2

图 5-144　SCADE Suite KCG 生成的 C 代码与 MISRA-C:2004 的符合性分析

当使用 CVK 后，可以得出目标机兼容相关的限制信息。根据这些限制信息，补充完善特定项目中 SCADE Suite 模型的建模规范，避免模型生成与目标机不兼容的代码。另外，也需要设计专门的规则检查器，以检测设计的模型是否违反了定制的建模规范。

5.5.3　CVK 的内容与使用方法

从图 5-145 中可以看出，KCG 用于保证 SCADE 模型到 C 代码的一致性，CVK 用于保证 C 代码到目标码的一致性。

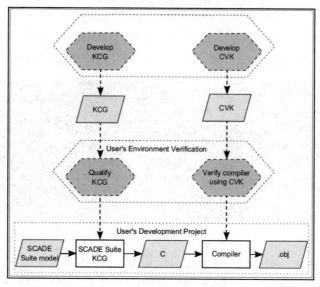

图 5-145   KCG 与 CVK 结构图

编译器验证包主要包括如下内容（如图 5-146 所示）：

● C 语言的安全子集。

● 针对上述 C 语言子集的样本代码，即参考 C 代码。

● 参考 C 代码达到 100%MC/DC 覆盖的测试用例。

● 基于 PC 机的自动化测试脚本。

● 相关支持文档。

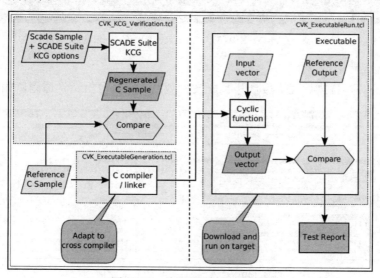

图 5-146   编译器验证包结构图

SCADE CVK 的使用方法主要分为以下 4 步，CVK 是在命令行下运行的：

（1）配置环境变量。

CVK 工具是基于 Tcl 脚本的，需要事先安装好 Tcl 工具，然后在环境变量的 PATH 路径中设置 Tcl 路径和待分析的交叉编译器目录。

（2）检查 CVK 文件的完整性。

通过内置的 CVK\SCRIPTS\CVK_Check.tcl 检查编译器验证套件的完整性，如图 5-147 所示确保样例代码、测试用例、脚本文件等被正确解压，没有遗漏或篡改。

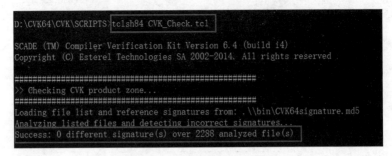

图 5-147　编译器验证套件

（3）根据编译器配置定制脚本参数，运行 CVK。

编辑 CVK\CONFIGURATION\ CVK_BuildCustom.tcl 文件中交叉编译器的参数，特别是编译选项和连接选项的设置。

设置完毕后运行 CVK\SCRIPTS\CVK_ExecutableGeneration.tcl 脚本，如图 5-148 所示。

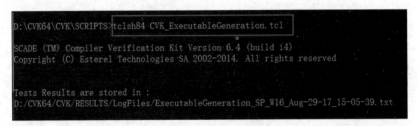

图 5-148　CVK\SCRIPTS\CVK_ExecutableGeneration.tcl 脚本

（4）评审结果。

等待若干分钟，待执行完毕后打开 Log 文档观察结果，分析错误原因，如图 5-149 所示。

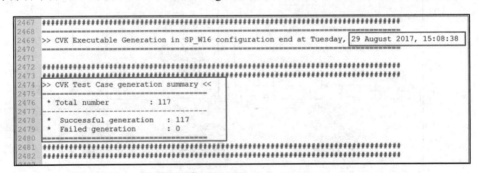

图 5-149　CVK 运行结果的 Log 文档

5.5.4　使用 SCADE CVK 的注意事项

SCADE CVK 不是可执行程序，也不是工具，只是测试用例和测试规程，所以无需通过工具鉴定。

SCADE CVK 在目标机上运行的只是 KCG 生成的样例代码及其组合，不能代替 SCADE 开发的完整应用程序在目标机上验证活动。

SCADE CVK 仅验证了 KCG 生成的代码可以正确地被编译为目标码，手工编码的代码需要额外验证。

练习题

1. DO-178C 中的验证方法是什么，各有什么特点？
2. DO-331 中新增了什么验证方法？
3. DO-333 中的形式化方法由哪两部分组成？什么是 SCADE 的形式化验证？

6

代码和其他目标的生成

6.1 代码生成

当模型设计与验证完毕后，就可以通过认证级代码生成器生成代码了。本章主要描述如何通过参数设置生成需要的代码。用户可以使用默认的代码生成配置，也可以创建自定义配置选项。值得一提的是，代码的生成、仿真、覆盖率测试等操作都是共享 Code Generator 工具条设置的，本章简要介绍通用的配置与作用。

6.1.1 代码生成的配置

1. General 选项卡

打开 Code Generator 工具条，并将其设置为 KCG 选项。该工具条左侧红框内的黄色按钮是 Settings（配置）按钮，右侧红框内的白色按钮是 Generate（代码生成）按钮，如图 6-1 所示。

图 6-1　Code Generator　工具条

单击 Code Generator 工具条左侧的黄色 Settings 按钮，在弹出的对话框内切换至 General 选项卡，如图 6-2 所示。

对话框中的 Root operator 下拉列表框用于设置待生成的操作符。

（1）可以保持默认的 selected operator 选项，则 Suite 开发环境中，如果项目框架图中不单击选中任何操作符，工具条 Code Generator 上的按钮不使能，灰色显示。当选中某个操作符后，工具条 Code Generator 上的按钮都使能，高亮显示。此时，可单击"生成代码"按钮生成该操作符对应的代码。

图 6-2　Settings 对话框的 General 选项卡

（2）可以通过下拉列表框选择特定的某个操作符，则 Suite 开发环境中生成代码的按钮保持使能，高亮显示。无论选中哪个操作符，单击"生成代码"按钮时仅生成配置框 General 选项卡中选中操作符对应的代码。

（3）还可以通过单击下拉列表框右侧的 ⋯ 按钮，在弹出的对话框中选择同时生成多个无调用关系的操作符对应的代码。这样的好处是，生成的代码共享公共的 kcg_为前缀的.h 头文件和.c 实现文件。而工具条 Code Generator 上的按钮都保持使能，高亮显示。无论项目框架图中单击选中哪个操作符，单击"生成代码"按钮时仅生成配置框 General 选项卡中选中操作符所对应的代码，如图 6-3 所示。

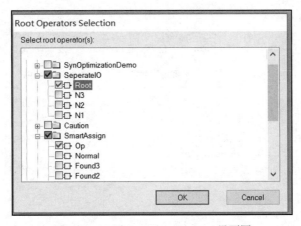

图 6-3　Root Operators Selection 界面图

对话框中的 Code 项用于选择代码生成器的版本。本例中默认为 KCG 6.5C，还可以选择 KCG 6.5 Ada。通常可选择的代码生成器版本在创建 Suite 工程时由选择的 KCG 版本决定，如图 6-4 所示。

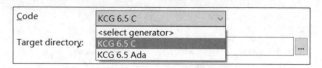

图 6-4　代码生成设置方式

对话框中的 Target directory 项用于设置代码生成后放置的路径，默认为当前工程下以配置宏为名称的目录内，用户也可以直接填写绝对路径。Suite 提供了以下 3 个内置宏：

- $(Configuration)（默认）：当前选中的配置名称。
- $(NodeName)：当前选中的根操作符名称。
- $(CG)：当前选中的代码生成器的名称。

勾选对话框中的 Skip unused model objects 复选框，可过滤非当前操作符相关的代码项。例如 Suite 工程中其他的操作符未设计完毕或有错误，就会影响当前操作符的代码生成。勾选 Skip unused model objects 复选框后，就依然能正常生成代码。值得一提的是，所有的注释和批注也是 unused model objects。

注意：该选项不是 KCG 代码生成器的标准选项，只在集成开发环境中存在。

勾选对话框中的 Set warnings as errors 复选框，可将模型检测出的警告设置为错误。该项确保模型检查没有任何警告。

2. Expansion 选项卡

将 Code Generator 配置对话框切换至 Expansion 选项卡，该选项卡用于批量设置本工程下操作符的扩展行为，如图 6-5 所示。

（1）All：设置所有操作符都扩展。

（2）Selected：设置仅将勾选的操作符扩展。

（3）All except selected：设置仅将勾选的操作符都不扩展。

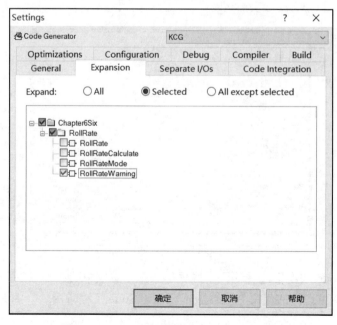

图 6-5　Settings 对话框的 Expansion 选项卡

操作符设置扩展后不再单独生成对应的文件和 C 函数，而直接嵌入到调用它的函数内。这样的好处是没有传递函数参数的开销，弊端是上层函数的内容变得复杂，覆盖分析的难度增加。推荐仅将简单的 Function 型操作符设置展开行为，如图 6-6 所示。

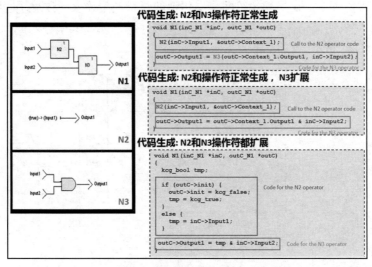

图 6-6　Function 型操作符设置展开行为

3. Separate I/Os 选项卡

将 Code Generator 配置对话框切换至 Separate I/Os 选项卡，该选项卡用于批量设置本工程下操作符的 IO 分离行为，如图 6-7 所示。

（1）All：设置启用所有操作符的 Separate I/Os 属性。

（2）Selected：仅将勾选的操作符设置 Separate I/Os 属性。

（3）All except selected：仅将勾选的操作符不设置 Separate I/Os 属性。

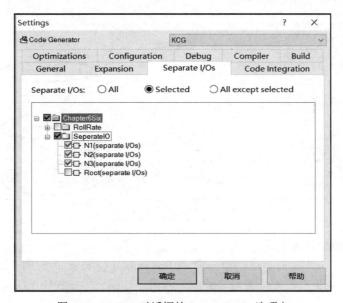

图 6-7　Settings 对话框的 Separate I/Os 选项卡

Suite 为了提高安全性，对操作符的结构体、数组型输入不会直接使用，而总是复制后再操作。某些情况下，并不改变复杂类型输入的操作符，也去做额外的复制操作，就会影响性能。通过设置 Separate I/Os 属性，可以在不改变复杂类型输入的情况下，直接通过取地址传递参数，节省了复制的开销。不过，仅当操作符间层层传递的复杂类型输入一致时才适用本设置。其余情况下，该设置生成的代码执行效率或许更差。如图 6-8 所示，其中输入 In1 为普通的类型，输入 In2 为复杂的类型。

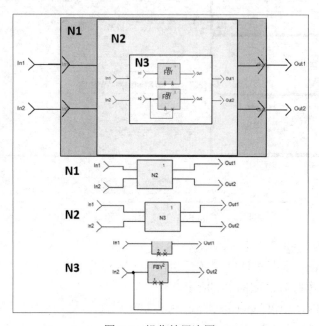

图 6-8　操作符层次图

IO 设置分离的差异如图 6-9 所示。

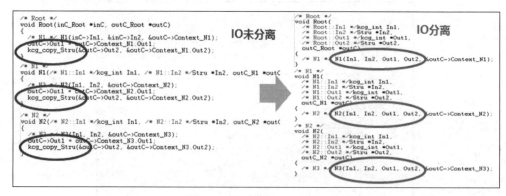

图 6-9　IO 设置差异的比较图

4. Code Integration 选项卡

将 Code Generator 配置对话框切换至 Code Integration 选项卡，该选项卡用于设置生成 Suite 模型以外的文件。如果只需要生成模型对应的应用层代码，则确保选中 None 单选按钮即可，如图 6-10 所示。

图 6-10　Settings 对话框的 Code Integration 选项卡

5．Optimizations 选项卡

将 Code Generator 配置对话框切换至 Optimizations 选项卡，该选项卡用于设定生成的代码是否优化，KCG 6.5 之前的代码生成器留有 4 个优先级选项（0～3）供用户选择，从 KCG 6.5 开始仅有 0 不优化和 1 优化两个选项，且不可选择。仿真调试中默认为 0，代码生成的设置中默认为 1，如图 6-11 所示。

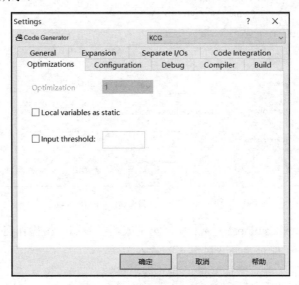

图 6-11　Settings 对话框的 Optimizations 选项卡

Local variables as static 是指将没有优化掉的局部变量设置为 static 属性，这些局部变量的存储位置就由栈变为静态存储区。每次函数调用时，这些局部变量就不会被反复创建和销毁，如图 6-12 所示。

Input threshold 用于设置除根操作符外的输入参数个数。当输入参数个数超过该门限值时，生成代码自动将多个参数合并为一个结构体输入。

```
void CruiseControl_CruiseControl(
  inC_CruiseControl_CruiseControl *inC,
  outC_CruiseControl_CruiseControl *outC)
{
/*
CruiseControl::CruiseControl::SM1::Enabled::SM2
*/
  static kcg_bool SM2_reset_act_SM1_Enabled;
...
/*
CruiseControl::CruiseControl::SM1::Enabled::SM2:
:Active::StdbyCondition */
  static kcg_bool
StdbyCondition_SM1_Enabled_SM2_Active;
}
```

图 6-12　生成的 C 代码

6.　Configuration 选项卡

将 Code Generator 配置对话框切换至 Configuration 选项卡，如图 6-13 所示。

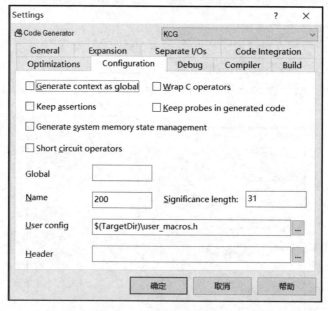

图 6-13　Settings 对话框的 Configuration 选项卡

勾选 Generate context as global 复选框，代码生成器会专门在根操作符级别生成 3 个.c 文件。

● XXX_inputs.c：保存全局变量形式的输入参数。

● XXX_outputs.c：保存全局变量形式的输出参数。

● XXX_context.c：保存全局变量形式的上下文环境，含局部变量。

以操作符 RollRate 为例，头文件勾选该设置前后的差异如图 6-14 所示。

操作符 RollRate 是 Function 类型的，没有额外的上下文环境，只有输入、输出参数对应文件有内容。

XXX_inputs.c 文件的内容如图 6-15 所示。

```
#include "kcg_types.h"                                不勾选
#include "RollRateCalculate_RollRate.h"
#include "RollRateMode_RollRate.h"
#include "RollRateWarning_RollRate.h"

/* ==================== input structure ==================== */
typedef struct {
  kcg_float32 /* RollRate::RollRate::joystickCmd */ joystickCmd;
  kcg_bool /* RollRate::RollRate::onButtonIsPressed */ onButtonIsPressed;
} inC_RollRate_RollRate;

/* ==================== no output structure ==================== */

/* ==================== context type ==================== */
typedef struct {
  /* -------------------- outputs -------------------- */
  kcg_float32 /* RollRate::RollRate::rollRate */ rollRate;
  teRollMode_RollRate /* RollRate::RollRate::mode */ mode;
  kcg_bool /* RollRate::RollRate::leftWarning */ leftWarning;
  kcg_bool /* RollRate::RollRate::rightWarning */ rightWarning;
  /* -------------------- no local probes -------------------- */
  /* -------------------- no initialization variables -------------------- */
  /* -------------------- no local memory -------------------- */
  /* -------------------- no sub nodes' contexts -------------------- */
  /* -------------------- no clocks of observable data -------------------- */
} outC_RollRate_RollRate;
```

```
#include "kcg_types.h"                                勾选
#include "RollRateCalculate_RollRate.h"
#include "RollRateMode_RollRate.h"
#include "RollRateWarning_RollRate.h"

/* ==================== no input structure ==================== */

/* ==================== no output structure ==================== */

/* ==================== no context type ==================== */

/* ========== node initialization and cycle functions ========== */

/* RollRate::RollRate::joystickCmd */
extern kcg_float32 joystickCmd;
/* RollRate::RollRate::onButtonIsPressed */
extern kcg_bool onButtonIsPressed;

/* RollRate::RollRate::rightWarning */
extern kcg_bool rightWarning;
/* RollRate::RollRate::leftWarning */
extern kcg_bool leftWarning;
/* RollRate::RollRate::mode */
extern teRollMode_RollRate mode;
/* RollRate::RollRate::rollRate */
extern kcg_float32 rollRate;
```

图 6-14　头文件差异图

```
#include "RollRate_RollRate.h"

/* RollRate::RollRate::joystickCmd */
kcg_float32 joystickCmd;
/* RollRate::RollRate::onButtonIsPressed */
kcg_bool onButtonIsPressed;
```

图 6-15　XXX_inputs.c 文件的内容

XXX_outputs.c 文件的内容如图 6-16 所示。

```
#include "RollRate_RollRate.h"

/* RollRate::RollRate::rightWarning */
kcg_bool rightWarning;
/* RollRate::RollRate::leftWarning */
kcg_bool leftWarning;
/* RollRate::RollRate::mode */
teRollMode_RollRate mode;
/* RollRate::RollRate::rollRate */
kcg_float32 rollRate;
```

图 6-16　XXX_outputs.c 文件的内容

实现文件勾选该设置前后的差异如图 6-17 所示。

```
/* RollRate::RollRate */
void RollRate_RollRate(inC_RollRate_RollRate *inC, outC_RollRate_RollRate *outC)
{
  outC->rollRate = /* 1 */ RollRateCalculate_RollRate(inC->joystickCmd);
  /* 1 */
  RollRateWarning_RollRate(
    outC->rollRate,                     不勾选
    &outC->leftWarning,
    &outC->rightWarning);
  outC->mode = /* 1 */
    RollRateMode_RollRate(outC->rollRate, inC->onButtonIsPressed);
}
```

```
/* RollRate::RollRate */
void RollRate_RollRate(void)            勾选
{
  rollRate = /* 1 */ RollRateCalculate_RollRate(joystickCmd);
  /* 1 */ RollRateWarning_RollRate(rollRate, &leftWarning, &rightWarning);
  mode = /* 1 */ RollRateMode_RollRate(rollRate, onButtonIsPressed);
}
```

图 6-17　C 代码勾选与不勾选的差异图

勾选 Wrap C operators 复选框，代码生成器可将算法和相关操作符封装为 C 语言宏定义，而使用到的宏函数都定义在 kcg_types.h 文件中。以操作符 RollRateWarning 为例，实现文件勾选该设置前后的差异如图 6-18 所示。

```
#include "kcg_consts.h"
#include "kcg_sensors.h"
#include "RollRateWarning_RollRate.h"

/* RollRate::RollRateWarning */          不勾选
void RollRateWarning_RollRate(
  /* RollRate::RollRateWarning::rollRate */ kcg_float32 rollRate,
  /* RollRate::RollRateWarning::leftWarning */ kcg_bool *leftWarning,
  /* RollRate::RollRateWarning::rightWarning */ kcg_bool *rightWarning)
{
  *rightWarning = rollRate > WarnTheshold_RollRate;
  *leftWarning = rollRate < - WarnTheshold_RollRate;
}

/* RollRate::RollRateWarning */          勾选
void RollRateWarning_RollRate(
  /* RollRate::RollRateWarning::rollRate */ kcg_float32 rollRate,
  /* RollRate::RollRateWarning::leftWarning */ kcg_bool *leftWarning,
  /* RollRate::RollRateWarning::rightWarning */ kcg_bool *rightWarning)
{
  *rightWarning = kcg_gt_float32(rollRate, WarnTheshold_RollRate);
  *leftWarning = kcg_lt_float32(
     rollRate,
     kcg_uminus_float32(WarnTheshold_RollRate));
}
```

图 6-18　C 代码勾选与不勾选的差异图

其中 kcg_gt_float32、kcg_lt_float32、kcg_uminus_float32 的宏定义可以在 kcg_types.h 文件中找到，如图 6-19 所示。

```
#ifndef kcg_gt_float32
#define kcg_gt_float32(kcg_C1, kcg_C2) ((kcg_C1) > (kcg_C2))
#endif /* kcg_gt_float32 */

#ifndef kcg_lt_float32
#define kcg_lt_float32(kcg_C1, kcg_C2) ((kcg_C1) < (kcg_C2))
#endif /* kcg_lt_float32 */

#ifndef kcg_uminus_float32
#define kcg_uminus_float32(kcg_C1) (- (kcg_C1))
#endif /* kcg_uminus_float32 */
```

图 6-19　kcg_types.h 文件的内容

勾选 Keep assertions 复选框，代码生成器可将 Assume 和 Guarantee 语句以宏定义的形式生成到代码中。4.6.1 节提过，Assume 和 Guarantee 主要是仿真时辅助验证模型，并不生成到代码，通过该设置可以将二者内容生成到代码。以操作符 RollRate 为例，如图 6-20 所示。

对输入 joystickCmd 添加名称为 A1 的 Assume。

对输出 rollRate 添加名称为 A2 的 Guarantee。

实现文件勾选该设置前后的差异如图 6-21 所示。

勾选 Keep probes in generated code 复选框，代码生成器可将探针这类原本被优化掉的局部变量生成到代码。以操作符 RollRate 为例，添加探针 UESTC_Probe，如图 6-22 所示。

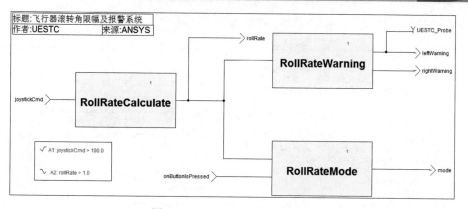

图 6-20　RollRate 操作符逻辑图

```
/* RollRate::RollRate */
void RollRate_RollRate(inC_RollRate_RollRate *inC, outC_RollRate_RollRate *outC)
{
  outC->rollRate = /* 1 */ RollRateCalculate_RollRate(inC->joystickCmd);
  /* 1 */
  RollRateWarning_RollRate(
    outC->rollRate,                 不勾选
    &outC->leftWarning,
    &outC->rightWarning);
  outC->mode = /* 1 */
    RollRateMode_RollRate(outC->rollRate, inC->onButtonIsPressed);
}
/* RollRate::RollRate */
void RollRate_RollRate(inC_RollRate_RollRate *inC, outC_RollRate_RollRate *outC)
{
  /* RollRate::RollRate::A2 */ kcg_bool A2;
  /* RollRate::RollRate::A1 */ kcg_bool A1;

  outC->rollRate = /* 1 */ RollRateCalculate_RollRate(inC->joystickCmd);
  A2 = outC->rollRate > kcg_lit_float32(1.0);
  kcg_guarantee(A2);
  A1 = inC->joystickCmd > kcg_lit_float32(100.0);
  kcg_assume(A1);
  /* 1 */
  RollRateWarning_RollRate(
    outC->rollRate,                 勾选
    &outC->leftWarning,
    &outC->rightWarning);
  outC->mode = /* 1 */
    RollRateMode_RollRate(outC->rollRate, inC->onButtonIsPressed);
}
```

图 6-21　C 代码勾选与不勾选的差异图

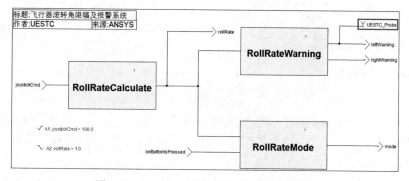

图 6-22　RollRate 操作符添加探针后逻辑图

头文件内增加了该探针对应的变量,不再被优化,如图 6-23 所示。

```
#include "kcg_types.h"
#include "RollRateCalculate_RollRate.h"
#include "RollRateMode_RollRate.h"
#include "RollRateWarning_RollRate.h"

/* ======================= input structure ======================= */
typedef struct {
  kcg_float32 /* RollRate::RollRate::joystickCmd */ joystickCmd;
  kcg_bool /* RollRate::RollRate::onButtonIsPressed */ onButtonIsPressed;
} inC_RollRate_RollRate;

/* ====================== no output structure ====================== */

/* ======================= context type ======================= */
typedef struct {
  /* --------------------------- outputs --------------------------- */
  kcg_float32 /* RollRate::RollRate::rollRate */ rollRate;
  teRollMode_RollRate /* RollRate::RollRate::mode */ mode;
  kcg_bool /* RollRate::RollRate::leftWarning */ leftWarning;
  kcg_bool /* RollRate::RollRate::rightWarning */ rightWarning;
  /* ------------------------- local probes ------------------------- */
  kcg_bool /* RollRate::RollRate::UESTC_Probe */ UESTC_Probe;
  /* ------------------- no initialization variables ------------------- */
  /* ---------------------- no local memory ---------------------- */
  /* ------------------- no sub nodes' contexts ------------------- */
  /* ---------------- no clocks of observable data ---------------- */
} outC_RollRate_RollRate;
```

图 6-23　头文件内容

实现文件勾选该设置前后的差异如图 6-24 所示。

```
/* RollRate::RollRate */
void RollRate_RollRate(inC_RollRate_RollRate *inC, outC_RollRate_RollRate *outC)
{
  outC->rollRate = /* 1 */ RollRateCalculate_RollRate(inC->joystickCmd);
  /* 1 */
  RollRateWarning_RollRate(
    outC->rollRate,                      不勾选
    &outC->leftWarning,
    &outC->rightWarning);
  outC->mode = /* 1 */
    RollRateMode_RollRate(outC->rollRate, inC->onButtonIsPressed);
}
```
```
/* RollRate::RollRate */
void RollRate_RollRate(inC_RollRate_RollRate *inC, outC_RollRate_RollRate *outC)
{
  outC->rollRate = /* 1 */ RollRateCalculate_RollRate(inC->joystickCmd);
  /* 1 */
  RollRateWarning_RollRate(
    outC->rollRate,                      勾选
    &outC->UESTC_Probe,
    &outC->rightWarning);
  outC->leftWarning = outC->UESTC_Probe;
  outC->mode = /* 1 */
    RollRateMode_RollRate(outC->rollRate, inC->onButtonIsPressed);
}
```

图 6-24　实现文件勾选与不勾选该设置的差异图

勾选 Generate system memory state management 复选框,代码生成器可生成操作符的独立上下文环境及对应的存取函数。该设置对观察状态机等的上下文环境参数特别有用。以操作符 OnOff4_SetTrans_Last 为例,如图 6-25 所示。

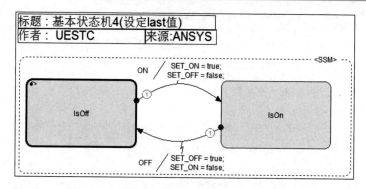

图 6-25 OnOff4_SetTrans_Last 操作符逻辑图

操作符默认生成的头文件内容如图 6-26 所示。

```
/* ======================= input structure ======================= */
typedef struct {
  kcg_bool /* StateMachine::OnOff4_SetTrans_Last::ON */ ON;
  kcg_bool /* StateMachine::OnOff4_SetTrans_Last::OFF */ OFF;
} inC_OnOff4_SetTrans_Last_StateMachine;

/* ===================== no output structure ===================== */

/* ======================= context type ======================= */
typedef struct {
  /* --------------------- outputs --------------------- */
  kcg_bool /* StateMachine::OnOff4_SetTrans_Last::SET_ON */ SET_ON;
  kcg_bool /* StateMachine::OnOff4_SetTrans_Last::SET_OFF */ SET_OFF;
  /* --------------------- no local probes --------------------- */
  /* ----------------- no initialization variables ----------------- */
  /* --------------------- local memories --------------------- */
  SSM_ST_SSM /* StateMachine::OnOff4_SetTrans_Last::SSM */ SSM_state_nxt;
  /* ---------------- no sub nodes' contexts ---------------- */
  /* ---------------- no clocks of observable data ---------------- */
} outC_OnOff4_SetTrans_Last_StateMachine;
```

图 6-26 默认生成的头文件内容

添加该设置后，操作符的头文件内新增内容如图 6-27 所示。

```
/* ======================= state vector type ======================= */
typedef struct {
  /* --------------------- memorised outputs --------------------- */
  kcg_bool /* StateMachine::OnOff4_SetTrans_Last::SET_OFF */ SET_OFF;
  kcg_bool /* StateMachine::OnOff4_SetTrans_Last::SET_ON */ SET_ON;
  /* --------------------- local memories --------------------- */
  SSM_ST_SSM /* StateMachine::OnOff4_SetTrans_Last::SSM */ SSM_state_nxt;
  /* --------------------- no local probes --------------------- */
  /* ----------------- no initialization variables ----------------- */
  /* ------------------- no sub nodes' contexts ------------------- */
} SV_OnOff4_SetTrans_Last_StateMachine;

extern void kcg_save_SV_OnOff4_SetTrans_Last_StateMachine(
  SV_OnOff4_SetTrans_Last_StateMachine *SV,
  outC_OnOff4_SetTrans_Last_StateMachine *outC);
extern void kcg_load_SV_OnOff4_SetTrans_Last_StateMachine(
  outC_OnOff4_SetTrans_Last_StateMachine *outC,
  SV_OnOff4_SetTrans_Last_StateMachine *SV);
```

图 6-27 新增的头文件内容

操作符的实现文件内新增内容如图 6-28 所示。

```
void kcg_save_SV_OnOff4_SetTrans_Last_StateMachine(
  SV_OnOff4_SetTrans_Last_StateMachine *SV,
  outC_OnOff4_SetTrans_Last_StateMachine *outC)
{
  SV->SET_OFF = outC->SET_OFF;
  SV->SET_ON = outC->SET_ON;
  SV->SSM_state_nxt = outC->SSM_state_nxt;
}

void kcg_load_SV_OnOff4_SetTrans_Last_StateMachine(
  outC_OnOff4_SetTrans_Last_StateMachine *outC,
  SV_OnOff4_SetTrans_Last_StateMachine *SV)
{
  outC->SET_OFF = SV->SET_OFF;
  outC->SET_ON = SV->SET_ON;
  outC->SSM_state_nxt = SV->SSM_state_nxt;
}
```

图 6-28　操作符的实现文件内容

勾选 Short circuit operators 复选框，代码生成器可将布尔表达式由 C 语言按位操作变为逻辑操作，该设置不影响按比特位赋值的预定义操作符。以操作符 DoubleEdge 为例，如图 6-29 所示。

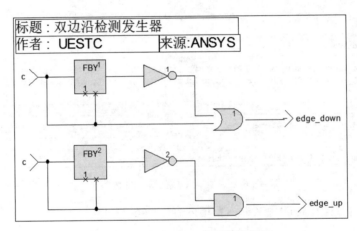

图 6-29　DoubLeEdge 操作符逻辑图

实现文件勾选该设置前后的差异如图 6-30 所示。

```
/* BasicExer::DoubleEdge */              /* BasicExer::DoubleEdge */
void DoubleEdge_BasicExer(              void DoubleEdge_BasicExer(
  inC_DoubleEdge_BasicExer *inC,          inC_DoubleEdge_BasicExer *inC,
  outC_DoubleEdge_BasicExer *outC)        outC_DoubleEdge_BasicExer *outC)
{                                        {
  /* BasicExer::DoubleEdge::_L4 */ kcg_bool _L4    /* BasicExer::DoubleEdge::_L4 */ kcg_bool _L4;

  /* fby_1_init_2 */ if (outC->init) {    /* fby_1_init_2 */ if (outC->init) {
    outC->init = kcg_false;                 outC->init = kcg_false;
    _L4 = inC->c;                           _L4 = inC->c;
  }                        不勾选          }                      勾选
  else {                                  else {
    _L4 = outC->rem_c;                      _L4 = outC->rem_c;
  }                                       }
  outC->edge_up = !_L4 & inC->c;          outC->edge_up = !_L4 && inC->c;
  outC->edge_down = !_L4 | inC->c;        outC->edge_down = !_L4 || inC->c;
  outC->rem_c = inC->c;                   outC->rem_c = inC->c;
}                                        }
```

图 6-30　实现文件勾选与不勾选该设置的差异图

Global prefix 输入栏用于定义生成代码中所有元素的前缀，元素包括外部引用、类型、常量、根操作符、非扩展操作符、宏、全局变量。以操作符 OnOff4_SetTrans_Last 为例，默认情况下生成的代码文件名称和操作符内容如图 6-31 所示。

```
****************************
*** Generated KCG H files ***
****************************
RollRate_RollRate.h
RollRateWarning_RollRate.h
RollRateMode_RollRate.h
RollRateCalculate_RollRate.h
kcg_types.h
kcg_consts.h
kcg_sensors.h

****************************
*** Generated KCG C files ***
****************************
RollRate_RollRate.c
RollRateWarning_RollRate.c
RollRateMode_RollRate.c
RollRateCalculate_RollRate.c
kcg_types.c
kcg_consts.c

****************************
*** Generated SC2C Files ***
****************************
user_macros.h
kcg_imported_types.h
```

```
/* RollRate::RollRate */
void RollRate_RollRate(inC_RollRate_RollRate *inC, outC_RollRate_RollRate *outC)
{
  outC->rollRate = /* 1 */ RollRateCalculate_RollRate(inC->joystickCmd);
  /* 1 */
  RollRateWarning_RollRate(
    outC->rollRate,
    &outC->leftWarning,
    &outC->rightWarning);
  outC->mode = /* 1 */
    RollRateMode_RollRate(outC->rollRate, inC->onButtonIsPressed);
}
```

图 6-31　默认情况下生成的代码文件内容

在输入栏中填入名称为 UESTC 的前缀，如图 6-32 所示。

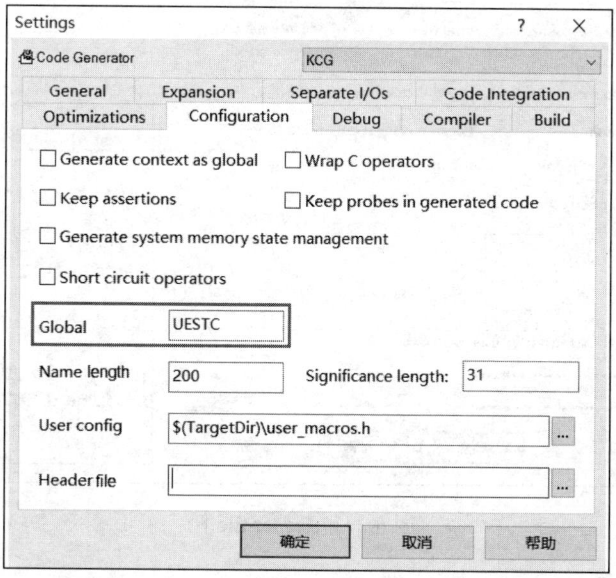

图 6-32　Settings 对话框的 Configuration 选项卡

添加前缀之后的代码文件名称和操作符的内容如图 6-33 所示。

Name length 输入栏用于定义所有变量名称的最大字符长度，Significance length 输入栏用于定义所有变量主名称的最大字符长度。

User config 输入栏用于设定用户自定义头文件的位置，默认路径和名称为 $(TargetDir)\user_macros.h。

```
******************************
*** Generated KCG H files ***
******************************
UESTC_RollRate_RollRate.h
UESTC_RollRateWarning_RollRate.h
UESTC_RollRateMode_RollRate.h
UESTC_RollRateCalculate_RollRate.h
kcg_types.h
kcg_consts.h
kcg_sensors.h


******************************
*** Generated KCG C files ***
******************************
UESTC_RollRate_RollRate.c
UESTC_RollRateWarning_RollRate.c
UESTC_RollRateMode_RollRate.c
UESTC_RollRateCalculate_RollRate.c
kcg_types.c
kcg_consts.c


******************************
*** Generated SC2C Files  ***
******************************
user_macros.h
kcg_imported_types.h
```

```
/* RollRate::RollRate */
void UESTC_RollRate_RollRate(
  UESTC_inC_RollRate_RollRate *inC,
  UESTC_outC_RollRate_RollRate *outC)
{
  outC->rollRate = /* 1 */ UESTC_RollRateCalculate_RollRate(inC->joystickCmd);
  /* 1 */
  UESTC_RollRateWarning_RollRate(
    outC->rollRate,
    &outC->leftWarning,
    &outC->rightWarning);
  outC->mode = /* 1 */
    UESTC_RollRateMode_RollRate(outC->rollRate, inC->onButtonIsPressed);
}
```

图 6-33　添加前缀之后的代码文件名称和操作符的内容

　　Header file 输入栏用于包含用户自定义头文件，该头文件将被所有生成的 C 实现代码的顶部包含。以自定义头文件 UESTC.h 为例，在 Header file 栏内填入该文件所在的位置，如图 6-34 所示，则所有生成文件的顶部都有如图 6-35 所示的内容。

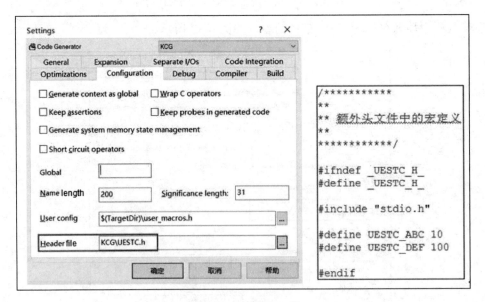

图 6-34　Header file 栏

7. Debug 选项卡

　　将 Code Generator 配置对话框切换至 Debug 选项卡。在仿真（Simulation）或覆盖分析（MTC）时，被勾选操作符的所有局部变量不被优化，可以观察到连线、探针等变量的实时数据，如图 6-36 所示。

　　（1）Debug All：将所有操作符都设置 Debug 属性。

　　（2）Selected：仅将勾选的操作符设置 Debug 属性。

　　（3）All except selected：仅勾选的操作符不设置 Debug 属性。

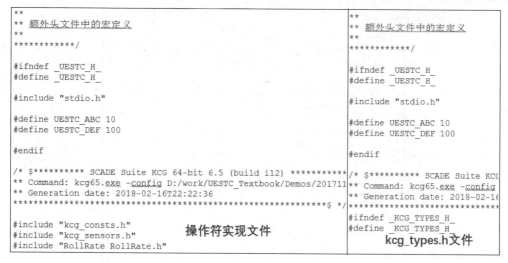

图 6-35　生成文件顶部的内容

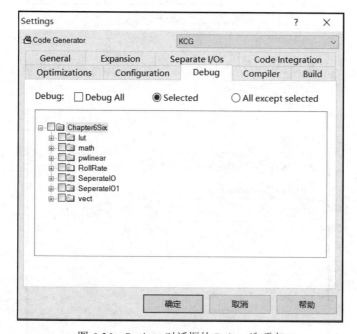

图 6-36　Settings 对话框的 Debug 选项卡

8. Compiler 选项卡

将 Code Generator 配置对话框切换至 Compiler 选项卡，该选项卡用于设置仿真（Simulation）或覆盖分析（MTC）前的编译器参数，如图 6-37 所示。

（1）Compiler：用于选择本机安装过的且注册表内可识别的编译器。

（2）CPU type：用于选择是 win32 还是 win64 类型。

（3）Preprocessor definitions：用于填写额外的宏定义参数。

（4）Additional compiler options：用于填写额外的编译选项。

（5）Additional linker options：用于填写额外的链接选项。

图 6-37　Settings 对话框的 Compiler 选项卡

9. Build 选项卡

将 Code Generator 配置对话框切换至 Build 选项卡，该选项卡用于填写额外的包含目录，如图 6-38 所示，具体应用可参考 2.6.4 节。

图 6-38　Settings 对话框的 Build 选项卡

6.1.2　单个操作符的代码生成配置

Code Generator 工具条的设置通常是对所有操作符起作用的，Suite 中也支持对单个操作符代码生成的设置。选中某操作符，打开属性对话框的 KCG Pragmas 选项卡，如图 6-39 所示。

Target 栏可以选择生成 C 或者 Ada 代码。

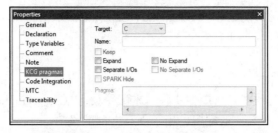

图 6-39　KCG Pragmas 选项卡 Target 栏

Name 支持重定义操作符生成代码后的函数名称。以操作符 RollRate 为例，如图 6-40 所示。

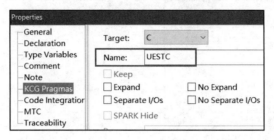

图 6-40　KCG Pragmas 选项卡 Name 栏

生成的代码列表和操作符头文件内容如图 6-41 所示。

```
*****************************       #ifndef  _UESTC_H_
*** Generated KCG H files ***       #define  _UESTC_H_
*****************************
                                    #include "kcg_types.h"
UESTC.h                             #include "RollRateCalculate_RollRate.h"
RollRateWarning_RollRate.h          #include "RollRateMode_RollRate.h"
RollRateMode_RollRate.h             #include "RollRateWarning_RollRate.h"
RollRateCalculate_RollRate.h
kcg_types.h                         /* ===================== input structure  ===================== */
kcg_consts.h                        typedef struct {
kcg_sensors.h                         kcg_float32 /* RollRate::RollRate::joystickCmd */ joystickCmd;
                                      kcg_bool /* RollRate::RollRate::onButtonIsPressed */ onButtonIsPressed;
*****************************       } inC_UESTC;
*** Generated KCG C files ***
*****************************       /* ===================== no output structure ===================== */
UESTC.c
RollRateWarning_RollRate.c          /* ===================== context type  ===================== */
RollRateMode_RollRate.c             typedef struct {
RollRateCalculate_RollRate.c          /* ---------------- outputs ---------------------- */
kcg_types.c                           kcg_float32 /* RollRate::RollRate::rollRate */ rollRate;
kcg_consts.c                          teRollMode_RollRate /* RollRate::RollRate::mode */ mode;
                                      kcg_bool /* RollRate::RollRate::leftWarning */ leftWarning;
*****************************          kcg_bool /* RollRate::RollRate::rightWarning */ rightWarning;
*** Generated SC2C Files  ***          /* ---------------- no local probes ---------------------- */
*****************************          /* ------------- no initialization variables -------------- */
user_macros.h                         /* ---------------- no local memory ---------------------- */
kcg_imported_types.h                  /* --------------- no sub nodes' contexts ---------------- */
                                      /* ------------- no clocks of observable data ------------- */
                                    } outC_UESTC;
```

图 6-41　生成的 C 代码内容

实现文件的内容如图 6-42 所示。

```
/* RollRate::RollRate */
void UESTC(inC_UESTC *inC, outC_UESTC *outC)
{
  outC->rollRate = /* 1 */ RollRateCalculate_RollRate(inC->joystickCmd);
  /* 1 */
  RollRateWarning_RollRate(
    outC->rollRate,
    &outC->leftWarning,
    &outC->rightWarning);
  outC->mode = /* 1 */
    RollRateMode_RollRate(outC->rollRate, inC->onButtonIsPressed);
}
```

图 6-42　实现文件的内容

单个操作符等元素的 Expand、No Expand、Separate I/Os、No Separate I/Os 的含义同 6.1.1 节，但设置后的优先级高于 6.1.1 节的工程级设置。

6.1.3　创建并保存自定义配置

Code Generator 工具条默认只提供 4 种基本配置项：KCG、Simulation、MTC、Timing and Stack。用户可以创建定制名称的配置，用于保存专门的设定。

（1）通过菜单 Project→Configurations 打开配置对话框，如图 6-43 所示。

（2）单击 Add 按钮打开添加配置对话框，如图 6-44 所示。

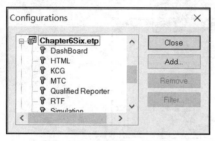
图 6-43　"配置"对话框

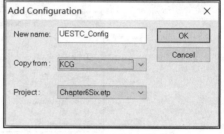
图 6-44　添加新配置

（3）在 Project 栏内选择需要添加配置的工程（本例为 Chapter6Six.etp），在 Copy from 栏内选择一个基准配置（本例为 KCG），在 New name 文本框中输入新建配置的名称，本例为 UESTC_Config。

（4）确认无误后单击 OK 按钮保存新创建的配置。

工程中 Code Generator 工具条中就多了一项配置，如图 6-45 所示。

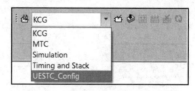
图 6-45　Code Generator 工具条

（5）切换至 UESTC_Config，并在其中设定所需的参数，之后 UESTC_Config 项内就保持着特定的配置选项了。

6.2　代码集成

6.2.1　代码生成步骤

模型设计并验证完毕，代码生成器的参数也配置完毕后，就可以生成代码了。选中生成代码的配置名称，再选中特定的操作符，然后单击 Code Generator 工具条中的 Generate 按钮，如图 6-46 所示。

图 6-46　Code Generator 工具条

可在 Suite 输出窗口的 Errors Log 栏内观察代码生成的情况，如图 6-47 所示。

Output			
	Category	Code	Message
📄 Code Generator			
⊞ ⓘ Information	Log Files	LOGFIL	Log Files
⊞ ⓘ Information	Generated Files	GENFIL	KCG- Generated files
⊞ ⓘ Information	Generated Files	GENFIL	Code Generator Generated files

Ⅰ◀ ◀ ▶ ▶Ⅰ ges ∧ MTC ∧ Dump ∧ Errors Log ∧ Build ∧ Simulator ∧ Script ∧ Matlab ∧ ◀

图 6-47　Output 窗口的 Errors Log 栏

6.2.2　生成代码的集成

SCADE Suite 是应用层软件开发工具，生成代码的集成工作需要由用户自己完成，集成工作包括手工编码 main 函数，与 IO、驱动、操作系统的交互等工作，如图 6-48 所示。

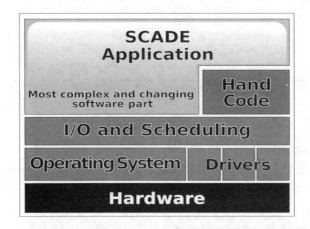

图 6-48　SCADE 专注于应用层设计和验证

为了将模型生成代码集成到软件程序中，需要了解所有 KCG 生成的文件，即集成所需的外部文件的详细列表。为了便于集成，SCADE 套件提供了 sc2c_integration_files.txt 文件列表，其中包括：

● 所有 KCG 生成的代码文件。
● 外部用户文件（只在文件视图中插入正确的文件类型）。
● 所有 include 目录。

外部文件可以是任何导入的 C/Ada 文件，也可以是来自用户库的任何导入的文件。该文件位于为代码生成指定的目标目录中。可以通过展开并双击输出栏的 Errors Log 选项卡打开，如图 6-49 所示。

Suite 模型经过完整充分的模型级验证后，经由认证级代码生成器生成的代码就具有相当程度的可信度了。不过，集成阶段引入的问题也可能影响到目标机上的最终程序，所以在集成阶段仍需要进行足够的验证。

Suite 生成代码的 C 代码通常应用在嵌入式环境中，比较常见的轮询式集成方式可以参考图 6-50。

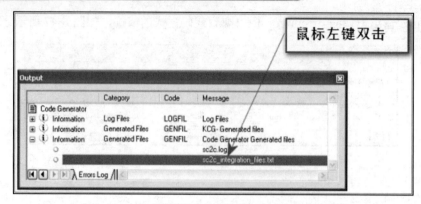

图 6-49　用于代码集成的外部和 KCG 文件的列表

```
call generated initialization function
begin_loop
    wait for an event (usually clock signal)
    treatment of inputs
    call generated cycle function
    treatment of outputs
end_loop
```

图 6-50　主循环编写模式的示意图

如图 6-51 所示是一个简单的 C 代码模块集成的主函数示例。

```
// include the header file for System_Simul
#inlude "SystemSimul_System.h"          ← 生成的include文件

int main(int argc, char* argv[])
{
// declare a variable of the system context type
    outC_SystemSimul_System outputsContext;
    inC_SystemSimul_System inputsContext;
    time_t previousTime;                ← 调用生成的初始化函数
    time_t currentTime;
    int i;

    // call the initialization function
    SystemSimul_init_System (&outputsContext);

    // make a Loop waiting for 1 second tick
    do {
        // get current time
        time(currentTime);

        // look for 1 second increment          等待事件
        if (currentTime >= previousTime + SYSTEM_TICK) {

        // treatment of the inputs              输入处理
        inputsContext .Accel = 100.0;
        inputsContext .On = kcg_true;

        // run the cycle function with the address of
        // the input and output contexts as parameters
        SystemSimul_System (&inputsContext, &outputsContext);   ← 调用生成的周期函数

        // process ouput values
        printf("VehicleSpeed = %f\n , outputsContext. VehicleSpeed );   输出处理
        i++;

        // remember current time for next cycle
        previoustime = currentTime;
        }
    } while (1); // run forever
    return 0;
```

主循环

图 6-51　C 代码模块集成的主函数示例

值得一提的是，当有模型中有自定义的复杂类型时，kcg_types.c 文件会自动生成这些自定义复杂类型的默认比较函数。而实践中，即便需要比较自定义类型对应的变量，用户也会设计专门的操作符来实现。所以，如果 kcg_types.c 内容对集成框架无用，则推荐删除该文件，不集成到程序中去。

6.2.3　代码集成的其他考虑

DO-178C 中标识了两方面的集成：开发活动的集成，即编译、链接和加载过程；测试活动的集成，包括软件/软件集成和软件/硬件集成[1]。本节关注开发活动中的集成和软件的加载控制。验证活动中的集成已经在第 5 章中介绍了。

使用源代码来建立可执行目标码的过程称为"构建过程"。DO-178C 编码阶段的输出包括源代码，以及编译和链接指令。编译和链接指令编写在"构建指令"中。构建过程的编译器、连接器可能会产生警告和错误。应当评审和分析这些警告和错误，标识是否有可接受的警告。构建指令必须用可重复的步骤良好编档，因为他们记录了构建将要用于安全关键操作的可执行程序的过程。

构建指令经常包括多个脚本（例如 makefile 文件）。由于这些脚本在可执行程序的开发中有着重要的作用，因此它们应当同源代码一样，需要评审并纳入配置管理。遗憾的是，编译和链接资料的评审通常被忽视。

构建软件正式发布之前，推荐有一个干净的构建。需要清除所有的软件，对构建机器进行清理，或者准备好专用于构建的机器。然后用批准的正式软件安装到构建机器，再使用"干净构建规程"。这种干净构建确保使用的是批准的环境，而且构建环境是可以再次生成的，这对于维护很重要。构建机器被正确配置后，执行软件构建指令，生成软件用于发布[1]。

可执行代码只有被加载到目标硬件上才会有用。推荐一个受控的软件加载过程中关注如下几点：

- 批准的加载规程。就像构建指令一样，加载规程应当作为 DO-178C 符合性活动的一部分来开发和验证。
- 加载验证。应当有一些手段来确保软件是没有被破坏地完全加载的。这通常是通过一些类型的完整性检查，例如循环冗余校验（CRC）或数字摘要实现的。
- 零部件标记验证。需要有一些方式来标识加载的软件，以确认加载的零部件号和版本与批准的一致。一旦软件被加载，应当验证其标识与批准的相符。
- 硬件兼容性。批准的硬件和软件兼容性应当被编档和遵守。

6.3　Simulink 的 S 函数生成

Simulink 是 MathWorks 公司推出的模型级仿真环境，应用广泛，融入了许多成熟的第三方库，便于进行快速原型仿真验证。SCADE 模型支持生成 Simulink 中的 S 函数，然后可在 Simulink 软件中导入该 S 函数进行联合仿真。生成步骤如下：

（1）打开 Code Generator 工具条，切换至 Code Integration 选项卡。

（2）设置 Target，在下拉列表框中选择 Simulink，则名为 Simulink 的选项卡将自动显示，如图 6-52 所示。

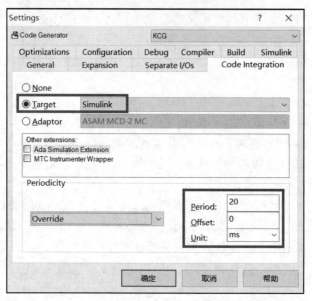

图 6-52 选择 Simulink 作为目标代码的方法

（3）在下拉列表框中对 S 函数的周期性执行进行修改。Simulink 程序不能在没有周期性设置的情况下生成 S 函数，不可选择 No periodicity。

（4）单击 Simulink 选项卡，设置生成选项，如图 6-53 所示。

图 6-53 设置 Simulink 生成选项

（5）勾选 Enable white box 复选框支持在 Simulink 中白盒仿真 S 函数，默认为黑盒仿真。

（6）勾选 User-provided sensor declaration 复选框支持防止将 Suite 定义的外部引用变量作为 S 函数的输入。

（7）勾选 Record scenario 复选框支持每次在 Simulink 环境中运行仿真时都生成测试用例

（.in 格式）供 Suite 重用。为设置测试用例的输出位置等信息，用户可以使用以下变量：

- $(Configuration)：当前配置的名称。
- $(DATE)和$(TIME)：创建测试用例文件时使用的日期/时间。

注意：默认情况下，测试用例文件与 S 函数的 DLL 在同一目录下。测试用例文件名称的命名参照仿真运行的日期和时间。

（8）在 Generation name 中指定 S 函数文件名和函数名。默认的名字是$(NodeName)，NodeName 为代码生成器配置中的根操作符。

（9）单击 OK 按钮，再单击"生成"按钮 ，生成目录下的 XXX_SFCT 前缀的.m 和.c 文件即 Simulink 需要的文件。

（10）如果 Simulink 预安装完毕，且环境变量识别无误，则 Suite 下能直接生成 S 函数；否则，仅生成待编译为 S 函数的所有 C 代码。用户可以在 Simulink 软件下设定特定的编译器将 Suite 生成的 C 代码编译为 S 函数。

6.4　NI VeriStand 生成

VeriStand 是 National Instruments 公司专门针对硬件在环仿真（Hardware in the Loop）测试系统开发出来的软件环境。VeriStand 可用于执行各种应用的测试，包括嵌入式软件验证以及测功机和基于伺服液压的测试等物理测试应用，支持跨多个同步实时控制器的分布式测试。

SCADE Suite 中的 VeriStand 接口基于 National Instruments 的模型接口工具包（Model Interface Toolkit，MIT）等技术，支持将 SCADE 模型导出到 VeriStand 中，为用户提供使用 NI Veristand 进行真实系统仿真和快速原型搭建的完整工作流，如图 6-54 所示。

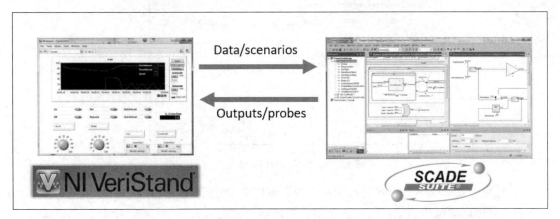

图 6-54　SCADE 模型与 VeriStand 模型在环仿真示意图

导出 Veristand 接口文件（配置 SCADE Suite 代码生成器设置，将 SCADE 模型导出到 VeriStand 中）的步骤如下：

（1）打开 Code Generator 工具条，切换至 Code Integration 选项卡。

（2）在 Target 下拉列表框中选择 NI VeriStand，确认设置周期时间信息，如图 6-55 所示，NI VeriStand 选项卡将自动显示。

图 6-55　选择 NI VeriStand 代码集成方法

（3）在 NI VeriStand 选项卡中设置目标特定选项，如图 6-56 所示。

图 6-56　设置 NI VeriStand 生成选项

（4）勾选 Record scenario 复选框，在仿真过程中记录测试用例（.in 格式）。在 Scenario pathname 中指定测试用例文件的位置，默认提供以下宏定义：

● $(Configuration)：使用当前配置的名称。

● $(DATE)和$(TIME)：创建每个测试用例文件时使用的日期/时间。

（5）白盒仿真复选框：是否进行白盒联合仿真。设置白盒仿真后，Veristand 仿真时 Suite 软件会同步启动，联合运行。默认为不勾选白盒仿真。

（6）当启用白盒联合仿真时，可在 Co-simulation host 字段中指定主机的 IP 地址。

（7）单击 OK 按钮，再单击代码生成工具栏中的 Build 按钮生成文件，生成目录下的 XXX _NIVS.dll 即可导入 Veristand 软件中的文件。

6.5 FMU 生成

6.5.1 Modelica 协会与统一建模语言

欧洲仿真协会 EUROSIM 于 1996 年组织瑞典等 6 个国家建模与仿真领域的 14 位专家，针对多领域物理统一建模技术展开研究，提出通过国际合作的形式研究设计下一代多领域统一建模语言 Modelica，并于 2000 年成立非盈利的国际仿真组织——Modelica 协会。

该协会每隔一年半组织一次 Modelica 学术会议，交流和探讨 Modelica 相关理论和应用的研究进展，并基于 Modelica 开展领域知识模型库建设与维护。

统一建模语言具有领域无关的通用模型描述能力，采用该语言进行建模能够实现复杂系统不同领域模型间的无缝集成。

6.5.2 FMI 标准与 FMU 文件

FMI 标准的诞生来自于欧盟 Modelisar 项目，最初由 Daimler AG 发起、组织和领导，包括工具供应商、工业用户和科研机构在内有 28 个欧洲实体参与。FMI 标准用于解决困扰用户的工具碎片化、模型重用难、知识产权保护难的问题。FMI 标准如图 6-57 所示。

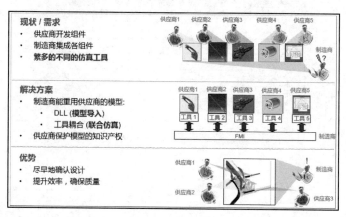

图 6-57　FMI 标准

Modelisar 项目于 2008 年启动，第一期项目到 2011 年结束，投入经费超过 3 千万欧元，制定了 FMI 1.0 标准。2012 年，FMI 2.0 标准的制定纳入到 Modelica 协会管理下，并在 2014 年初推出了 FMI 2.0 的成熟标准。

FMI 标准的全称是 Functional Mock-up Interface，是一个不依赖于工具的标准，其通过 XML 文件和已编译的 C 代码的组合来同时支持动态模型的模型交换（Model Exchange）和联合仿真（Co-Simulation）。

FMI 是针对功能和性能模型重用的接口标准，通过 FMI 标准导出的文件是一个压缩包，文件的扩展名为.fmu，即 Functional Mock-up Unit。FMU 压缩包文件里包含了描述模型接口信息和数据的.xml 文件、实现模型动态行为功能的文件（C 代码或二进制文件）和其他用户希望包含在 FMU 中的文件和数据。

由于 FMI 标准是一个通用的第三方接口标准，不依赖于任何工具特有的接口形式，因此只要是支持 FMI 标准的工具都可以将其他工具导出的 FMU 文件导入到自身的软件平台内，这时仿真软件会自动解析 FMU 中的.xml 文件，并在软件的操作界面上给用户提供操作 FMU 的选项。

FMI 标准共包括两种模型重用的方法：Model Exchange（模型交换）和 Co-Simulation（联合仿真）。两者的区别是依据 Model Exchange 方法导出的 FMU 文件不包含求解模型方程的求解器，而依据 Co-Simulation 方法导出的 FMU 文件包含求解模型方程的求解器。是否包含求解器是两者最大的区别。

6.5.3 Suite 生成 FMU 文件

Suite 模型支持 FMI 标准，可以生成 FMU 文件。生成完毕后，可在 ANSYS Twin Builder 等多学科仿真软件内导入，进行多学科仿真。SCADE R17 以上版本软件支持 FMI 2.0 标准。下面来说明如何创建模型的 FMU。

（1）打开 Code Generator 工具条，切换至 Code Integration 选项卡，选择 Target，在下拉列表框中选择 FMU，如图 6-58 所示。

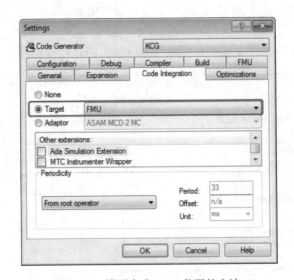

图 6-58　模型生成 FMU 代码的方法

（2）指定 FMU 调用 SCADE 模型循环函数的周期参数（需要从根操作符级设置周期参数），如图 6-59 所示。

（3）在 FMU 选项卡中设置目标特定选项，如图 6-60 所示。

（4）在 Model Identifier 栏中可指定生成 FMU 文件的名称。

（5）Record scenario 复选框用于在仿真过程中记录输入场景（.in 格式），在 Scenario pathname 栏中指定场景文件的位置，以下变量可用：

● 　$(Configuration)：使用当前配置的名称。

● 　$(DATE)和$(TIME)：创建每个新会话文件时使用的日期/时间。

勾选该设置的好处是，通过仿真自动生成测试用例。

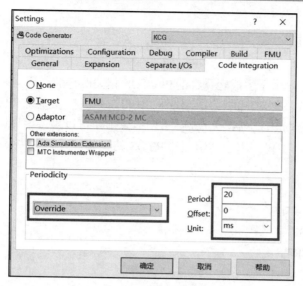

图 6-59 Settings 对话框

图 6-60 指定 FMU 导出选项

（6）Enable white box 复选框用于设置是否进行白盒仿真。不勾选该设置，相当于 FMI 中的 Model Exchange（模型交换）模型重用方式；勾选该设置，相当于 FMI 中的 Co-Simulation（联合仿真）模型重用方式。

（7）对于白盒仿真，可在 Co-simulation host 文本框中指定主机的 IP 地址。如果 Suite 生成的 FMU 和类似 Twin Builder 多学科仿真软件运行在同一机器上，则不要修改默认的 IP 设置。

（8）单击 OK 按钮，再单击代码生成工具栏中的 Build 按钮，生成 FMU。

（9）无论是黑盒仿真模式还是白盒仿真模式，SCADESuite 都会在默认文件夹中生成一个名为< FMU_Name >（与配置名称相同的名称）的 zip 文件，里面包含了 FMU 和其他需要的 FMI 文件。

6.6 Adaptor 生成

SCADE Suite 适配器用于生成轻量级的和 RTOS 相关的包装代码。通过 Adaptor 设置，代码生成器不仅可以生成模型对应的应用层代码，还可以生成操作系统 RTOS 相关的集成代码。理想情况下，所有代码生成完毕后，无需额外的手工编码，可以直接编译链接特定目标机程序。由于 RTOS 众多，Suite 中仅嵌入了常用几款 RTOS 的包装代码。这些 RTOS 是：

- OSEK
- µC/OS-II
- INTEGRITY-178B
- VxWorks 653
- VxWorks CERT
- PikeOS

注意：生成的 RTOS 相关的包装代码可用于客户的仿真与集成工作，这些包装代码与模型无关，不属于认证级代码，需要客户自己验证确保安全性。

此处以 OSEK Adaptor 代码生成为例，其他 Adaptor 可参考其步骤进行配置并生成代码。具体步骤如下：

（1）打开 Code Generator 工具条，切换至 Code Integration 选项卡。

（2）选中 Adaptor，并在下拉列表框中选择 OSEK，如图 6-61 所示，名为 OSEK 的选项卡将自动显示。

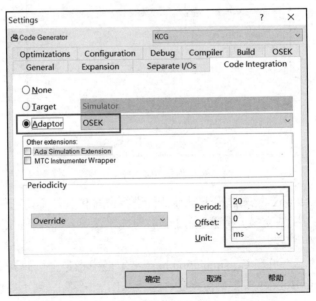

图 6-61　选择 OSEK 适配器作为代码扩展的方法

（3）在下拉列表框中设置 Periodicity 时间周期属性。

（4）单击 OSEK 选项卡，选择代码生成选项，如图 6-62 所示。

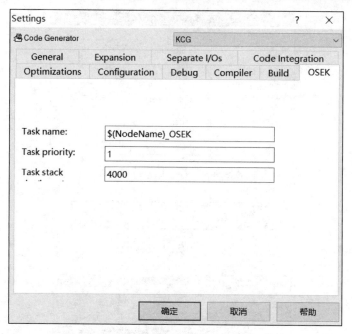

图 6-62　为周期性任务设置 OSEK 生成选项

（5）支持在 Task name 栏中修改任务名称。

（6）在 Task priority 栏中用一个 1～255 的整数来指定任务优先级。

（7）在 Task stack size 栏中用字节指定任务堆栈大小。

（8）单击 OK 按钮，再单击代码生成工具栏中的 Build 按钮📖，可生成 Adaptor 代码。

6.7　设计文档生成

Suite 模型相当于 DO-178B/C 标准中开发阶段的低层需求。验证阶段评审、分析低层需求的对象不是模型，而是模型对应的文档。可以通过简单的设置生成 Suite 模型对应的文档。模型文档生成步骤如下：

（1）将 Suite 工程的属性填写完整，如图 6-63 所示。

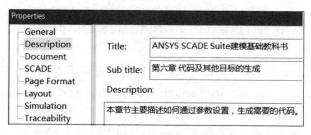

图 6-63　工程属性的添加

（2）将 Suite 工程的文档属性填写完整，如图 6-64 所示。

（3）单击 Reporter 工具栏中的"设置"按钮，切换至 General 选项卡，如图 6-65 和图 6-66 所示。

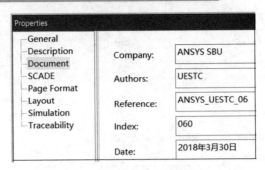

图 6-64　工程文档属性的添加

图 6-65　Reporter 工具栏

图 6-66　SCADE Suite 中文档报告生成的设置方法

（4）Output file 栏支持对生成报告的名称进行重命名。

（5）Report script 栏支持选择生成报告内容格式的脚本文件。Suite 中报告的模板由 Tcl 脚本文件编写。这些报告模板文件保存在 SCADE\scripts\Reporter 目录下。默认脚本文件是 ScadeReport.tcl。

（6）Format 栏支持选择生成报告的文件类型，仅提供网页（HTML）或 Word（RTF）两种格式。

（7）切换至 Structure 选项卡，设置文档的内容，可勾选是否需要添加，如图 6-67 所示。

● Generate cover, TOC, and first section：封面、内容列表、工程描述信息。

● Generate list of figures：图片列表。

● Generate list of tables：表格列表（仅 RTF 格式适用）。

● Generate Header/Footers：页眉页脚（仅 RTF 格式适用）。

● In-line images：强制浮动的图片与文字对齐（仅 RTF 格式适用）。

页眉页脚信息包括：

● Issue number：报告标识号。

- Reference number：报告参考号。
- Corporate logo：公司商标图片（.png 或 .jpeg 格式）。

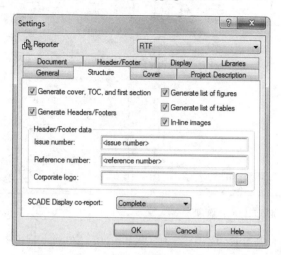

图 6-67　Settings 对话框的 Structure 选项卡

（8）切换至 Cover 选项卡，设置文档封面的内容，如图 6-68 所示。

- Document classification：文档类别，例如机密、公开。
- Distribution list：文档受众。
- Image file：封面图片。
- Report summary：报告综述。

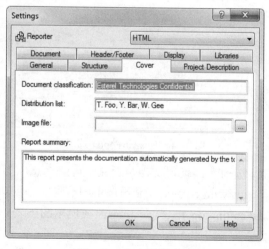

图 6-68　Cover 选项卡

（9）切换至 Project Description 选项卡，确认是否抽取步骤（2）的文档默认信息或修改为其他内容，如图 6-69 所示。

（10）切换至 Document 选项卡，确认是否抽取步骤（3）的工程默认信息或修改为其他内容，如图 6-70 所示。

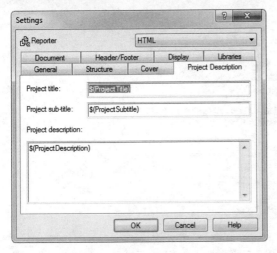

图 6-69　Project Description 选项卡

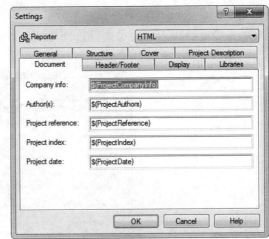

图 6-70　Document 选项卡

（11）切换至 Header/Footer 选项卡，确认是否抽取 Suite 工程的默认信息或修改为其他内容，如图 6-71 所示。

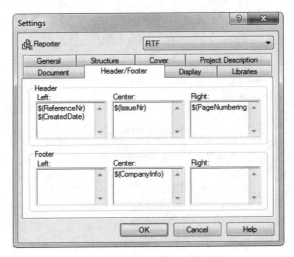

图 6-71　Header/Footer 选项卡

（12）切换至 Display 选项卡，设置文档是否显示可选信息，如图 6-72 所示。

- Display operator calls with context：显示调用图信息，是默认设置。
- Display called and calling operators sections：在调用图列表中显示操作符的更多信息，例如 diagram 信息。
- Display KCG Pragma：如果操作符设置过 KCG pragma 项，则显示。
- Allow row to break across page：启用跨页表格切分，该设置对有许多内容的表格非常有用（仅 RTF 格式适用）。
- Diagrams representation：操作符画布信息的显示设置（仅 RTF 格式适用）。
  - ➢ Normal：正常显示操作符的画布，是默认设置。
  - ➢ Rotated for Landscape：旋转 90 度显示操作符的画布。

> ➤ Best Fit：最佳的自适应方式。当操作符画布的图宽大于报告页面的宽度时，就自动旋转 90 度。

- Constants representation：常量信息的显示设置。
  - ➤ as Arrays：以数组方式显示。
  - ➤ as Images：以图片方式显示。
  - ➤ as Text：以文字方式显示，是默认方式。

图 6-72　Display 选项卡

（13）切换至 Libraries 选项卡，设置是否显示用到的库的信息。可设置文档中添加部分或全部库、删除部分或全部库的报告信息，如图 6-73 所示。

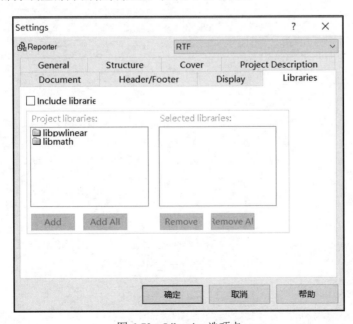

图 6-73　Libraries 选项卡

（14）单击 Generate Document 按钮（如图 6-74 所示），生成报告。

图 6-74　Reporter 工具栏

练习题

1. 选中某模型，观察不同生成选项生成代码的差异。
2. 编写 main 函数集成 SCADE 生成的应用层代码。

7

SCADE Suite 模型的优化

7.1 模型优化的目标和基准

7.1.1 安全关键系统的软件规模在增长

2015 年卡耐基梅隆大学的软件工程研究所发表了《评估和降低复杂度对软件模型的影响》。文中指出：近年来安全关键领域的系统中，软件的占比稳步提高。虽然系统中包含的电子器件数量也在增长，但硬件的尺寸和功能的提升是有限的，所以系统中更多功能的实现、维护和升级就越来越多地依赖软件系统[28]。

欧美航空设备研究所（AVSI）的系统架构虚拟集成项目（SAVI）的统计表明 30 多年来机载软件的代码行数在逐步增长[29]，如图 7-1 所示。

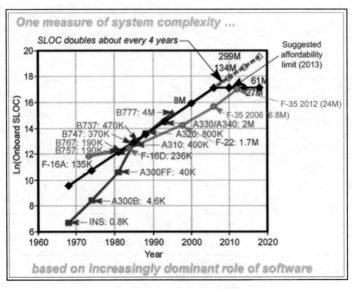

图 7-1　SAVI 统计数据图

在民机领域：

空客公司

（1）1983 年 A310 的 SLOC 是 40 万行。

（2）1988 年 A320 的 SLOC 是 80 万行。

（3）1993 年 A330 的 SLOC 是 2 百万行。

A320 的代码量是 A310 的 2 倍，但开发工作量是 2.14 倍；A330 的代码量是 A320 的 2.5 倍，但开发工作量是 2.7 倍。

波音公司

（1）1982 年 B757 的 SLOC 是 19 万行。

（2）1987 年 B737 的 SLOC 是 47 万行。

（3）1992 年 B777 的 SLOC 是 4 百万行。

B737 的代码量是 B757 的 2.47 倍，但开发工作量是 2.7 倍；B777 的代码量是 B757 的 21 倍，但开发工作量是 28.5 倍。

在军机领域：

（1）1974 年 F16A 的 SLOC 是 13.5 万行。

（2）1983 年 F16D 的 SLOC 是 23.6 万行。

（3）1998 年 F22 的 SLOC 是 1.7 百万行。

（4）2006 年 F35 原型的 SLOC 是 6.8 百万行。

（5）2012 年 F35 的 SLOC 是 2 千 4 百万行。

F35 的代码量是 F16A 的 177 倍，但开发工作量是 300 倍[28]。

软件代码圈复杂度的增长也与产品规模的增长正相关，如图 7-2 所示。

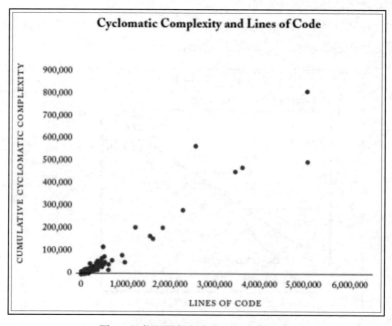

图 7-2　代码圈复杂度与产品规模点图

软件开发的成本既包括软件设计和实现的成本，也包括软件验证的成本。传统方式设计的商用软件中每百万行代码中约有 100 个缺陷，安全关键软件的缺陷数量可能少一个数量级，每百万行代码中约有 20 个缺陷。通常缺陷中的 20%是严重等级的，1%是灾难等级的。即便以适航标准的安全关键软件要求来衡量，每百万行代码中平均 5 个缺陷中就至少有 1 个严重的缺陷。而统计数据表明在软件的不同生命周期阶段检测出缺陷的成本如图 7-3 所示。

```
Defects found during requirements = $250
Defects found during design = $500
Defects found during coding and testing = $1,250
Defects found after release = $5,000
```

图 7-3　软件的不同生命周期阶段检测出缺陷的成本

由于安全关键系统的全生命周期会长达几十年，再考虑到其后的维护、改造和升级费用，传统方式设计的安全关键软件的成本几乎不可控制。有什么技术，能在现代安全关键软件规模急剧增长的前提下，适当降低设计的复杂度，同时又能在开发阶段的前期检测出缺陷，以减少开发成本呢？MBDV 方法就是其中的一个好方法[28]。

7.1.2　MBDV 方法的优势

MBDV 方法，相对于代码，是一种较高层的抽象。MBDV 方法将设计和验证过程提前，降低了设计复杂度。构建即正确（Correct-By-Construction）方法与 MBDV 方法一样，也是尽早地提前验证系统[28]。如果 MBDV 方法背后的模型是真正的形式化的语言，那么将基于模型的构建即正确方法（Correctness by Construction on Formal modeling）与可通过鉴定的认证级代码生成器结合，就可以更好地降低或者隐藏设计的复杂度（模型的复杂度会影响代码的生成和验证活动），提前检测并修正缺陷，并彻底省略手工编码和代码级的单元测试活动。其中，工具生成的代码量是由模型的复杂度决定的。优化模型就可以减少模型对应的代码量。

7.1.3　模型优化的目标和准则

模型优化的目标：
（1）布局格式美观简洁。使得模型可读性强，容易理解。
（2）复杂度的降低。
布局格式的美观简洁可以通过以下 3 个手段来实现：
（1）定义排版布局规则。
（2）采用预定义样式实现。
（3）撰写必要的注释和批注。
复杂度的降低，可以通过以下 3 个方面的效果来衡量：
（1）降低了程序的最坏运行时间。
（2）减少了程序的堆栈占用。
（3）节省了验证活动的成本。
按照 DO-331 标准中 MBDV 的定义，模型是分为规范模型和设计模型两个层次的。规范模型涉及架构层，设计模型涉及实现层。模型的复杂度准则在架构层和实现层是不一样的。不幸的是，由于描述架构的规范模型背后的语言机制千差万别，因此至今都没有公认的、通用的架构层复杂度衡量准则。传统复杂度概念更多的是应用在代码级，由于描述实现层的设计模型最终是用于自动生成代码的，因此设计模型的复杂度准则可以借鉴代码的复杂度指标。

通常认为复杂度的特点是：能够帮助用户预测错误率和维护的工作量；计算的方法简单；与所用的高级程序设计语言类型无关；有利于项目规划，能衡量大部分程序的复杂度等[28]。

（1）McCabe 复杂度指标。

McCabe 复杂度指标关注架构的数据流，它定义程序图有 4 个参数：E 代表边界数量，N 代表节点数，P 代表互相关联的模块数，则复杂度 C 为 $C = E - N + 2P$。

McCabe 复杂度指标的不足是程序图和编程语言之间的映射粒度较难把控。同一程序图映射到不同编程语言后，两个分析工具可能得出完全不同的复杂度结果。

（2）Halstead 复杂度指标。

Halstead 复杂度指标关注编程的工作量。可分析代码或者伪代码。它定义：n1 为独立的操作符数量，n2 为独立的运算符数量，N1 为所有操作符数量，N2 为所有运算符数量。则软件长度 $N = N1 + N2$，软件词汇量 $n = n1 + n2$，软件容量 $V = N * \log n$，开发难度 $D = \dfrac{n1}{2} * \dfrac{N2}{n2}$，

开发工作量 $E = D * V$，开发时间 $T = E / 18$，缺陷数 Bugs：$\dfrac{E ** \dfrac{2}{3}}{3000}$。

Halstead 复杂度指标对于预测程序工作计划和程序的 Bug 非常有用，不足是它太关注代码，而不是软件设计，其中计算时间的常量 18 和计算软件缺陷的常量 3000 需要根据软件具体情况修改。

（3）Zage 复杂度指标。

定义 D_e 为模块外部接口数：
$$D_e = e_1 * (\#inputs * \#outputs) + e_2 * (\#fan\,in * fanout)$$

其中，#inputs 和#outputs 是输入和输出接口数，#fanin 和#fanout 是扇入和扇出数量，e_1 和 e_2 是自定义权重。

定义 D_i 为模块内部接口数：
$$D_i = i_1 * CC + i_2 * DSM + i_3 * I/O$$

其中，i_1、i_2 和 i_3 是自定义权重，CC 是程序调用数量，DSM 是复杂数据类型的引用次数（指针、数组等），I/O 是操作的输入输出数量（读设备、写文件、从网络读数据）。

Zage 复杂度指标的不足是外部接口的评估未考虑架构的数据流（McCabe 考虑了）；内部接口的评估较难映射到编程语言，编程语言可能隐藏了实现细节。

（4）程序元素计数。

某些情况下，编程语言的原数据也是评估软件复杂度的良好参照。可以简单地将程序中出现的运算符和变量等元素作为计数对象，以它们出现的次数作为计数目标（直接测量指标），然后统计出程序容量。诸如函数数量、参数数量等都可以给开发者直观的复杂度概念。

不得不说，由于实现机制和语法语义的差别，单个复杂度指标并不足以分析出程序的所有复杂度情况。推荐的方法是：针对特定项目的情况，选择这些指标的组合，并定制这些指标数据的门限，作为综合评估软件复杂度的准则。

尽管研究和实践表明了，MBDV 方法配合认证级代码生成器确能有效地设计程序、减少

验证的工作量。特别是针对安全关键的系统，MBDV 方法能极大地降低软件研制成本。但是公开的统计数据都是工具开发商基于对产品的充分理解和娴熟的建模技术，并在样例模型上的分析结果。大型项目的复杂度永远是软件成本飙升的最大不可控因素之一。因此，用户应该定制准则来指导开发团队尽可能地降低复杂度，这样既能真正体现 MBDV 的优势，又能节省成本。

《评估和降低复杂度对软件模型的影响》一文中结合上述的复杂度准则定制了特定的工具，专门用于检测 Suite 模型的复杂度[28]，如图 7-4 所示。

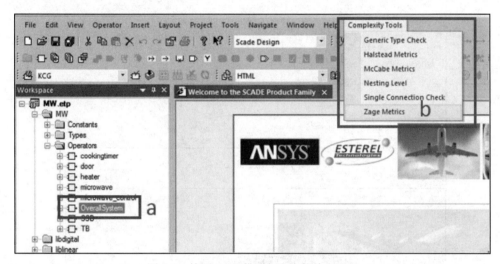

图 7-4　检测 Suite 模型复杂度的特定工具

通过选择菜单 Complexity Tools 的不同指标可以得到对应的分析结果，如图 7-5 所示。

Script Item	Num Input	Num Output	Num FanIn	Num FanOut	D_e value
_L1		1			
TB(_L8)					
_L8	1				
TB	1	1			
TB	1	1	1	0	1
SSB	2	1	1	0	2
Max	2	1	1	0	2
Min	2	1	1	0	2
door	1	1	1	0	1
heater	1	1	1	0	1
cookingtimer	3	1	1	2	5
microwave_control	3	1	1	0	3
microwave	3	2	1	4	10

图 7-5　Complexity Tools 选项卡

而美国 GE 公司在使用 Suite 工具研制航空发动机的 FADEC 时，简单选用了 McCabe 指标来衡量复杂度，约定当 McCabe>20 时就要重构，如图 7-6 和图 7-7 所示。

图 7-6　McCabe 指标

图 7-7　McCabe 指标

7.2　布局格式优化

7.2.1　布局格式的推荐规范

优化模型的布局能提高可读性和可维护性。推荐定义建模规范时专门列出布局优化方面的条款。举例如图 7-8 和图 7-9 所示。

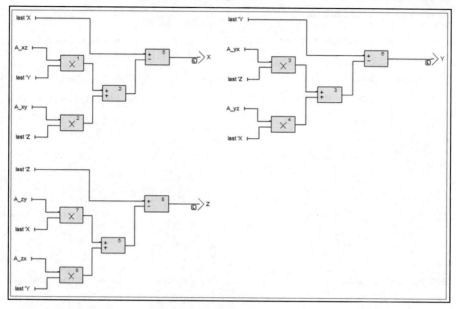

图 7-8　图形建模方式

```
X = last 'X - (A_xz *  last 'Y + A_xy *  last 'Z);
Y = last 'Y - (A_yx *  last 'Z + A_yz *  last 'X);
Z = last 'Z - (A_zy *  last 'X + A_zx *  last 'Y);
```

图 7-9　文本建模方式

（1）明确功能实现。建议设计能清晰表达所实现的功能，如操作符包含计数功能，那么建议调用库操作符 Counter，而不是直接在当前操作符中构建计数器；即使某些子功能不会重用，但只要它很复杂难以理解，就应该构建实现子功能的操作符。

（2）避免凌乱布局。Suite 设计分为图形建模（Diagram）和文本建模（Text Diagram）两种方式，默认方式为图形建模。当操作符的内容无法在一个图形页设计完毕时，建议将操作符内容分到多个图形页（Diagram）中去设计；而当实现图形页的一部分过于复杂或者图形页数量过大时，考虑将内容封装到新操作符中。

（3）对方程组或长步骤公式计算时建议不使用图形建模，而是文本建模。

（4）建议模型中的变量、常量、操作符之间采用左、右、上、下、等距对齐方式。操作符可以设置为等宽，或等高，或宽高相同，如图 7-10 所示。

（5）当引用的标准库或自定义库中的操作符有特定图形设定时，建议将其大小设置为能显示出所有的图形解释，如图 7-11 所示。

（6）建议合理设置输入、操作符和输出之间的横向或纵向间隔。

（7）建议图形建模尽量从画布的左上角开始，便于自动生成报告时的截图。

（8）建议定制所有操作符必须填写的注释和批注如图 7-12 和图 7-13 所示。

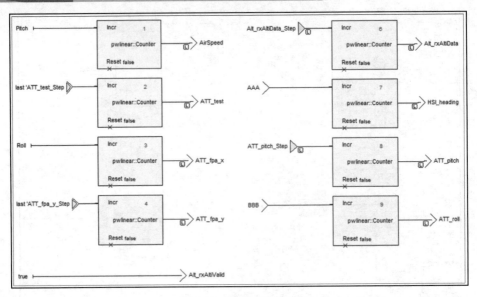

图 7-10　等距对齐模式

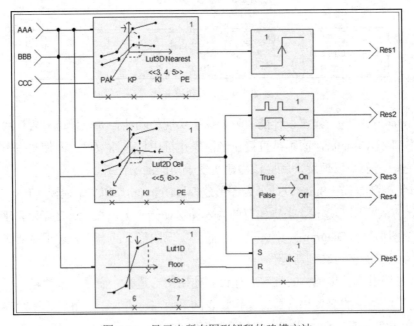

图 7-11　显示出所有图形解释的建模方法

```
-- 标题: 复数乘法
-- 设计者: UESTC
-- 来源: ANSYS
-- 版本号: UESTC_CN_B2_301

-- 功能描述
-- 两个输入A,B和一个输出C都是复数类型
-- 输出C的实部为: re(C) = re(A)*re(B)  -  im(A)*im(B)
-- 输出C的虚部为: im(C) = re(A)*im(B)  +  re(B)*im(A)
C = (make ComplexType)(A.re * B.re - A.im * B.im, A.re * B.im - A.im * B.re);
```

图 7-12　文本方式注释图片

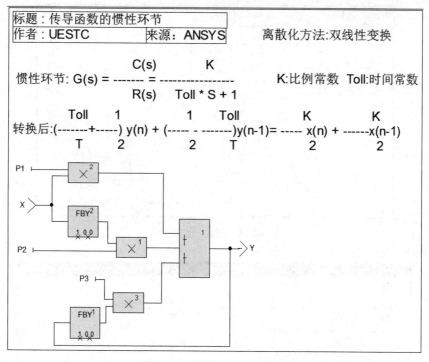

图 7-13　模型方式注释图片

7.2.2　编辑技巧

本节列出 Suite 建模中的编辑技巧，便于用户快速排版等操作。

1. 编辑技巧 1　多对象批量修改同一属性

用 Ctrl 或 Shift 键配合鼠标右键选中一组输入输出等对象，可在属性窗口内批量修改其属性状态，如图 7-14 所示。

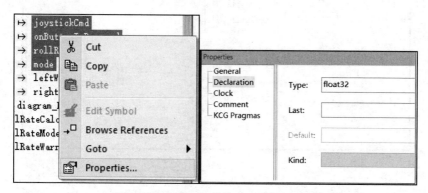

图 7-14　多对象批量修改同一属性方式

2. 编辑技巧 2　反转操作符 Symmetric 设置

输入和操作符接口的位置相反时，可使用 Symmetric 设置，如图 7-15 所示。

选中右侧的条件操作符，在其属性栏 Use 选项卡的 Symmetric 选项前打钩即可将操作符反转，如图 7-16 和图 7-17 所示。

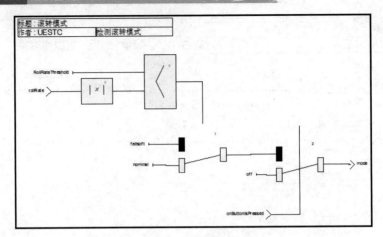

图 7-15 反转操作符一

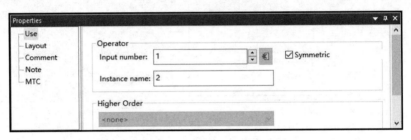

图 7-16 Properties 窗口

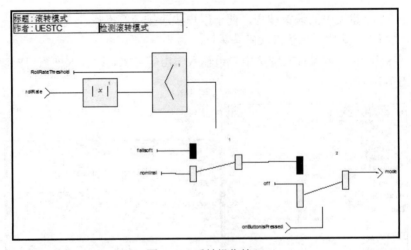

图 7-17 反转操作符二

3. 编辑技巧 3 线段变量命名

在 Suite 模型中所有的连线都是局部变量，在模型仿真时可以观察其数值，在代码生成时通常都被优化掉。可以单独给这些连线命名，显式地定义为局部变量便于快速定位等操作。方法是选中某连线，在属性窗口的 Define 选项卡中勾选 Named Variable Definition 复选项，在 Local Variable 输入框中输入名称，如图 7-18 所示。

重新命名后的内部变量名如图 7-19 所示。

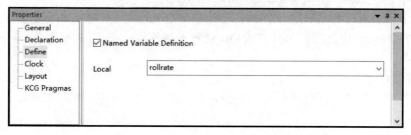

图 7-18　属性窗口

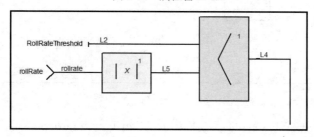

图 7-19　重新命名后的内部变量

4. 编辑技巧 4　对象对齐或者统一尺寸

打开工具条 Layout，通常包括如图 7-20 所示的功能：

- 顶部对齐。
- 中间对齐。
- 底部对齐。
- 左对齐。
- 中心对齐。
- 右对齐。
- 每两个操作符之间等水平间距。
- 每两个操作符之间等竖直间距。
- 两个操作符之间等宽。
- 两个操作符之间等高。
- 两个操作符统一大小。

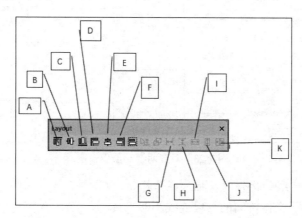

图 7-20　Layout 工具栏

选中两个以上的对象，最后一个选中的对象为对齐基准，再通过 Layout 工具栏中的按钮设定对齐方式。Suite 中连线的对齐方式为，选中一组连线，按 Ctrl+←或 Ctrl+→分别进行左对齐和右对齐。

5. 编辑技巧 5 组对齐

组对齐适用于某组对象整体与另一元素对齐，如图 7-21 所示。

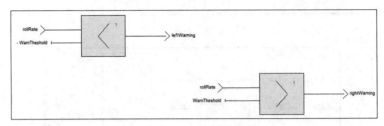

图 7-21 对齐两组对象步骤一

选中一组对象，先按下 Layout 工具栏中的 Align Like a Group 模式，即单击 按钮，再单击 按钮将该组对象锁定，然后单击 按钮，在模型画布中选定待对齐的"锚"，即对齐的参考线，即可自动对齐，如图 7-22 所示。

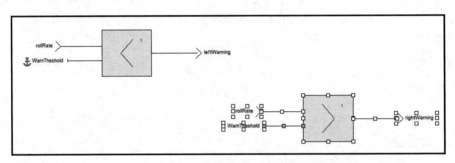

图 7-22 对齐两组对象步骤二

再单击 Layout 工具栏中的"对齐"按钮 将两组对象对齐，如图 7-23 所示。

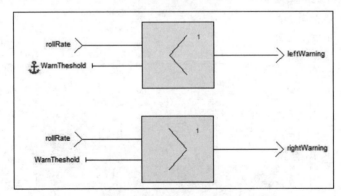

图 7-23 对齐两组对象步骤三

6. 编辑技巧 6 连线的优化以及插入操作符

如图 7-24 所示，两操作符间的一段连线不够平直。

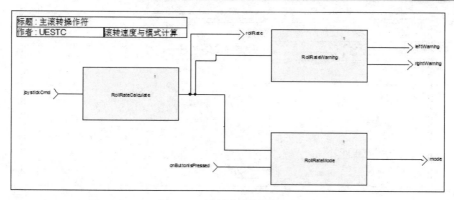

图 7-24　连线优化前效果图

右击连线，在弹出的快捷菜单中选择 Optimize 选项，SCADE 将自动优化这条连线，如图 7-25 所示。

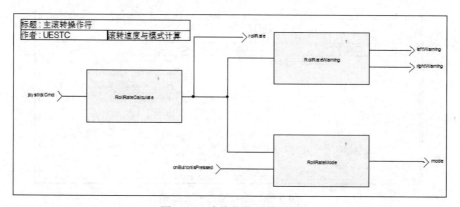

图 7-25　连线优化后效果图

SCADE 同样支持选中多根连线，再通过右键快捷菜单中的 Optimize 选项批量优化。当需要在操作符间的连线上添加操作符时，简单地将操作符拖拽至连线上即可，SCADE 会自动将此操作符模块加入其中，如图 7-26 所示。

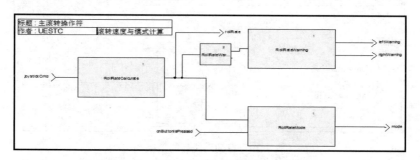

图 7-26　两操作符之间添加操作符效果图

7. 编辑技巧 7　快捷键批量连线

先将连线之外的元素排版完毕。当输入、操作符、输出三者的关系恰是一一对应时，元素全部选中后通过快捷键 Ctrl+Shift+R 批量连线，如图 7-27 所示。

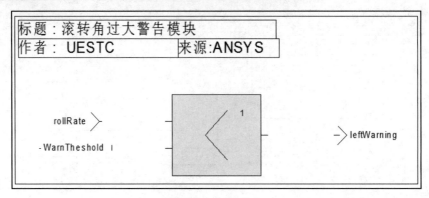

图 7-27　初始状态

本例中可通过快捷键 Ctrl+A 选中所有的对象，或者通过鼠标圈选相关对象，如图 7-28 所示。

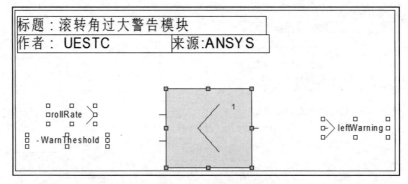

图 7-28　全选操作符效果图

在按住快捷键 Ctrl+Shift 的前提下，再按两次 R 键可自动连线，如图 7-29 所示。

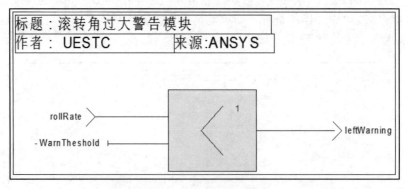

图 7-29　自动连线后的效果图

8. 编辑技巧 8　自动排列连接线

当出现图示中纵横交错的连接线时，可通过排版分离交错的连线，如图 7-30 所示。

选中连线，再单击 Layout 工具栏中的横向按钮<Space Across> 或纵向按钮<Space Down> ，连线分离了，如图 7-31 所示。

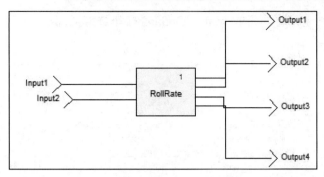

图 7-30　自动排列线前效果图

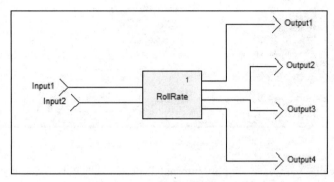

图 7-31　自动排列后效果图

9. 编辑技巧 9　显示画布内的额外信息

Suite 支持显示连线名称、类型、操作符接口等额外信息。临时显示的方法是：右击画布空白区域，在弹出的快捷菜单中选择特定的子对象，如图 7-32 所示。

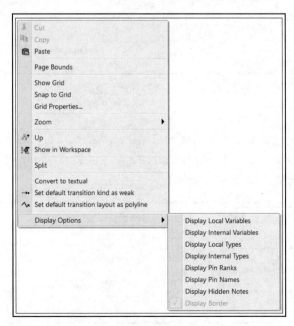

图 7-32　显示额外信息快捷菜单

保持显示的方法是：通过菜单 Tools→Options 打开 Options 对话框，在 Views 选项卡中选择对象，如图 7-33 所示。

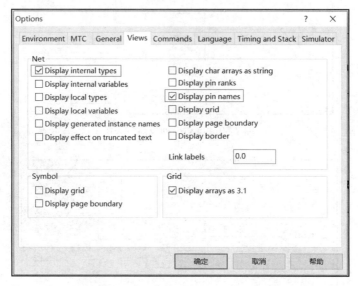

图 7-33　Options 对话框的 Views 选项卡

当选择 Display pin Names 和 Display internal Types 选项时如图 7-34 所示。

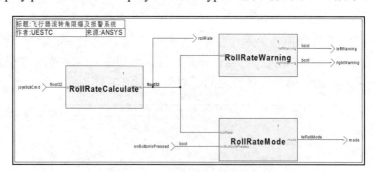

图 7-34　显示额外信息的结果

10. 编辑技巧 10　自动打包

自动打包功能用于将画布内选中的部分自动生成新的操作符，以便重用。以 RollRate 包中的 RollRate 操作符为例，选中 RollRateCalucate 和 RollRateWarning 操作符，然后右击并选择 Pack→in Operator 选项，如图 7-35 所示。

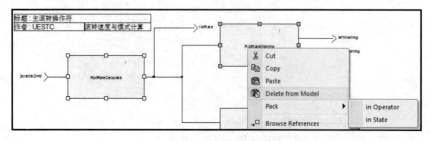

图 7-35　自动打包操作

打包以后，操作符就会自动生成在新的操作符中，如图 7-36 所示。

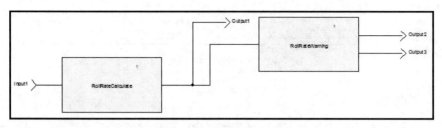

图 7-36　自动打包结果

11. 编辑技巧 11　更改预定义操作符

选中新的预定义操作符后直接单击原先的预定义操作符即可完成替换，如图 7-37 所示为直接将乘法操作符放置在加法操作符上。

图 7-37　更换操作符效果图

12. 编辑技巧 12　设置字符数组为字符串

SCADE 的字符类型默认显示为分离的字符数组，如图 7-38 所示。

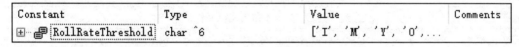

Constant	Type	Value	Comments
⊞ 🖳 RollRateThreshold	char ^6	['I', 'M', 'Y', 'O',...	

图 7-38　字符数组

通过菜单 Tools→Options 打开 Options 对话框，在 Views 选项卡中勾选 Display char arrays as string 复选项，如图 7-39 所示。

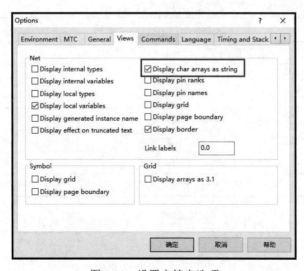

图 7-39　设置字符串选项

其中红框中勾上显示方式为字符串，不勾上为字符数组，如图 7-40 所示。

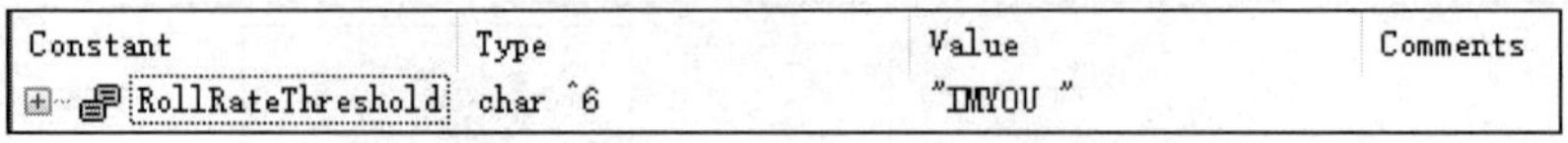

Constant	Type	Value	Comments
⊞ 🔲 RollRateThreshold	char ^6	"IMYOU "	

图 7-40　字符数组显示为字符串

7.2.3　自定义样式

Suite 支持用户使用定制的、统一的样式进行排版编辑模型的布局格式。Suite 内置 11 种基本样式（Styles），用户可以在此基础上定制，如表 7-1 所示。

表 7-1　Suite 中内置的排版编辑样式

样式名称	作用
Action	设定 If 和 When 块符号中行为的线型和颜色属性
Activation Block	设定状态机、If 和 When 块符号的字体和线型属性
Assertion	设定 assume 和 guarantee 符号的字体和线型属性
Branch	设定 If 和 When 条件分支的字体、线型和填充色属性
Edge	设定数据流元素间连线的字体和线型属性
Operator	设定自定义操作符符号的字体、线型和填充色属性
Predefined Operator	设定预定义操作符符号的字体、线型和填充色属性
Signal	设定 Signal 符号的字体、线型和颜色属性
State	设定状态机符号的字体和填充色属性
Transition	设定状态机符号中迁移线和行为的字体、线型属性
Variable	设定 I/O、探针、局部变量、表达式的字体、线型和颜色属性

每个基本样式（Styles）又含有 7 种子类型（Style Kind），如表 7-2 所示。

表 7-2　基本样式（Styles）的子类型

子类型名称	作用
Entity	定义基本操作符的线型、元素名称和颜色等样式
Instance name	定义实例名称的样式
Assign	定义隐含参数的样式
PinRank	定义被调用操作符参数的样式
Priority	定义状态机中迁移线优先级的样式
Action	定义状态机中迁移线行为语句的样式
Activation	定义高阶运算、If、When 激活块等对象的线型、元素名称和颜色样式

下面通过示例来展示如何定制一个样式，用户可以通过菜单 Edit→Styles 打开样式编辑对话框，如图 7-41 所示。

单击 New 按钮，弹出如图 7-42 所示的对话框。为定义显示蓝色操作符的样式，修改名称为 UESTC_BlueOperator，基于 Operator 内置样式。

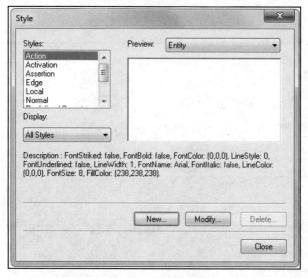

图 7-41　Style 对话框

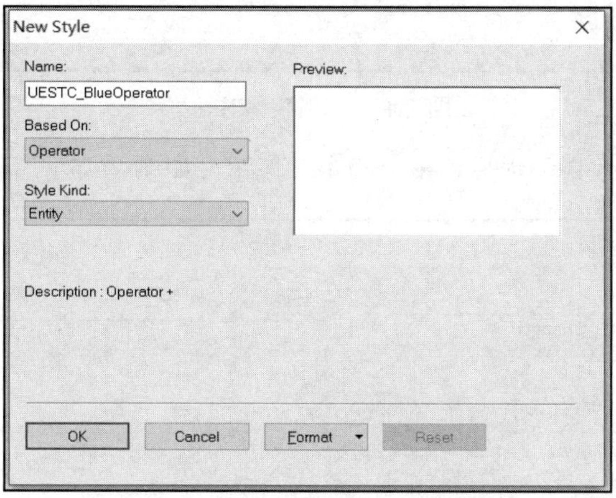

图 7-42　New Style 对话框

修改其线宽为 3，填充色为蓝色，如图 7-43 所示。

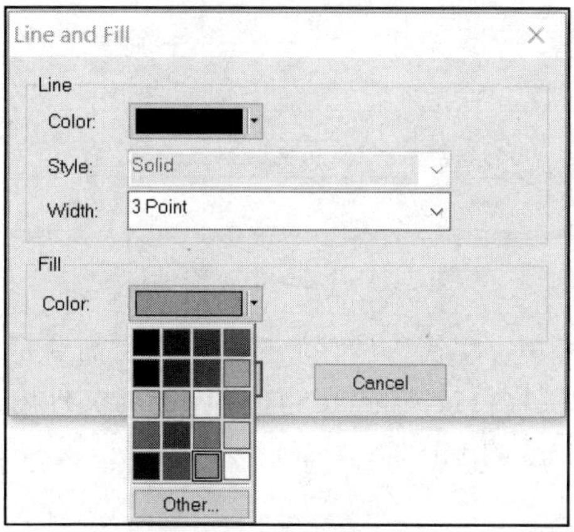

图 7-43　填充颜色对话框

修改字体为 Arial、粗体、褐紫红色，如图 7-44 所示。

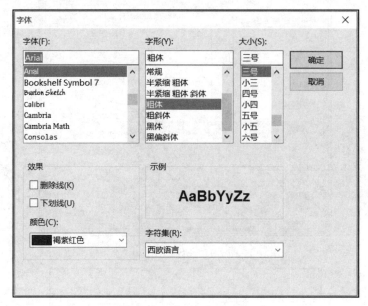

图 7-44　修改字体对话框

确认右侧示例样式效果无误后单击"确定"按钮，如图 7-45 所示。

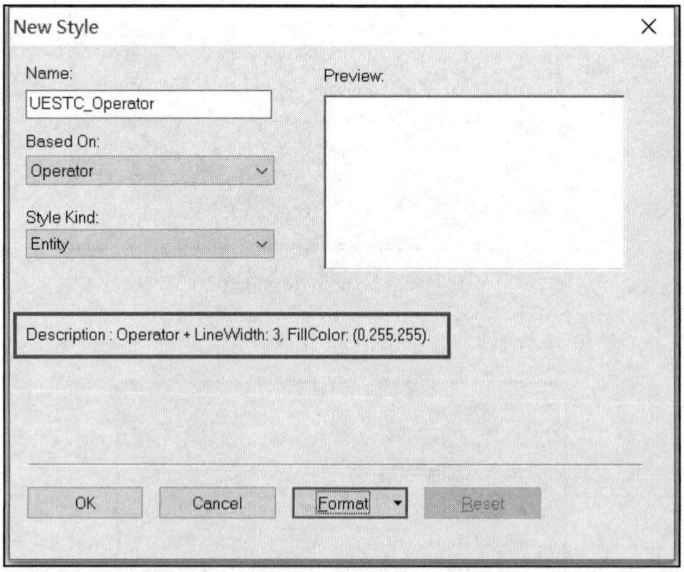

图 7-45　New Style 对话框

回到 Suite 的集成开发环境，单击"保存"按钮，提示需要将自定义样式保存到特定文件内。本例中将该样式保存到工程目录下的 UESTC_Style.tot 文件内。然后在其中新增其他一些自定义样式。可通过双击 Suite 的 FileView 选项卡中的 UESTC_Sytle.tot 文件来观察所有自定义的样式，如图 7-46 所示。

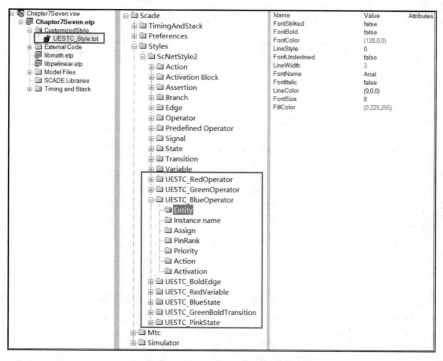

图 7-46 自定义样式界面

可通过工具条 Style 或者属性窗口的 Layout 选项卡来设置选中的操作符、状态机、连线、迁移线等对象相应的自定义样式，如图 7-47 所示。

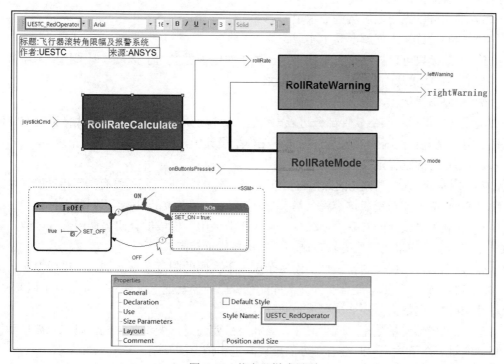

图 7-47 状态及样式界面

可通过工具条 Style 直接修改自定义样式，如图 7-48 所示。

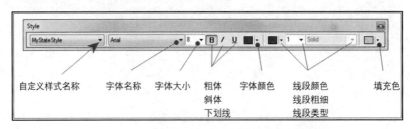

图 7-48　Style 工具条

7.3　模型优化

7.3.1　模型优化的内容和要点

模型优化中布局格式的调整只是治标，复杂度的降低才是治本。只有模型本身的优化才能真正地降低软件的最坏运行时间，减少软件的堆栈占用，节省验证活动的成本。

优化模型的工作如何开始呢？自顶向下的优化设计是较合理的方法。优化软件的系统架构有助于更好地优化模型，优化模型有助于更好地提升代码的运行性能，降低验证成本。所以推荐优化从架构模型开始。在架构层主要优化工作包括：

（1）多个模块的合理划分。

（2）模块间接口的清晰定义。

（3）架构可以方便地追溯到需求项。

（4）架构设计易于理解、易于实现、易于验证。

（5）大的模块可以被细化为子模块，子模块间包含更多的子接口，但子模块无需考虑具体实现细节，具体实现由 SCADE 等工具完成。

（6）反复迭代优化，确立最优架构。

架构设计完毕后，其中软件部分可以由 SCADE 模型实现。SCADE 形式化语言的特性自动保证了可以精确且清晰地实现架构定义。在模型设计中，建议考虑如下几个要点：

（1）为特定的运算定义特定的数据结构。

（2）不排斥导入手工编码的操作符。SCADE 语言生成的代码是没有基于指针的算术运算的，所以 SCADE 不支持链表这类完全基于指针的运算。特定情况下推荐操作符导入手工编码。

（3）控制模块设计的复杂度，减少子操作符的调用。生成的代码每调用一次函数，就有函数传参的开销。如果上层恰有较多循环，则传参代价较高。

（4）控制圈复杂度。通常模型的圈复杂度大于代码的圈复杂度。例如，If 或 When 块的分支输出内容一致的，尽可能合并分支条件；减少循环嵌套层次，如果有 4 层以上嵌套循环，每层循环 10 次，则最大循环次数可达 1000 次。

（5）控制局部变量数量。减少匿名元素和不必要的局部变量。生成代码中未被自动优化掉的局部变量，在函数调用时会有额外的堆栈产生和销毁的开销。

（6）结合 TSO/TSV 工具的运行结果分析优化效果。着重检查优化前后代码中的大数组或结构体复制语句（kcg_copy）是否减少。不过 TSO/TSV 仅作定性分析，其中运行周期值在数量级上的减少较有意义。实际最坏运行时间和堆栈需要在目标机上测试。

（7）KCG 不检查重复的模块。需要定期评审检查归并重复项，形成基础库。

（8）制定基于 Suite 模型的优化相关的建模规范。

7.3.2　模型优化示例

本节展示几个通用的模型优化案例供用户借鉴。

1. 根据需求精确定义类型

（1）多用别名。例如：

● 增加对浮点数 float32 的别名，用于描述速度、距离等概念：

Speed float32

Distance float32

● 增加对浮点数 float32 的别名，用于描述货币的概念：

Currency float32

Dollar Currency

RMB Currency

使用别名的好处是，快速直观，易于理解，可重用，确保了验证一致性。

（2）结构体应该只包含相互关联的信息，没有无关的元素。

2. 整型代替浮点型的运算

（1）整型数值的运算比浮点数值快。

（2）位数短且确定的浮点数运算可用整数替代运算。

例如燃油容量为 2.05 升。

浮点数表示：Float32 FuelVolumn = 2.05。

整型数表示：Int32 FuelVolumn = 2050。

3. 减少数据类型转换

尽管 KCG 6.5 以上版本 SCADE 支持所有整型数据类型，但仍推荐尽量使用统一的整型数据类型。现代嵌入式操作系统的内存空间较大，不需要专门定义短整型数据类型。因为短整型仍然会使用完整的寄存器，且需要被填充为长整型，存储回内存时将再次转换为短整型。

而整数和浮点数指令通常操作不同的寄存器，转换时需要进行复制操作。

4. 使用布尔逻辑的直接运算

不必要的分支运算会打断处理器的流水线。推荐尽可能用"与或非"布尔逻辑直接进行如图 7-49 所示的运算。

5. 约束操作符的参数个数和大小

操作符会被代码生成器转换为函数，其参数有传参的开销，所以：

（1）尽量减少操作符的参数个数。

（2）尽量减小操作符的参数大小，特别是结构体、数组等类型。

6. 只传递需要传递的参数

精确定义结构体类型后，在使用时：

（1）只传递需要传递的参数，如图 7-50 所示。

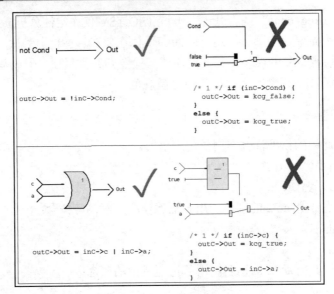

图 7-49　优化对比图

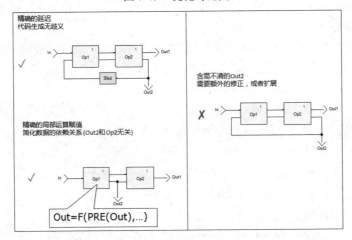

图 7-50　只传递需要传递的参数示例

（2）多余的数据结构在传递参数时会生成额外的局部变量，如图 7-51 所示。

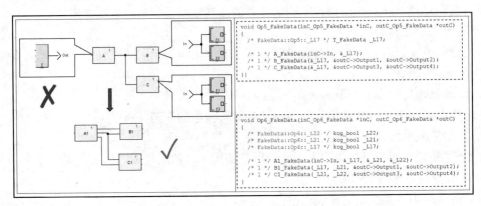

图 7-51　数据结构传递参数示例

（3）不滥用迭代器操作符，避免产生额外的拆包组包的局部变量。示例如图 7-52 和图 7-53 所示。

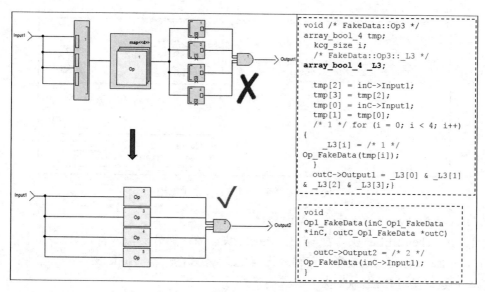

图 7-52　示例一对比结果示意图

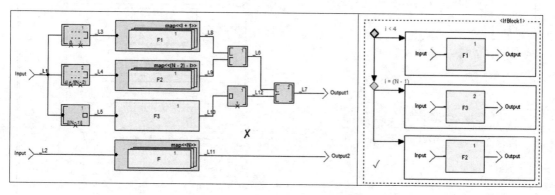

图 7-53　示例二对比结果示意图

7.　避免使用匿名元素

（1）推荐预先显式地定义好常量、类型。

（2）匿名元素生成局部变量有额外的产生和销毁的开销，如图 7-54 所示。

8.　使用多态技术设计可重用的操作符

（1）类型的泛化：'T。

（2）可变的数组大小：N。

（3）操作符功能的多态：特化操作。

可参考 4.5 节多态建模方法。

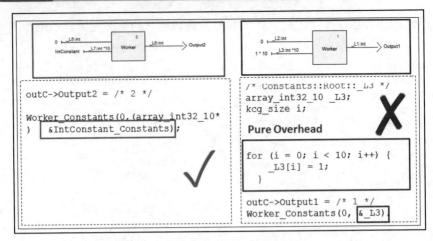

图 7-54　避免使用匿名元素示意图

9.　注意可激活块与复杂数据类型的输出

（1）If…Then…Else 操作符与 If…Block 块。当模型分支输入都比较简单时建议使用 If…Then…Else 操作符；当模型分支输入比较复杂（例如输入是 Node 操作符或输入含有大数据运算）时建议使用 If…Block 块，如图 7-55 所示。

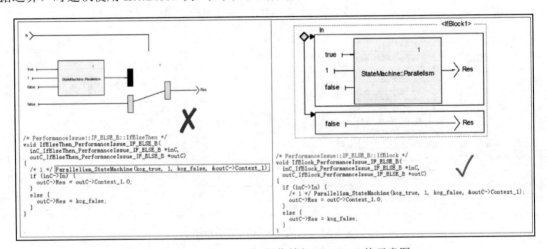

图 7-55　If…Then…Else 操作符与 If…Block 块示意图

（2）Case 操作符与 When…Block 块。当模型分支的输入都比较简单时建议使用 Case 操作符；当模型分支的输入比较复杂（例如输入是 Node 操作符或输入含有大数据运算）时建议使用 When…Block 块，如图 7-56 所示。

10.　动态扩展操作符的输出尽量拆分到底

使用动态扩展 Dynamic Project 操作符拆解结构体时，尽量拆到最小元素；否则，拆解到的中间结构体层级会产生额外的复制开销，如图 7-57 所示。

11.　少用、慎用 Assign 操作符

（1）Assign 操作符作用于结构体元素时通常会复制整个结构体。

（2）当需要修改结构体的所有元素时使用 make 操作符。

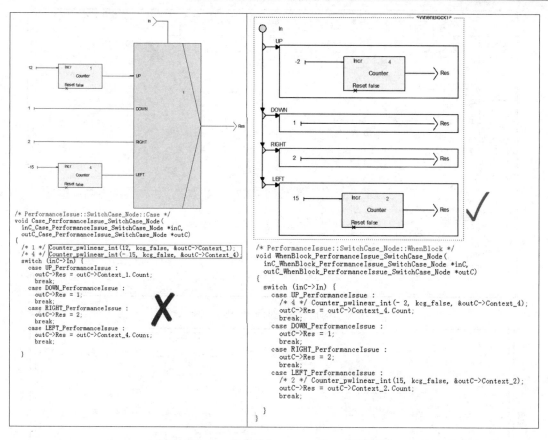

图 7-56　Case 操作符与 When..Block 块示意图

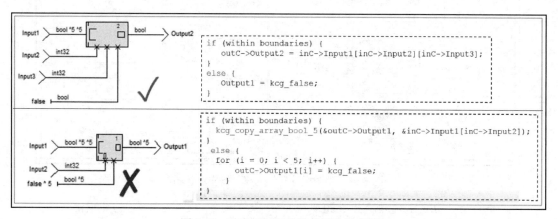

图 7-57　动态扩展操作符的拆分示意图

（3）巧用分支语句可简化 Assign 操作符代码的复制操作，如图 7-58 所示。

12. 整数乘除转换为移位操作

通常大部分 C 语言的编译器中，做 2 的 n 次方整型数值的乘或除算术运算时使用移位的方法比使用乘除的方法执行效率更高。如果乘或除的整型值不是 2 的 n 次方，也可以通过分解或拼接凑成 2 的 n 次方整型数值来计算，如图 7-59 所示。

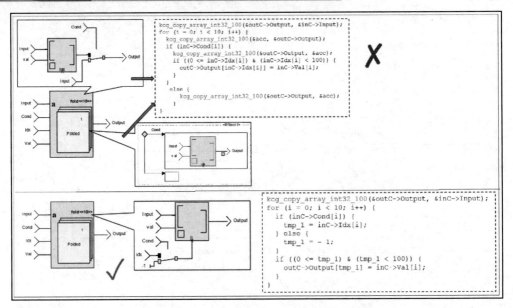

图 7-58　Assign 操作符的两种使用方法示例

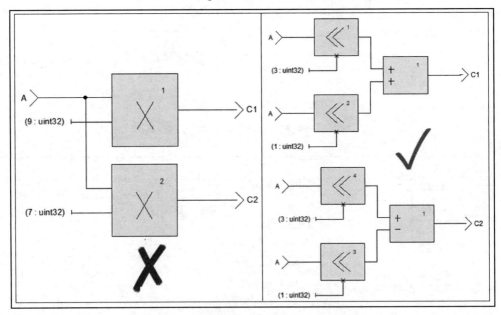

图 7-59　整数乘除转换为移位操作示意图

13. 查表法：分支赋值转换为数组取值

分支过多会打断处理器的流水线。通过预定义数组并以索引偏移获取数值如图 7-60 所示。

14. Fold 系列迭代用 mapfold 系列迭代替换

（1）当 Fold 系列循环的迭代子是结构体时，每次循环都有结构体复制。

（2）Mapfold 系列循环没有数组输出时，就退化为 fold 系列循环。KCG 6.5 版本以上的 mapfold 有多迭代子的功能，可以将原 fold 的结构体迭代子分解为基本元素的多迭代子，以减少数据复制的开销，如图 7-61 所示。

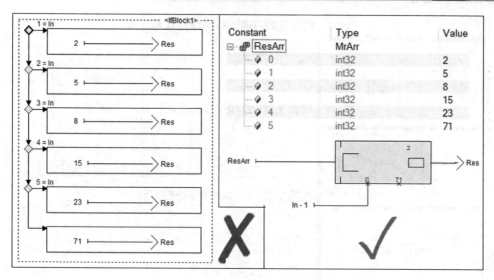

图 7-60　查表法示意图

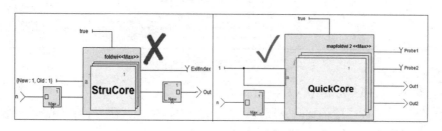

图 7-61　迭代器比较图

15．分支操作的设计

（1）将最经常出现的分支条件置顶、置前。

（2）多个分支条件相"与"时，将最容易 false 的条件置前。

（3）运算结果一致的分支应该合并。推荐将多个分支条件专门"或"好后传递给某局部变量，再将该局部变量放到分支条件上。

16．合理使用外部引用变量（Sensor）

外部引用变量是只读的，可极大地减小传参的开销。不过有弊有利。

（1）弊：降低架构的可读性，外部引用变量的初始化需要用户额外验证，确保运算中不被修改。

（2）利：随处可用，接口简化，性能提升。

17．生成代码选项：扩展（Expand）

（1）利：取消函数调用时传参的开销，特别是参数为大数据的复制。

（2）弊：父操作符的代码复杂度提升，增加 MTC 验证分析的难度。

（3）绝不要无限制地扩展操作符。

（4）仅扩展结构简单的 Function 型操作符。

（5）确保每个操作符生成的函数的代码行少于建模规范定义的大小。例如 F35 项目的编码规范定义：函数内的代码行应该小于 200 行[30]。操作符设置扩展属性的效果如图 7-62 所示。

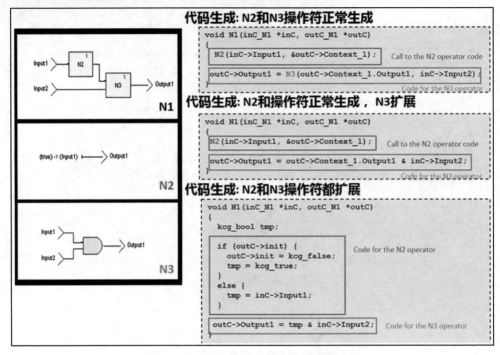

图 7-62　操作符设置扩展属性的效果图

18. 生成代码选项：分离 I/O（Separate I/O）

当同一结构体参数层层传递时，通过设置分离 I/O，生成代码支持直接修改原输入数据，不额外复制后再修改，如图 7-63 和图 7-64 所示。

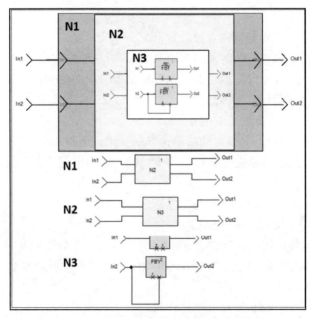

图 7-63　结构体层次图

无 Separate I/O 选项

```
/* Root */
void Root(inC_Root *inC, outC_Root *outC)
{
    /* 1 */ N1(inC->In1, &inC->In2, &outC-
>Context_1);
    outC->Out1 = outC->Context_1.Out1;
    kcg_copy_Stru(&outC->Out2, &outC-
>Context_1.Out2);
}
/* N1 */
void N1(/* N1::In1 */ kcg_int32 In1, /* N1::In2
*/ Stru *In2, outC_N1 *outC)
{
    /* 1 */ N2(In1, In2, &outC->Context_1);
    outC->Out1 = outC->Context_1.Out1;
    kcg_copy_Stru(&outC->Out2, &outC-
>Context_1.Out2);
}
/* N2 */
void N2(/* N2::In1 */ kcg_int32 In1, /* N2::In2
*/ Stru *In2, outC_N2 *outC)
{
    /* 1 */ N3(In1, In2, &outC->Context_1);
    outC->Out1 = outC->Context_1.Out1;
    kcg_copy_Stru(&outC->Out2, &outC-
>Context_1.Out2);
}
```
✗

含 Separate I/O 选项

```
/* Root */
void Root(/* Root::In1 */ kcg_int32 In1,/*
Root::In2 */ Stru *In2, /*Root::Out1 */ kcg_int32
*Out1,/* Root::Out2 */ Stru *Out2,
outC_Root *outC)
{
/* 1 */ N1(In1, In2, Out1, Out2, &outC-
>Context_1);
}

/* N1 */
void N1(/* N1::In1 */ kcg_int32 In1,/* N1::In2 */
Stru *In2,/* N1::Out1 */ kcg_int32 *Out1, /*
N1::Out2 */ Stru *Out2, outC_N1 *outC)
{
    /* 1 */ N2(In1, In2, Out1, Out2, &outC-
>Context_1);
}

/* N2 */
void N2(/* N2::In1 */ kcg_int32 In1,/* N2::In2 */
Stru *In2,/* N2::Out1 */ kcg_int32 *Out1,/*
N2::Out2 */ Stru *Out2, outC_N2 *outC)
{
    /* 1 */ N3(In1, In2, Out1, Out2, &outC-
>Context_1);
}
```
✓

无 Separate I/O 选项

```
/* N3 */
void N3(/* N3::In1 */ kcg_int32 In1, /* N3::In2
*/ Stru *In2, outC_N3 *outC)
{
    kcg_size i;

    /* 1 */ if (outC->init) {
        kcg_copy_Stru(&outC->Out2, In2);
        /* 1 */ for (i = 0; i < 2; i++) {
            outC->fby_Out1.items[i] = 1;
        }
        outC->fby_Out1.idx = 0;
    }
    else {
        kcg_copy_Stru(&outC->Out2, &outC->rem_In2);
    }
    outC->Out1 = outC->fby_Out1.items[outC-
>fby_Out1.idx];
    outC->fby_Out1.items[outC->fby_Out1.idx] =
In1;
    outC->fby_Out1.idx = (outC->fby_Out1.idx + 1)
% 2;
    kcg_copy_Stru(&outC->rem_In2, In2);
    outC->init = kcg_false;
}
```
✗

含 Separate I/O 选项

```
/* N3 */
void N3(/* N3::In1 */ kcg_int32 In1,/* N3::In2 */
Stru *In2,/* N3::Out1 */ kcg_int32 *Out1,
    /* N3::Out2 */ Stru *Out2, outC_N3 *outC)
{
    kcg_size i;

    /* 1 */ if (outC->init) {
        kcg_copy_Stru(Out2, In2);
        /* 1 */ for (i = 0; i < 2; i++) {
            outC->fby_Out1.items[i] = 1;
        }
        outC->fby_Out1.idx = 0;
    }
    else {
        kcg_copy_Stru(Out2, &outC->rem_In2);
    }
    *Out1 = outC->fby_Out1.items[outC-
>fby_Out1.idx];
    outC->fby_Out1.items[outC->fby_Out1.idx] = In1;
    outC->fby_Out1.idx = (outC->fby_Out1.idx + 1) %
2;
    kcg_copy_Stru(&outC->rem_In2, In2);
    outC->init = kcg_false;
}
```
✓

含 Separate I/O 及 N1,N2,N3 扩展选项

```
/* Root */
void Root(
    /* Root::In1 */ kcg_int32 In1,
    /* Root::In2 */ Stru *In2,
    /* Root::Out1 */ kcg_int32 *Out1,
    /* Root::Out2 */ Stru *Out2,
    outC_Root *outC)
{
    kcg_size i;

    /* 1_1_1_1 */ if (outC->init) {
        /* 1_1_1_1 */ for (i = 0; i < 2; i++) {
            outC->fby_Out1.items[i] = 1;
        }
        outC->fby_Out1.idx = 0;
    }
    *Out1 = outC->fby_Out1.items[outC->fby_Out1.idx];
    outC->fby_Out1.items[outC->fby_Out1.idx] = In1;
    outC->fby_Out1.idx = (outC->fby_Out1.idx + 1) % 2;
    /* 1_1_1_fby_1_init_2 */ if (outC->init) {
        kcg_copy_Stru(Out2, In2);
    }
    else {
        kcg_copy_Stru(Out2, &outC->rem_In2);
    }
    kcg_copy_Stru(&outC->rem_In2, In2);
    outC->init = kcg_false;
}
```
✓ 　**最佳的代码**

图 7-64　分离 I/O 前后 C 代码内容对比

19. 生成代码选项：局部变量转为静态（Local variables as static）

局部变量作为静态变量仅创建一次，堆栈开销减少，如图 7-65 所示。

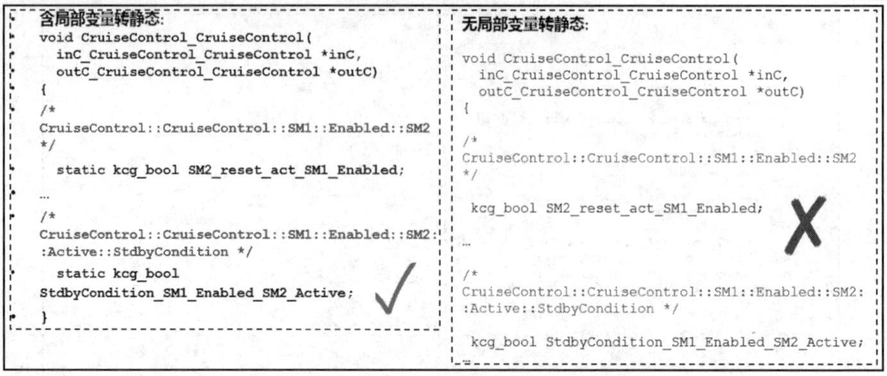

图 7-65 局部变量转为静态前后 C 代码对比

以上介绍的是 Suite 模型优化的一般方法，这些方法最终都要结合硬件平台的实际运行效果来取舍。值得一提的是，在实际项目中不可能对所有模型都一一精心优化，需要专门的工具帮助开发人员快速准确地定位待重点优化的模型。下一节就来介绍这样的性能分析工具。

7.4 最坏运行时间与堆栈分析

软件工程内的 20－80 原则指出 20% 的模块消耗 80% 的运行时间或者占用 80% 的堆栈。在软件开发过程中，需要尽早地定位出这些性能的瓶颈进行优化。然而，早期嵌入式软件的性能分析只有在操作系统和处理器都确定的情况下，在真实目标机上运行才能得出。近年来，业内推出了不少可直接在 PC 上运行的性能分析软件，SCADE 产品中嵌入的 AbsInt 公司的产品就是其中应用比较广泛的软件之一。

AbsInt 公司由德国萨尔州大学（Saarland University）的 Reinhard Wilhelm 教授领衔的编程语言和编译器构建 6 人小组于 1998 年 2 月创建。SCADE 嵌入了 AbsInt 公司的 aiT WCET 和 StackAnalyzer 两个工具，并在此基础上定制形成了 SCADE Suite TSO/TSV（Timing and Stack Optimizer/Verifier）两款工具，使得用户可基于 Suite 模型直接进行性能分析。aiT WCET 和 StackAnalyzer 两款工具的详细介绍可参考安装目录下 AbsInt 公司的手册，本节介绍其在 SCADE 产品下的使用方法。

7.4.1 TSO 介绍

SCADE Suite TSO 是一个轻量级的静态分析工具，无需编写精确的目标机信息和测试用例，即可得出最坏运行时间和堆栈的使用情况。其工作流如图 7-66 所示，Suite 模型由认证级代码生成器输出 C 代码，并通过选定的交叉编译器配置项生成可执行目标码，再加上其他一些辅助信息，经由 AbsInt 分析引擎运算后返回模型级的性能分析报告。

TSO 静态分析不考虑中断、抢占、DMA、软硬件异常等情况，所以评估得出的安全最坏运行时间和实测结果有差异，只作为定性的参照比较好，如图 7-67 所示。

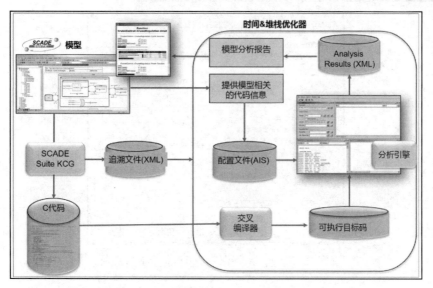

图 7-66 静态分析工作流程图

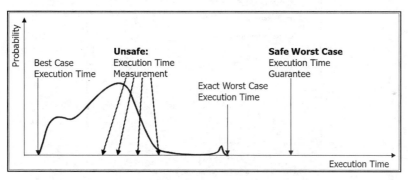

图 7-67 TSO 评估出的安全最坏运行时间图

7.4.2 TSO 使用方法

确保模型设计完毕且检查无误。将 Code Generator 工具条设置为 Timing and Stack，如图 7-68 所示。

图 7-68 Code Generator 工具条

单击 Code Generator 工具条左侧的 Settings 按钮，在弹出的对话框内切换至 Code Integration 选项卡，确保 Target 项为 Timing and Stack Optimizer，如图 7-69 所示。

切换至 Timing and Stack Analysis Tools 选项卡，选择需要的配置信息。

Generate loop bounds annotations 指在 AIS 约束文件中包含循环边界注释；Generate types copy functions 指对复杂类型忽略 macro_kcg_assign 宏，采用 field by field 复制函数，如图 7-70 所示。

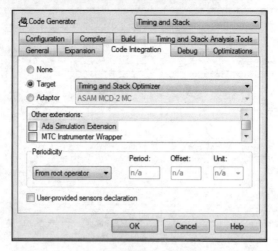

图 7-69　Settings 对话框的 Code Integration 选项卡

图 7-70　Timing and Stack Analysis Tools 选项卡

配置信息设置完毕后关闭对话框。选中 Suite 中待分析的操作符，单击 Rebuild 按钮，如图 7-71 所示。

图 7-71　Code Generation 工具条

编译无误的情况下，输出窗口内会显示专门的 Timing and Stack 正常输出信息，如图 7-72 所示。

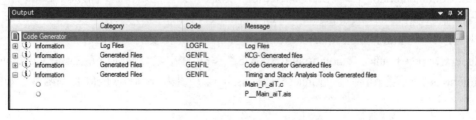

图 7-72　Timing and Stack 正常输出信息

在 Timing and Stack Analysis Tools 工具条中单击"最坏运行时间分析"按钮，如图 7-73 所示。

图 7-73　Timing and Stack Analysis Tools 工具条

AbsInt 工具会自动运行起来，根据配置分析选中的操作符，如图 7-74 所示。

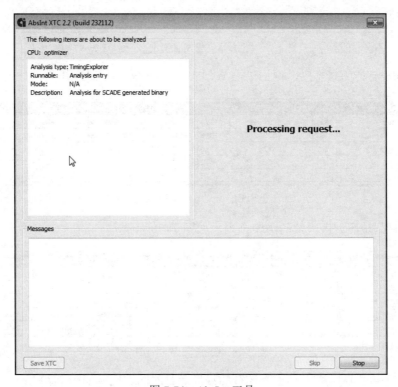

图 7-74　AbsInt 工具

分析完毕后将自动生成报告，如图 7-75 所示。

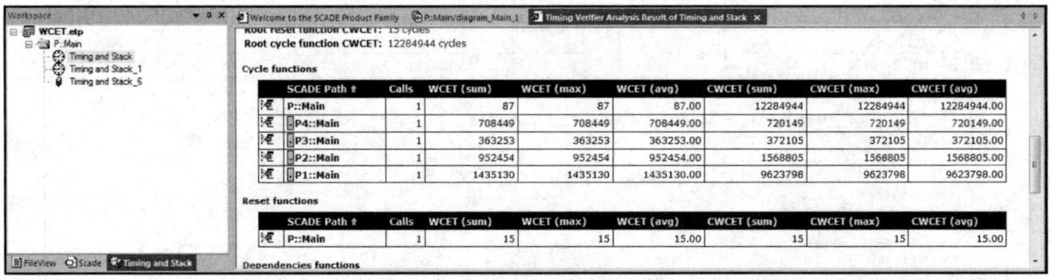

图 7-75　AbsInt 工具生成报告

标题栏缩写中的 WCET 即为 Worst-Case Execution Time 的缩写，前缀 C 为 Cumulative 的缩写。标题栏分为不含子操作符的累计 WCET、最大 WCET、平均 WCET，含有子操作符的累计 CWCET、最大 CWCET、平均 CWCET，操作符本身堆栈占用 Stack、含父操作符的堆栈占用 CStack，如图 7-76 所示。

Abbreviations

Acronym	Definition
WCET (sum)	WCET contribution of the function without descendants, i.e. sum of the function WCETs computed for each context
WCET (max)	WCET of the function without descendants, i.e. max of the function WCETs computed for each context
WCET (avg)	WCET average of the function without descendants, i.e. average of the function WCETs computed for each context
CWCET (sum)	Cumulative WCET contribution of the function with descendants
CWCET (max)	Cumulative WCET of the function with descendants
CWCET (avg)	Cumulative WCET average of the function with descendants
Stack	Stack usage of the function
CStack	Cumulative Stack usage of the function with its parents

图 7-76 缩略词含义

其中的列表支持简单排序，例如单击 WCET（sum）列实现降序排列，如图 7-77 所示。

SCADE Path	Calls	WCET (sum) ⇑	WCET (max)	WCET (avg)	CWCET (sum)	CWCET (max)	CWCET (avg)
P1::Add	1111	2070739	1879	1863.85	53984810	48984	48591.19
- P1::ForeachCmd	11	569943	51813	51813.00	106921221	9720141	9720111.00
Lib::IsEmpty	1122	347743	310	309.93	347743	310	309.93
- P1::Main	1	5642	5642	5642.00	107062223	107062223	107062223.00
P1::Test	1	423	423	423.00	107062646	107062646	107062646.00

图 7-77 WCET（sum）降序排列图

单击 Calls 列按照调用次数的降序排列，如图 7-78 所示。

SCADE Path	Calls ⇑	WCET (sum)	WCET (max)	WCET (avg)	CWCET (sum)	CWCET (max)	CWCET (avg)
Lib::IsEmpty	1122	347743	310	309.93	347743	310	309.93
P1::Add	1111	2070739	1879	1863.85	53984810	48984	48591.19
- P1::ForeachCmd	11	569943	51813	51813.00	106921221	9720141	9720111.00
P1::Test	1	423	423	423.00	107062646	107062646	107062646.00
- P1::Main	1	5642	5642	5642.00	107062223	107062223	107062223.00

图 7-78 Calls 降序排列图

支持选中某操作符，查看其子操作符的最坏运行时间占比，如图 7-79 所示。

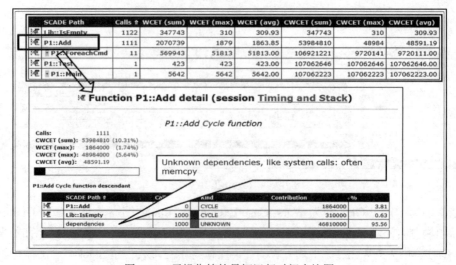

图 7-79 子操作符的最坏运行时间占比图

支持选中定位按钮，从报告直接跳转到模型，如图 7-80 所示。

	SCADE Path	Calls ⇕	WCET (sum)	WCET (max)	WCET (avg)	CWCET (sum)	CWCET (max)	CWCET (avg)
	Lib::IsEmpty	1122	347743	310	309.93	347743	310	309.93
	P1::Add	1111	2070739	1879	1863.85	53984810	48984	48591.19
	P1::ForeachCmd	11	569943	51813	51813.00	106921221	9720141	9720111.00
	P1::Test	1	423	423	423.00	107062646	107062646	107062646.00
	P1::Main	1	5642	5642	5642.00	107062223	107062223	107062223.00

图 7-80　报告直接跳转到模型的示意图

在 Timing and Stack Analysis Tools 工具条中单击"堆栈分析"按钮，如图 7-81 所示。

图 7-81　Timing and Stack Analysis Tools 工具条

AbsInt 分析完毕后生成操作符的堆栈使用报告，如图 7-82 所示。

	SCADE Path ⇕	Stack	CStack
	P1::Test	24	40
	P1::Main	848	888
	P1::ForeachCmd	448	1336
	P1::Add	48	1384
	Lib::IsEmpty	40	1424

图 7-82　堆栈使用报告

SCADE 支持将同一组操作符的不同分析结果进行比对，查看优化前后的效果。使用方法是，右击选中两个最坏运行时间分析结果，在弹出的快捷菜单中选择 Compare Sessions 选项，如图 7-83 所示。

图 7-83　Workspace 界面

TSO 工具会自动排列两组操作符的信息得出优化百分比，如图 7-84 所示。

Sessions Comparison Between Timing and Stack(ref) and Timing and Stack_1(vs)

Keep probes:	false	/ false
Debug:	false	/ false
Significant length:	31	/ 31
Name length:	200	/ 200
Macro on assert:	false	/ false
Optimization level:	2	/ 1
Root inputs and outputs as global variables:	false	/ false
Not expanded nodes:	P3::Main, P4::Main, P2::Main, P1::Main	/ P3::Main, P4::Main, P2::Main, P1::Main
Root cycle function CWCET:	12284944 cycles	/ 11211388 cycles
Root reset function CWCET:	15 cycles	/ 15 cycles

Cycle functions

SCADE Path	Calls				WCET (sum)				WCET (max)				WCET (avg)				CWCET (sum)	
	ref	vs	Diff	%	ref	vs	Diff	%	ref	vs	Diff	%	ref	vs	Diff	%	ref	vs
P::Main	1	1	0	0.00	87	82	-5	-6.10	87	82	-5	-6.10	87.00	82.00	-5.00	-6.10	12284944	1121138
P4::Main	1	1	0	0.00	708449	555134	-153315	-27.62	708449	555134	-153315	-27.62	708449.00	555134.00	-153315.00	-27.62	720149	56683
P3::Main	1	1	0	0.00	363253	280037	-83216	-29.72	363253	280037	-83216	-29.72	363253.00	280037.00	-83216.00	-29.72	372105	28043
P2::Main	1	1	0	0.00	952454	699938	-252516	-36.08	952454	699938	-252516	-36.08	952454.00	699938.00	-252516.00	-36.08	1568805	74023
P1::Main	1	1	0	0.00	1435130	1435130	0	0.00	1435130	1435130	0	0.00	1435130.00	1435130.00	-0.00	-0.00	9623798	962379

Reset functions

SCADE Path	Calls				WCET (sum)				WCET (max)				WCET (avg)				CWCET (sum)				CWCET (max)				CWCET (avg)			
	ref	vs	Diff	%	ref	vs	Diff	%	ref	vs	Diff	%	ref	vs	Diff	%	ref	vs	Diff	%	ref	vs	Diff	%	ref	vs	Diff	%

图 7-84　TSO 优化百分比示意图

7.5　性能优化案例

本节通过对案例的逐步修改来展示提升性能的通用思路和方法。案例的需求是：针对命令表的每个 ADD 命令在数据表中查找到空元素，再将命令表的 Data 元素插入到数据表中。其中有两个输入：

数据表：DataTable 数组，类型为 T_Data ^100。

命令表：CmdTable 数组，类型为 T_Cmd ^100。

一个输出：

数据表：DataTable 数组，类型为 T_Data ^100。

数据类型定义如图 7-85 所示。

Type	Definition	Comments
T_Cmd	<structure>	数据结构体
Kind	T_CmdEnum	命令元素
Data	T_Data	数据元素
T_CmdEnum	<enumeration>	命令枚举类型
ADD		添加命令
NONE		缺省命令
T_Data	int32	数据

图 7-85　数据类型定义界面

设计完毕的主操作符如图 7-86 所示，调用四个算法进行数据表操作。

7.5.1　算法一：基于过程的传统 C 语言编程的思维

（1）操作符的输入输出都是数据表。

（2）定义游标 Cursor，记录插入的位置。

针对命令表的每个 ADD 命令，移动游标至数据表的下一个空元素位置，用命令表的数据插入到原空元素内。

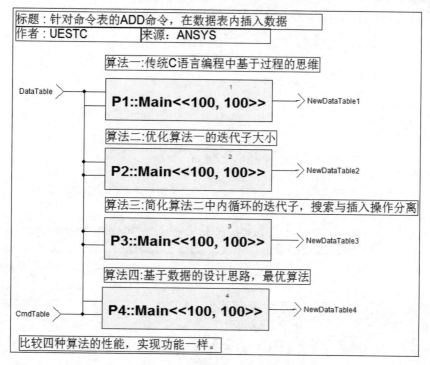

图 7-86　主操作符逻辑设计

实现方法：两个 foldw 循环嵌套，foldw 有相同结构体的迭代子，结构体元素分别为游标位置 Pos 和数据表 DataTable。

算法一的主操作符 P1：Main，里面含有一个 foldw，如图 7-87 所示。

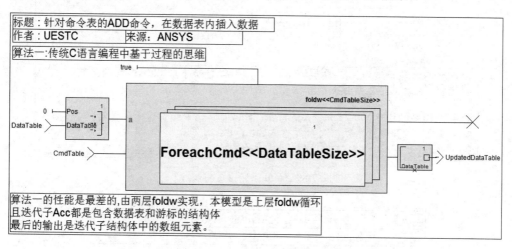

图 7-87　主操作符 P1 逻辑设计

算法一的 ForeachCmd 操作符，里面也含有一个 foldw，如图 7-88 所示。

算法一的 Add 操作符，里面有 Dynamic project、Assign、Data Structure 控件，如图 7-89 所示。

IsEmpty 操作符是四个算法共用的，内容如图 7-90 所示。

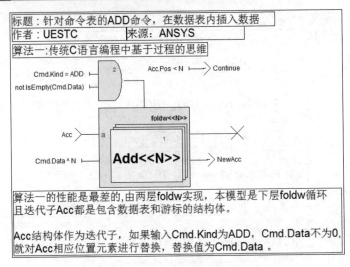

图 7-88 ForeachCmd 操作符逻辑设计

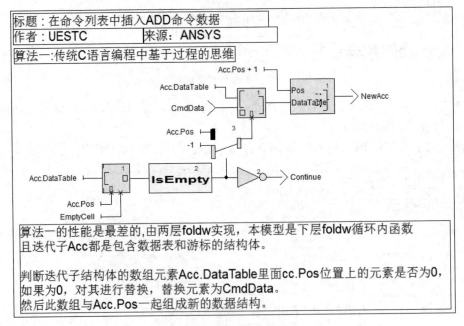

图 7-89 Add 操作符逻辑设计

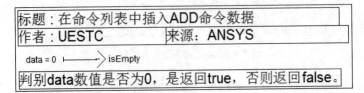

图 7-90 IsEmpty 操作符逻辑设计

将所有操作符设置 Expand 属性，查看生成的代码，如图 7-91 所示。

```
/* SynOptimizationDemo::P1::Test */ kcg_int32 ctor_arg;
/* SynOptimizationDemo::P1::Test */ struct_480 acc;
kcg_size i;
/* SynOptimizationDemo::P1::Add */ T_Data_SynOptimizationDemo_Lib_1 tmp_1_1_1;
/* SynOptimizationDemo::P1::Add */ array_int32_100 tmp_1_1_1;
/* SynOptimizationDemo::P1::Add::_L15 */ kcg_bool _L15_1_1_1;
/* SynOptimizationDemo::P1::Add::_L28 */ kcg_int32 _L28_1_1_1;
kcg_size i_1_1;
/* SynOptimizationDemo::P1::Main::_L1 */ struct_480 _L1_1;

_L1_1.Pos = kcg_lit_int32(0);
kcg_copy_array_int32_100(&_L1_1.DataTable, &inC->DataTable);
/* 1 */ for (i = 0; i < 100; i++) {
kcg_copy_struct_480(&acc, &_L1_1);
  if ((inC->CmdTable[i].Kind == ADD_SynOptimizationDemo_Lib) &
    !(inC->CmdTable[i].Data == kcg_lit_int32(0))) {
    for (i_1_1 = 0; i_1_1 < 100; i_1_1++) {
      if ((0 <= (kcg_size) _L1_1.Pos) & ((kcg_size) _L1_1.Pos < 100)) {
        _1_tmp_1_1_1 = _L1_1.DataTable[(kcg_size) _L1_1.Pos];
      }
      else {
        _1_tmp_1_1_1 = EmptyCell_SynOptimizationDemo_P1;
      }
      _L15_1_1_1 = _1_tmp_1_1_1 == kcg_lit_int32(0);
      /* 3 */ if (_L15_1_1_1) {
        _L28_1_1_1 = _L1_1.Pos;
      }
      else {
        _L28_1_1_1 = kcg_lit_int32(-1);
      }
      kcg_copy_array_int32_100(&tmp_1_1_1, &_L1_1.DataTable);
      if ((0 <= (kcg_size) _L28_1_1_1) & ((kcg_size) _L28_1_1_1 < 100)) {
        tmp_1_1_1[(kcg_size) _L28_1_1_1] = inC->CmdTable[i].Data;
      }
      ctor_arg = _L1_1.Pos + kcg_lit_int32(1);
      _L1_1.Pos = ctor_arg;
      kcg_copy_array_int32_100(&_L1_1.DataTable, tmp_1_1_1);
      if (_L15_1_1_1) {
        break;
      }
    }
  }
/* 1 */ if (!(acc.Pos < kcg_lit_int32(100))) {
  break;
}
}
kcg_copy_array_int32_100(&outC->UpdatedDataTable, &_L1_1.DataTable);
```

图 7-91　生成代码

堆栈分析：有 3 个额外的局部变量 acc、_1_tmp_1_1_1、_L1_1。

性能分析：共有 kcg_copy 语句 5 条，其中每次 Add 操作符调用时产生两次表复制，即内 for 循环中的两条复制语句；顶层循环有一次额外结构体复制，即两个 for 循环之间的复制语句。

（3）程序循环之外又有前后各一次额外的表复制。

下面是算法一的小结。

设计优势：符合传统 C 编码的思维方式。

设计缺陷：

（1）循环退出条件不明确，特别在游标到达内循环的末端时，效率差。

（2）使用了 Dynamic Project，产生了大量的结构体复制。

（3）Add 操作符 Else 分支产生了额外的常量。

（4）额外的大结构、大数组复制太多。

所以，对传统 C 代码编程有效的思维对 Suite 模型却很糟糕。需要简化输入输出，减少额外的复制操作。

7.5.2　算法二：优化的基于过程的思维

（1）输入输出直接简化为数组，取消游标元素。

（2）搜索数据表的空元素，找到后填入命令表的数据。

实现方法：外层循环用 fold，内层循环用 foldwi，迭代子是数组。

算法二的主操作符 P2：Main，里面含有一个 fold，如图 7-92 所示。

图 7-92　主操作符 P2 逻辑设计

算法二的 ForeachCmd 操作符，里面含有一个 foldwi，如图 7-93 所示。

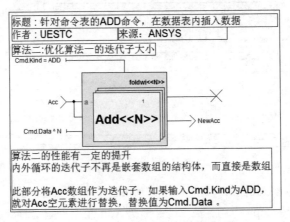

图 7-93　ForeachCmd 操作符逻辑设计

算法二的 Add 操作符，里面有 Assign 控件，如图 7-94 所示。

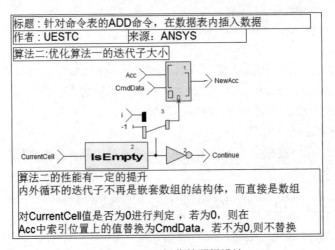

图 7-94　Add 操作符逻辑设计

将所有操作符设置 Expand 属性，查看生成的代码，如图 7-95 所示。

```
/* SynOptimizationDemo::P2::Test */ array_int32_100 acc;
kcg_size i;
/* SynOptimizationDemo::P2::Add::_L15 */ kcg_bool _L15_1_1_1;
/* SynOptimizationDemo::P2::Add::_L28 */ kcg_int32 _L28_1_1_1;
kcg_size i_1_1;

kcg_copy_array_int32_100(&outC->UpdatedDataTable, &inC->DataTable);
/* 1 */ for (i = 0; i < 100; i++) {
  kcg_copy_array_int32_100(&acc, &outC->UpdatedDataTable);
  if (inC->CmdTable[i].Kind == ADD_SynOptimizationDemo_Lib) {
    for (i_1_1 = 0; i_1_1 < 100; i_1_1++) {
      _L15_1_1_1 = acc[i_1_1] == kcg_lit_int32(0);
      /* 3 */ if (_L15_1_1_1) {
        _L28_1_1_1 = (kcg_int32) i_1_1;
      }
      else {
        _L28_1_1_1 = kcg_lit_int32(-1);
      }
      if ((0 <= (kcg_size) _L28_1_1_1) & ((kcg_size) _L28_1_1_1 < 100)) {
        outC->UpdatedDataTable[(kcg_size) _L28_1_1_1] = inC->CmdTable[i].Data;
      }
      if (_L15_1_1_1) {
        break;
      }
    }
  }
}
```

图 7-95　生成代码

堆栈分析：有一个额外的局部变量 acc。

性能分析：共有 kcg_copy 语句 2 条，其中：

（1）顶层循环有一次额外数组复制。

（2）程序循环之外有一次额外的表复制。

下面是算法二的小结。

设计优势：解决了算法一中的缺陷。

设计缺陷：仍有轻量级的额外复制。

所以，简单整齐的算法更适用于 Suite 模型的迭代运算。接下来进一步优化内循环的输入输出。

7.5.3　算法三：选择恰当的迭代子

（1）内循环的输入输出都是布尔型变量。

（2）充分利用退出的索引值 index。

（3）搜索与插入操作分离。

实现方法：内循环用 foldw，内循环迭代子是布尔型变量。

算法三的主操作符 P3：Main，里面含有一个 fold，如图 7-96 所示。

算法三 ForeachCmd 操作符中 foldw 的迭代子是布尔型的，如图 7-97 所示。

算法三的 Add 操作符，里面没有复杂的操作，如图 7-98 所示。

图 7-96　主操作符 P3 逻辑设计

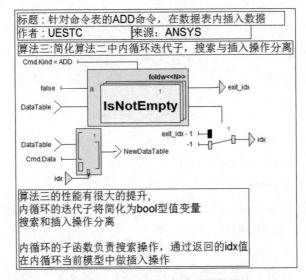

图 7-97　ForeachCmd 操作符逻辑设计

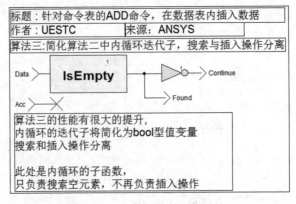

图 7-98　Add 操作符逻辑设计

将所有操作符设置 Expand 属性，查看生成的代码，如图 7-99 所示。

堆栈分析：没有额外的局部变量。

性能分析：仅有一条 kcg_copy 语句。

```
kcg_size i;
/* SynOptimizationDemo::P3::ForeachCmd::_L7 */ kcg_bool _L7_1_1;
/* SynOptimizationDemo::P3::ForeachCmd::idx */ kcg_int32 idx_1_1;
/* SynOptimizationDemo::P3::ForeachCmd::exit_idx */ kcg_int32 exit_idx_1_1;
kcg_size i_1_1;

kcg_copy_array_int32_100(&outC->UpdatedDataTable, &inC->DataTable);
/* 1 */ for (i = 0; i < 100; i++) {
  _L7_1_1 = kcg_false;
  if (inC->CmdTable[i].Kind == ADD_SynOptimizationDemo_Lib) {
    for (i_1_1 = 0; i_1_1 < 100; i_1_1++) {
      _L7_1_1 = outC->UpdatedDataTable[i_1_1] == kcg_lit_int32(0);
      exit_idx_1_1 = (kcg_int32) (i_1_1 + 1);
      if (_L7_1_1) {
        break;
      }
    }
  }
  else {
    exit_idx_1_1 = kcg_lit_int32(0);
  }
  /* 1 */ if (_L7_1_1) {
    idx_1_1 = exit_idx_1_1 - kcg_lit_int32(1);
  }
  else {
    idx_1_1 = kcg_lit_int32(-1);
  }
  if ((0 <= (kcg_size) idx_1_1) & ((kcg_size) idx_1_1 < 100)) {
    outC->UpdatedDataTable[(kcg_size) idx_1_1] = inC->CmdTable[i].Data;
  }
}
```

图 7-99　生成代码

下面是算法三的小结。

设计优势：算法优化，内循环迭代子类型简单。

设计缺陷：外层循环迭代子未简化。

所以，Suite 模型设计中应尽量减小复制内容的大小和复制操作的次数。接下来着手优化外循环。

7.5.4　算法四：关注数据的 SCADE Suite 建模最佳方式

（1）内外循环的输入输出都是简单的值变量。

（2）搜索与插入操作分离。

实现方法：外循环用 mapfold，内外循环迭代子都是值变量。

算法四的主操作符 P4：Main，里面含有一个 mapfold，如图 7-100 所示。

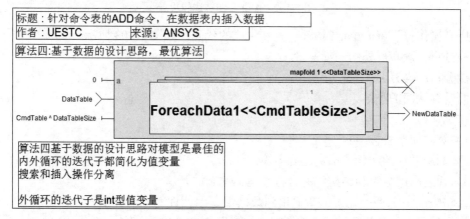

图 7-100　主操作符 P4 逻辑设计

算法四的 ForeachCmd 操作符，里面含有一个 foldwi，如图 7-101 所示。

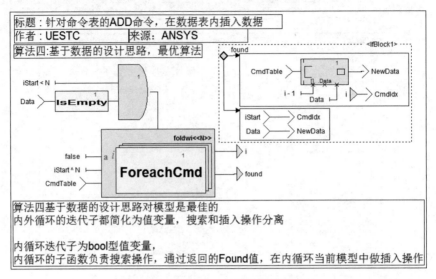

图 7-101　ForeachCmd 操作符逻辑设计

算法四的 Add 操作符，里面没有复杂的操作，如图 7-102 所示。

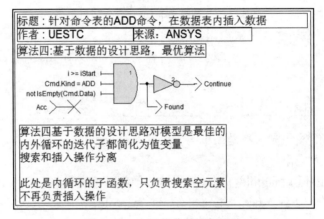

图 7-102　Add 操作符逻辑设计

将所有操作符设置 Expand 属性，查看生成的代码，如图 7-103 所示。

堆栈分析：没有额外的局部变量。

性能分析：没有 kcg_copy 语句。

下面是算法四的小结。

设计优势：

（1）算法简单直接。

（2）两层循环的迭代子都优化到至简。

（3）通过应用数组和结构体混合特性优化动态展开。

设计缺陷：由于每个元素都要输出到数据表，因此性能低于算法三。但这种设计是有意义的。如果顶层迭代子需要遍历额外的信息，算法三未必会更高效。

```
/* SynOptimizationDemo::P4::Test */ kcg_int32 acc;
kcg_size i;
/* SynOptimizationDemo::P4::ForeachData1::i */ kcg_int32 i_1_11;
/* SynOptimizationDemo::P4::ForeachData1::found */ kcg_bool found_1_1;
/* SynOptimizationDemo::P4::ForeachData1::IfBlock1::then::_L7 */ kcg_int32 _L7_1_1_IfBlock1;
kcg_size i_1_1;
kcg_int32 noname_1;

noname_1 = kcg_lit_int32(0);
/* 1 */ for (i = 0; i < 100; i++) {
  found_1_1 = kcg_false;
  acc = noname_1;
  /* 1 */ if ((acc < kcg_lit_int32(100)) & (inC->DataTable[i] ==
      kcg_lit_int32(0))) {
    /* 1 */ for (i_1_1 = 0; i_1_1 < 100; i_1_1++) {
      found_1_1 = (/* 1 */(kcg_int32) i_1_1 >= acc) &
        (inC->CmdTable[i_1_1].Kind == ADD_SynOptimizationDemo_Lib) &
        !(inC->CmdTable[i_1_1].Data == kcg_lit_int32(0));
      i_1_11 = /* 1 */(kcg_int32) (i_1_1 + 1);
      /* 1 */ if (found_1_1) {
        break;
      }
    }
  }
  else {
    i_1_11 = kcg_lit_int32(0);
  }
  /* ck_found */ if (found_1_1) {
    _L7_1_1_IfBlock1 = i_1_11 - kcg_lit_int32(1);
    if ((0 <= (kcg_size) _L7_1_1_IfBlock1) & ((kcg_size) _L7_1_1_IfBlock1 <
        100)) {
      outC->NewDataTable[i] = inC->CmdTable[(kcg_size) _L7_1_1_IfBlock1].Data;
    }
    else {
      outC->NewDataTable[i] = inC->DataTable[i];
    }
    noname_1 = i_1_11;
  }
  else {
    outC->NewDataTable[i] = inC->DataTable[i];
    noname_1 = acc;
  }
}
```

图 7-103　生成代码

7.5.5　WCET 分析结果

WCET 分析结果如图 7-104 所示。

算法一的累计最坏运行时间是最差的，复制数据占了 97% 的时间。

算法二的累计最坏运行时间较好，复制数据占了 21% 的时间。

算法三的累计最坏运行时间最好，复制数据占了 0.82% 的时间。

算法四的累计最坏运行时间很好，复制数据占了 7% 的时间。

Cycle functions								
	SCADE Path	Calls	WCET (sum)	WCET (max)	WCET (avg)	CWCET (sum)	CWCET (max) ⬆	CWCET (avg)
⧼	P::Main	1	602	602	602.00	156312436	156312436	156312436.00
⧼	P1::Main	1	4318968	4318968	4318968.00	150093253	150093253	150093253.00
⧼	P2::Main	1	2627302	2627302	2627302.00	3344462	3344462	3344462.00
⧼	P4::Main	1	1750231	1750231	1750231.00	1750231	1750231	1750231.00
⧼	P3::Main	1	1114658	1114658	1114658.00	1123888	1123888	1123888.00

图 7-104　WCET 分析结果

7.5.6　堆栈分析结果

堆栈分析结果如图 7-105 所示。

算法一的堆栈占用是最差的。

算法二的堆栈占用是较差的。

算法三和算法四的堆栈占用一样好。

Cycle functions			
	SCADE Path ⇧	Stack	CStack
	P::Main	24	40
	P4::Main	64	104
	P3::Main	64	104
	P2::Main	448	488
	P1::Main	1264	1304

图 7-105　堆栈分析结果

练习题

1．使用各种编辑技巧将模型布局更加简洁优美。

2．定制样式并应用到模型上。

3．使用 TSO 工具分析模型的最坏运行时间和堆栈。

8 项目管理

8.1 项目组织

多人协同开发的软件项目应当在前期约定好一定的规则，以确保开发和验证过程的便利。其中可关注的内容包括命名规则、工程管理和文件管理等。

8.1.1 命名规则

好的命名规则可以使定义的名称让其他项目成员迅速理解，可以方便后期用脚本文件进行批处理自动化的操作。推荐所有目录、文件、操作符、函数、输入、输出、常量等对象的名称：

- 由一个或一系列英文字母组成。
- 若干英文单词的首字母大写，其余小写。按照主谓宾方式连接相关涵义的词组，例如 LimitValvePressure 比 ValvePressureLimitation 更好。
- 使用下划线"_"来连接特定意思的词组，不再包含其他特殊字符，例如 Math_Sqrt.cpp。
- 输入输出类型推荐包含类型标识。
- 常量全部用大写，例如 PAI。

8.1.2 工程管理

项目计划阶段，团队成员需要提前讨论制定出公共部分的设计内容。例如常量、类型、Suite 常用操作符、常用的导入代码、资源（颜色表、线型、线宽、纹理表、字体）、注释、批注、排版、布局等内容。为防止团队成员重复开发，甚至同一功能输出不同结果，应当将上述公共部分预先统一设计完毕后作为基础库被调用。

基础库在被调用时是只读的。其他非公共部分可按照较完整的独立功能分配给不同的工程师完成。随着项目研发工作的开展，会产生更多具有通用功能的常量、类型、操作符等，需要组织团队成员进行阶段性的讨论，补充修改基础库。

1. SCADE Suite 库

SCADE 支持库形式的模型重用，便于快速开发。任何设计完毕的 SCADE 工程都可以作为库被其他 SCADE 工程调用。SCADE 库在被调用的工程中是只读的。SCADE 库可以只包含类型和常量。

2. SCADE Suite 标准库

SCADE 安装完毕的路径 SCADE\libraries\SC65 下提供了如下标准库：

- libA661：用于 ARINC 661 解决方案 UA 端设计的操作符。
- libdigital：用于数字运算和真值表运算的操作符。
- libimpl：用于类型转换和定点运算的操作符。
- liblinear：用于线性函数和滤波器运算的操作符。
- libmath：用于基础数学运算的操作符，如平均数、最大值、最小值等。
- libmathext：用于三角函数和幂运算的操作符。
- libmtc：用于插桩待覆盖分析对象的操作符。
- libpwlinear：用于离散的线性函数和滤波器运算的操作符。
- libsmlk：用于 Simulink 模型转换为 Suite 模型的操作符。
- libverif：用于形式化方法中安全属性验证的操作符。

如果确定需要使用 SCADE 提供的标准库，推荐将相关的标准库复制到项目的实际工程目录下，再导入 SCADE 工程中。值得一提的是，标准库内的操作符是常用操作的推荐案例，并未宣称是通过安全鉴定的，因此在正式项目中仍应该由使用者进行必要的验证才行。

3. SCADE Suite 自定义库

本节通过一个案例来展示如何使用 SCADE Suite 自定义库。

将设计完毕的 SCADE 工程切换至项目框架图的 FileView 选项卡，右击选中工程，在弹出的快捷菜单中选择 Insert Folder 选项，创建一个名称为 User libraries 的目录，扩展名定义为.etp。填写完毕后单击 OK 按钮，如图 8-1 所示。

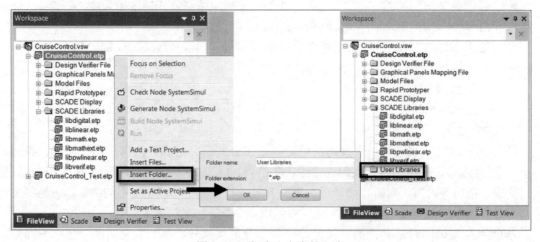

图 8-1　添加自定义库的方法

右击选中新建的 User libraries 目录，在弹出的快捷菜单中选择 Insert Files 选项，找到需要的 SCADE 工程，将扩展名为.etp 的文件加入，例如 Car.etp，如图 8-2 所示。

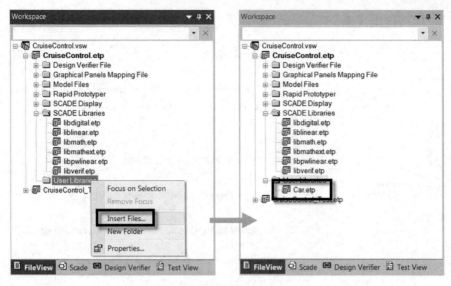

图 8-2　添加自定义库文件的方法

切换到项目框架图的 Scade 选项卡，可以看到库形式导入的常量和操作符，操作符的右下角有个小斜杠，如图 8-3 所示。

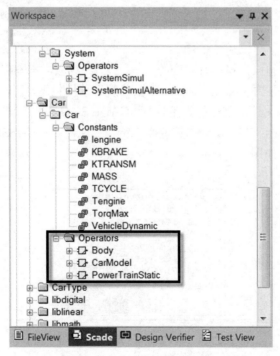

图 8-3　导入常量和操作符示例

4. 包的使用

包的使用可使模型的组织更有序，包的名称将作为后缀出现在自动生成代码文件和函数名称中，例如<operator_name>_<package_name>，然而过多的包嵌套层数会影响易用性。图 8-4 所示是欧洲轨道交通控制系统项目 OpenETCS 用 SCADE 开发的项目框架图，其中既有库又有包，右侧是对应的功能解释。

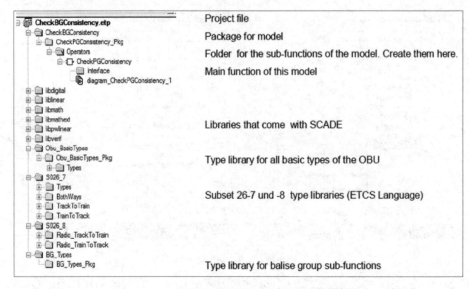

图 8-4　OpenETCS 用 SCADE 开发的项目框架图

包的使用注意事项如下：

● 　包的名称不建议太长。

● 　包的嵌套层数不建议超过 3 层。

默认情况下每个包和操作符都有对应的.xscade 文件对应，推荐将若干实现特定功能的多个相关操作符置于某个包内，若干同层级的包置于某个顶层包下，且设定包下的所有子包和操作符都共用包的.xscade 文件。这样能大量减少 SCADE Suite 工程目录下的.xscade 文件数量，方便软件配置管理的工作。方法是选中包或操作符，在属性窗口 General 选项卡的右侧取消勾选 Separate File Name，如图 8-5 所示。

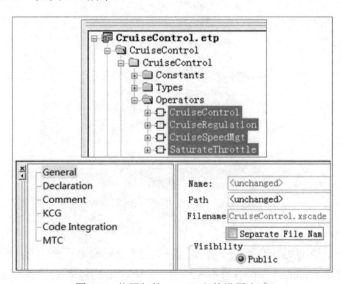

图 8-5　共用包的.xscade 文件设置方式

5. 模型的分页

SCADE Suite 设计分为图形建模（Diagram）和文本建模（Text Diagram）两种方式，默认方式为图形建模。当操作符的内容无法在一个图形页设计完毕时，建议将操作符内容分到多个图形页（Diagram）中去设计，方法是右击操作符，在弹出的快捷菜单中选择 Insert→Diagram 选项，如图 8-6 所示。

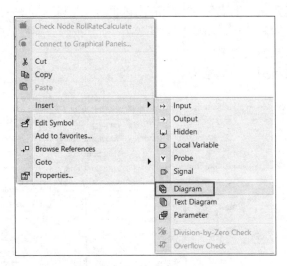

图 8-6　多个图形页操作符设计方法

8.1.3　文件管理

参考图 8-7 所示 XXX_Project 工程的文件组织方式。

- Batchs 目录：包含所有批处理自动化相关的脚本文件等。
- Delivery 目录：包含各里程碑节点发布的模型、可执行程序、文档报告等。
- Development 目录：包含完整的开发工程。
- Documents 目录：包含项目相关的必要文档。
- IntegrationProjects 目录：包含集成工程（模型生成的代码、手工编码、第三方库）。
- Verification 目录：包含所有测试用例、测试规程和测试结果。

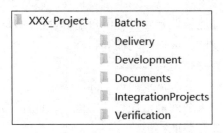

图 8-7　XXX_Project 工程目录结构

其中 Development 目录内包括：

- 公共库 CommonLibs：资源、Suite 模型文件、手工编码文件等。
- 各独立模块开发：FunctionCooling、FunctionEject 等。

● 总集成工程：FunctionAll。

其中 Batchs 目录内包含未来批处理自动化的脚本（如图 8-8 所示），可用于：

● 一键生成、合并、转移代码，存到 IntegrationProjects 目录。

● 一键自动编译出特定目标平台的可执行程序，推荐按照日期格式的定义生成到 Delivery 目录的文件名。应该包含 gcc 和微软编译器等多种编译选项，供不同平台移植。

● 一键自动批量测试、生成各种对应的测试报告（主机上的测试、覆盖分析、形式化验证、最坏运行时间分析、编译器验证等），推荐按照日期格式的命名方式定义生成到 Verification 目录的文件名。

● 一键自动生成模型对应的报告。

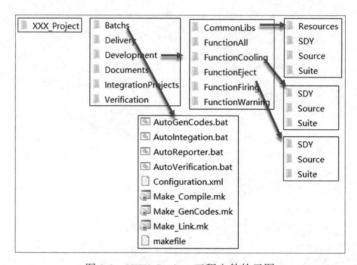

图 8-8　XXX_Project 工程文件的示图

8.2　追踪管理

8.2.1　DO–178C 中追踪管理的要求

DO-178C 标准的 5.5 节描述软件开发过程的可追踪性要求，即需要建立系统需求和高层需求之间的双向可追踪性，以便能完成以下功能和目标：

● 验证系统需求是否被完整地实现。

● 直观地看出无法追踪到系统需求的派生高层需求。

应建立低层需求和高层需求之间的双向可追踪性，以便能完成以下功能和目标：

● 验证高层需求是否被完整地实现。

● 直观地看出无法追踪到高层需求和架构设计的派生低层需求。

应建立低层需求和源代码之间的双向可追踪性，以便能完成以下功能和目标：

● 验证是否存在非预期的源代码。

● 验证低层需求是否被完整地实现[19]。

以上功能对应的活动分别可以满足 DO-178C 的以下 3 个目标：

- 表 A-3 目标 6：高层需求可追踪至系统需求。
- 表 A-4 目标 6：低层需求可追踪至高层需求。
- 表 A-5 目标 5：源代码可追踪至低层需求[19]。

注意：高层需求（HLR）和低层需求（LLR）是 DO-178 系列标准特有的提法，可粗略地将它们类比为传统软件工程中的概要设计和详细设计。表 A-5 目标 5 在 SCADE 解决方案中由认证级代码生成器 KCG 自动完成。

DO-178C 标准的 6.5 节主要描述软件验证过程的可追踪性要求，即需要建立软件需求和测试用例之间的双向可追踪性，以便能完成以下功能和目标：支持基于需求的测试覆盖分析。

应建立测试用例和测试规程之间的双向可追踪性，以便能完成以下功能和目标：验证测试用例被完整地开发成测试规程了。

应建立测试规程和测试结果之间的双向可追踪性，以便能完成以下功能和目标：验证测试规程是否被完整地执行了[19]。

以上功能对应的活动分别可以满足 DO-178C/DO-331 的若干目标：

- 表 A-7 目标 1：测试规程是正确的。
- 表 A-7 目标 2：测试结果正确且结果差异得到解释。
- 表 A-7 目标 3：高层需求的测试覆盖率达到要求。
- 表 A-7 目标 4：低层需求的测试覆盖率达到要求。
- 仿真用例是正确的（表 MB.A-3 目标 8、表 MB.A-4 目标 14、表 MB.A-7 目标 10）。
- 仿真规程是正确的（表 MB.A-3 目标 9、表 MB.A-4 目标 15、表 MB.A-7 目标 11）。
- 仿真结果是正确的，且差异得到解释（表 MB.A-3 目标 10、表 MB.A-4 目标 16、表 MB.A-7 目标 12）[19,20]。

注意：测试用例和测试规程的介绍参考 5.1.1 节。

在工程实践中，并非针对软件开发过程和软件验证过程的组成部分直接进行追踪管理，而是预先根据项目定制的规则对每个部分设定唯一的标识号，然后将特定的标识号抽取出来，再进行可追踪性的管理。

8.2.2　SCADE RM Gateway

SCADE R16 中实现可追踪性功能的是软件生命周期管理中的 Scade RM Gateway 模块，它融合了 Dassault System 公司的 Reqtify 2015 版本工具。从 R17 版本开始的产品中不再包含此模块，但用户仍可通过使用 SCADE ALM Gateway 桥接器来连接 Dassault System 公司的 Reqtify 工具实现同样的操作，如图 8-9 所示。

SCADE RM Gateway 的功能较多，建议用户聚焦如下几个重点：

（1）欢迎窗口。这是 SCADE RM Gateway 启动后的默认显示窗口，可引导用户进行创建工程或打开工程等操作。该窗口会显示最近编辑过的工程和文件的缩略图，通过单击这些缩略图可以直接进入该工程，如图 8-10 所示。

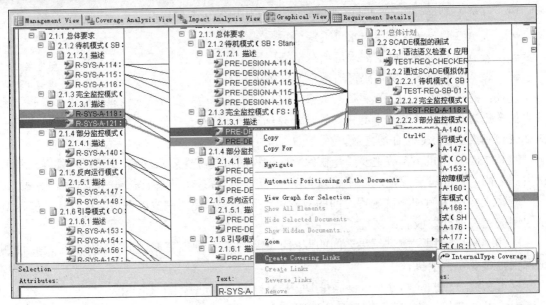

图 8-9 SCADE RM Gateway 模块

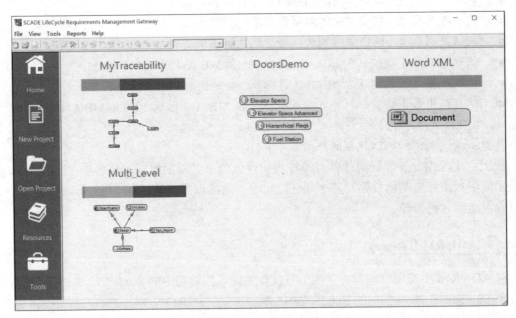

图 8-10 SCADE RM Gateway 的欢迎窗口

通过欢迎窗口中的 Resources 按钮可以切换到帮助视图中,值得一提的是,Resources→Use Cases 窗口内含有不少案例教程供用户参考借鉴,如图 8-11 所示。

(2)管理视图。显示项目整体的追踪统计数据。当追踪覆盖率达到 0~70% 时显示红色,达到 70%~90% 时显示橘色,达到 100% 时显示绿色,如图 8-12 所示。

(3)覆盖分析视图。显示项目内选中的特定元素的统计数据,包括对上层的覆盖和下层的被覆盖信息,如图 8-13 所示。

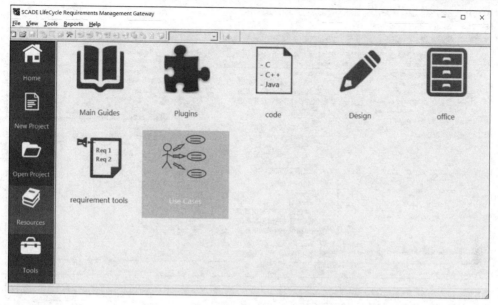

图 8-11　SCADE RM Gateway 的帮助视图

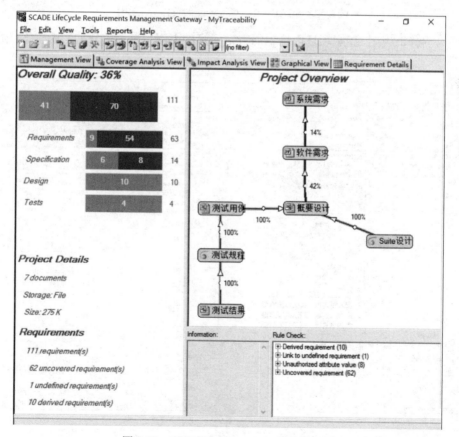

图 8-12　SCADE RM Gateway 的管理视图

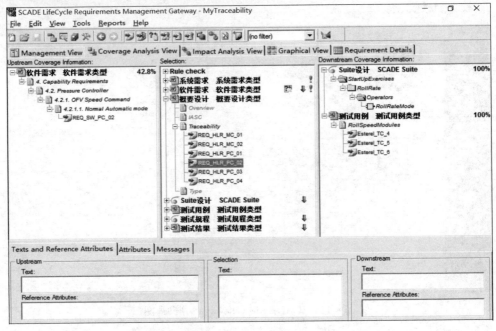

图 8-13　SCADE RM Gateway 的覆盖分析视图

（4）影响分析视图。显示项目内选中的特定元素的上下层覆盖对象的影响情况，如图 8-14 所示。

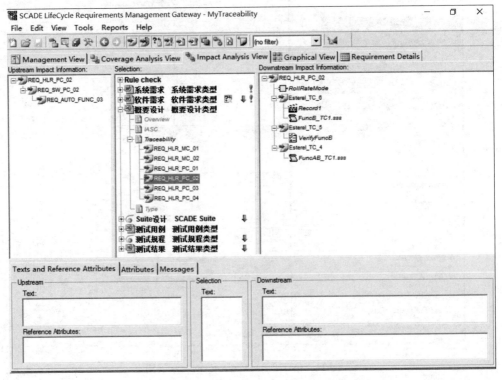

图 8-14　SCADE RM Gateway 的影响分析视图

（5）图表视图。以树形列表方式显示所有对象的追踪情况，如图 8-15 所示。

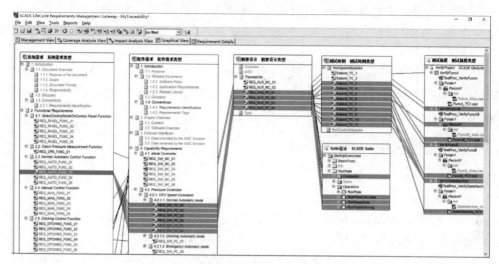

图 8-15　SCADE RM Gateway 的图表视图

SCADE RM Gateway 的工作流是将可识别的文件作为输入转换为自定义的中间文件。中间文件内包含标识号在内待解析的关键字，通过提取各中间文件内的标识号、图片等元素形成追踪关系，如图 8-16 所示。

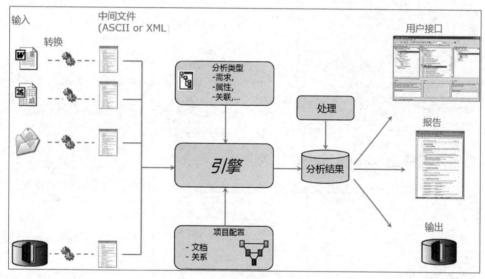

图 8-16　SCADE RM Gateway 工作流

SCADE RM Gateway 的基本使用步骤如下：

（1）新建追踪项目文件。

（2）在项目文件中定义拓扑关系图。

（3）定制拓扑关系图中各个元素的名称、类型、属性。

（4）通过解析转换后的中间文件正确解析出所有的标识号和追踪关系。

（5）生成追踪矩阵和快照。

其中较难的步骤是步骤（4）。虽然文档有多种格式，但从转换后的中间文件来看，大致可以分为3类：普通文本类型、XML类型、SCADE类型。本节主要针对普通文本类型和SCADE类型文件介绍，将通过一个较完整的示例来说明如何对不同类型的文档、模型进行追踪管理，实现项目的可追踪性。

该示例中包含常用开发流的系统需求文件（Word）、软件需求文件（Word）、概要设计文件（Excel）、详细设计文件（Suite模型）；验证流中的测试用例文件（Excel）、测试规程文件（SCADE Directory）、测试结果文件（Excel）。

8.2.3　普通文本类型文件的追踪

1. 建立追踪拓扑关系图

操作步骤如下：

（1）在安装目录 SCADE R16.2.1\SCADE LifeCycle\RM Gateway\bin.w32 下找到并双击打开 SCADE RM Gateway.exe 文件。

（2）在程序中单击菜单 File→New，在弹出的对话框中指定保存文件路径，如图 8-17 所示。

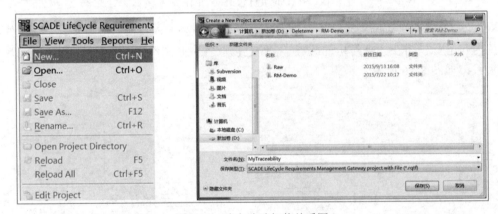

图 8-17　建立追踪拓扑关系图

（3）保存完毕后自动切换到配置页，如图 8-18 所示。

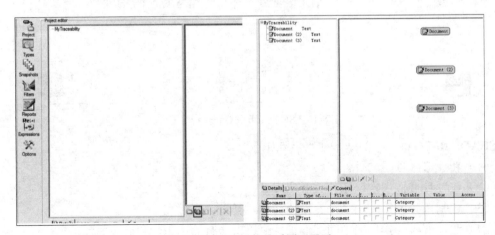

图 8-18　追踪拓扑关系图配置页

- 通过用户工具栏 定义拓扑关系图。单击蓝色图标（Add a document），将若干新增待追踪的元素放置到空白区域上。

- 单击连线图标 （Add a cover），新建两个相关元素的追踪关系。

- 将列表内元素对应的 Name、Value 改名为适当的名字，如图 8-19 所示。

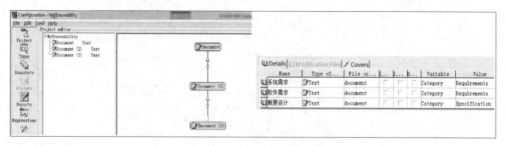

图 8-19 修改列表内元素的名字

（4）单击配置页上左侧的 Types 按钮，弹出类型定制列表。展开其中的 office 列，右击选中 Word 元素，在弹出的快捷菜单中选择 Duplicate 选项，如图 8-20 所示。

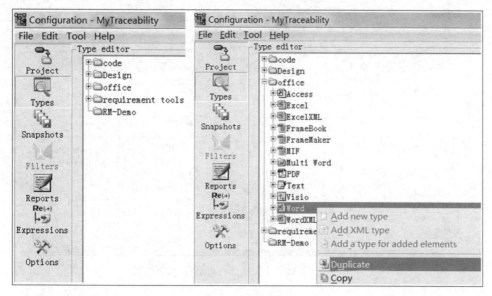

图 8-20 类型定制列表

（5）按照步骤（4）再新建一个 Word 类型和一个 Excel 类型，并定义其名称，如图 8-21 所示。

（6）单击配置页上的 Project 按钮回到项目选项卡，在列表内启用定制好的类型，如图 8-22 所示。

（7）在第 3 列 File or Directory 中将计算机上对应的文件选入，如图 8-23 所示。

（8）如果要额外解析 Word 文件中的图片等信息，则在 Variable 列为 Options 的前提下单击 Value 列表，在弹出的对话框中勾选 With images 复选框；如果要解析 Word 文件中的公式信息，可以勾选 With Rich Text 复选框，如图 8-24 所示。

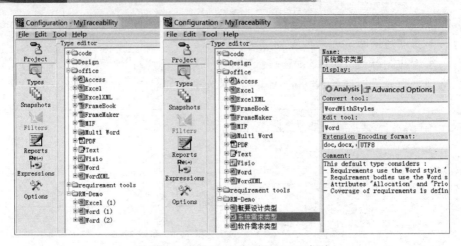

图 8-21　新建 Word 类型和 Excel 类型

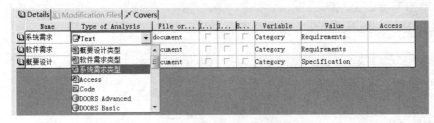

图 8-22　启用定制好的类型

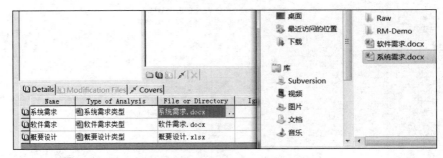

图 8-23　选入计算机对应文件

图 8-24　额外解析文件信息的选项

（9）勾选 Intermediate file 选项，可通过查询中间文件找到原始解析内容。另外，为区分追踪项的不同层次，推荐设置 Variable 值为 Category，并在 Value 栏内选择恰当的级别（Requirements、Specification、Design），如图 8-25 所示。

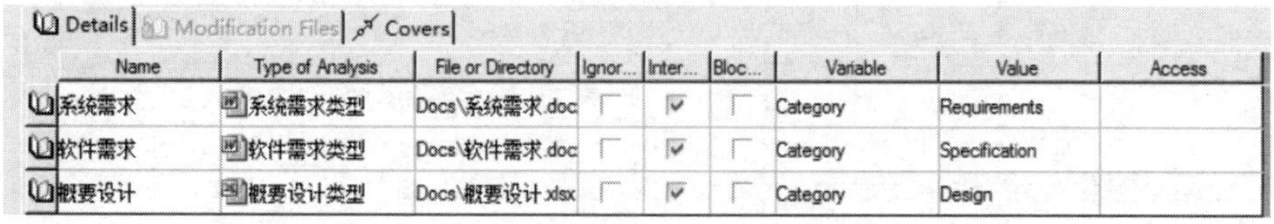

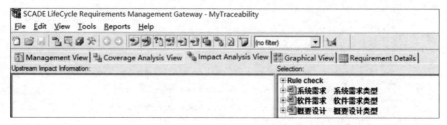

图 8-25　在 Value 栏内选择恰当的级别

（10）单击 Apply 按钮保存拓扑图设定，将自动解析出文件名称等信息，如图 8-26 所示。

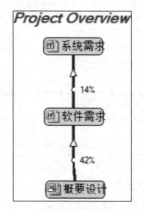

图 8-26　自动解析的文件信息

设置完毕的拓扑结构图如图 8-27 所示。

图 8-27　设置完毕的拓扑结构图

2．定制解析 Word 的文件格式

（1）解析文档的层级结构。

Word 文档是一种富文本格式文档（Rich Text Format），可通过运用样式和文本的组合编写正则表达式以更好地解析文件，抽取标识号等关键信息。

1）通过菜单 File→Edit Project 切换到配置页面，单击 Types 按钮，展开 Word 类型的 section →Heading 项，观察正则表达式 Regular expression 项，如图 8-28 所示。

2）^[Hh]eading (\d+)\t(?:([\d\.]+)[\t](.*)|([^\d\n].+))$，即 Word 默认的 Section 样式解析列表，若项目有自定义框架层级，可以修改该表达式。

3）本例"系统需求.docx"文档的内容如图 8-29 所示，不包含任何样式定义。

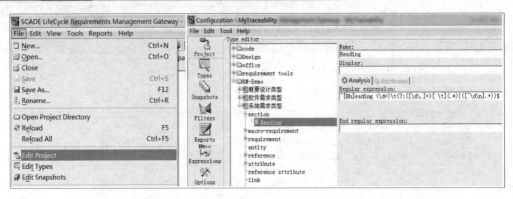

图 8-28　观察正则表达式 Regular expression 项

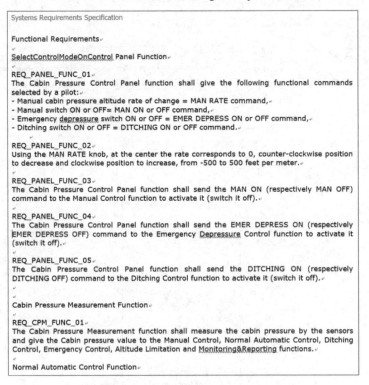

图 8-29　"系统需求.docx"文档的内容

4）打开 intermediate 文件夹中转换后的中间文件"系统需求.txt"，如图 8-30 所示。

图 8-30　打开中间文件"系统需求.txt"

5）查看"系统需求.txt"文件的内容，如图 8-31 所示。

系统需求.txt

```
Normal  Functional Requirements
Normal
Normal  SelectControlModeOnControl Panel Function
Normal
Normal  REQ_PANEL_FUNC_01
Normal  The Cabin Pressure Control Panel function shall give the following functional commands selected by a pil
Normal  - Manual cabin pressure altitude rate of change = MAN RATE command,
Normal  - Manual switch ON or OFF= MAN ON or OFF command,
Normal  - Emergency depressure switch ON or OFF = EMER DEPRESS ON or OFF command,
Normal  - Ditching switch ON or OFF = DITCHING ON or OFF command.
Normal
Normal  REQ_PANEL_FUNC_02
Normal  Using the MAN RATE knob, at the center the rate corresponds to 0, counter-clockwise position to decrease
Normal
Normal  REQ_PANEL_FUNC_03
Normal  The Cabin Pressure Control Panel function shall send the MAN ON (respectively MAN OFF) command to the Ma
Normal
Normal  REQ_PANEL_FUNC_04
Normal  The Cabin Pressure Control Panel function shall send the EMER DEPRESS ON (respectively EMER DEPRESS OFF)
Normal
Normal  REQ_PANEL_FUNC_05
Normal  The Cabin Pressure Control Panel function shall send the DITCHING ON (respectively DITCHING OFF) command
Normal
Normal
Normal  Cabin Pressure Measurement Function
Normal
Normal  REQ_CPM_FUNC_01
Normal  The Cabin Pressure Measurement function shall measure the cabin pressure by the sensors and give the Cab
Emergency Control, Altitude Limitation and Monitoring&Reporting functions.
Normal
Normal  Normal Automatic Control Function
Normal  The cabin pressure is automatically regulated depending principally on the cabin pressure, A/C altitude
primary channel that commands the OFV opening and closure.
Normal
Normal  REQ_AUTO_FUNC_01
Normal  Normal Automatic Control Mode function shall be made of:
Normal  - The OFV Speed function,
Normal  - The Motor Speed function,
Normal  - Valve Drive function.
Normal
Normal  REQ_AUTO_FUNC_02
Normal  The Normal Automatic Control Mode function shall have two independent Automatic Control sub-functions.
```

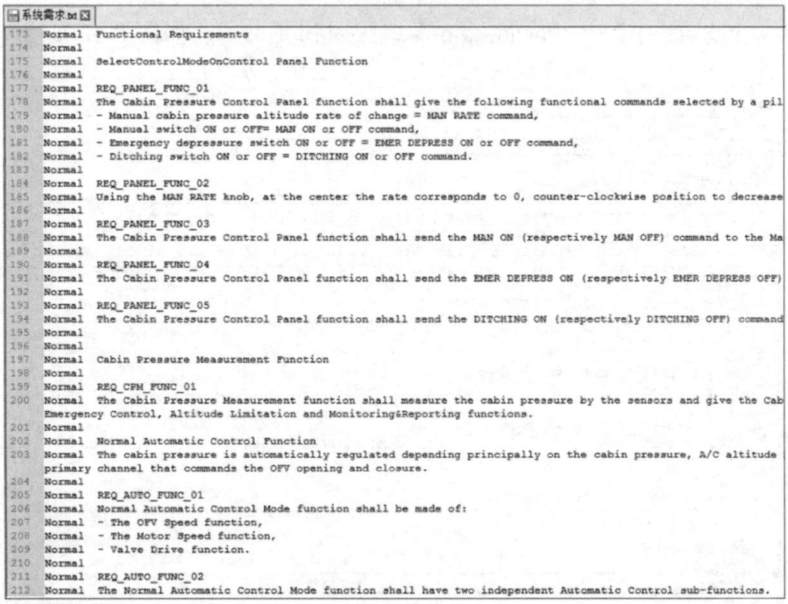

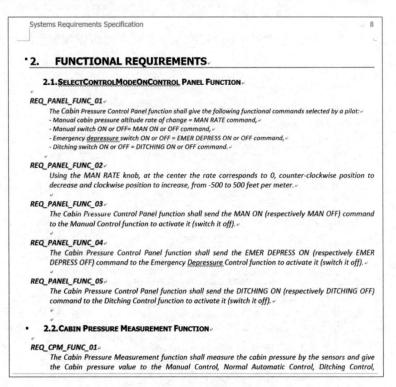

图 8-31 “系统需求.txt”文件的内容

6）解析文本的默认样式都为 Normal 类型。在 Word 文档中加上一些样式，例如标题、标题一、标题二、标题三等，如图 8-32 所示。

Systems Requirements Specification 8

2. FUNCTIONAL REQUIREMENTS

2.1. SELECTCONTROLMODEONCONTROL PANEL FUNCTION

REQ_PANEL_FUNC_01

The Cabin Pressure Control Panel function shall give the following functional commands selected by a pilot:
- Manual cabin pressure altitude rate of change = MAN RATE command,
- Manual switch ON or OFF= MAN ON or OFF command,
- Emergency depressure switch ON or OFF = EMER DEPRESS ON or OFF command,
- Ditching switch ON or OFF = DITCHING ON or OFF command.

REQ_PANEL_FUNC_02

Using the MAN RATE knob, at the center the rate corresponds to 0, counter-clockwise position to decrease and clockwise position to increase, from -500 to 500 feet per meter.

REQ_PANEL_FUNC_03

The Cabin Pressure Control Panel function shall send the MAN ON (respectively MAN OFF) command to the Manual Control function to activate it (switch it off).

REQ_PANEL_FUNC_04

The Cabin Pressure Control Panel function shall send the EMER DEPRESS ON (respectively EMER DEPRESS OFF) command to the Emergency Depressure Control function to activate it (switch it off).

REQ_PANEL_FUNC_05

The Cabin Pressure Control Panel function shall send the DITCHING ON (respectively DITCHING OFF) command to the Ditching Control function to activate it (switch it off).

2.2. CABIN PRESSURE MEASUREMENT FUNCTION

REQ_CPM_FUNC_01

The Cabin Pressure Measurement function shall measure the cabin pressure by the sensors and give the Cabin pressure value to the Manual Control, Normal Automatic Control, Ditching Control,

图 8-32 解析文本的默认样式

7）在 SCADE RM Gateway 软件内按快捷键 Ctrl+R 刷新，再次观察中间文件“系统需求.txt"的内容，可以看到定制的 heading n 样式应用到文本了，如图 8-33 所示。

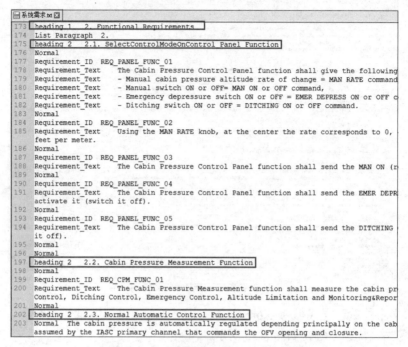

图 8-33　应用定制样式 heading n 的文本

8）在 SCADE RM Gateway 软件的 Graphical View 选项卡内可以观察到解析出的框架内容，如图 8-34 所示。

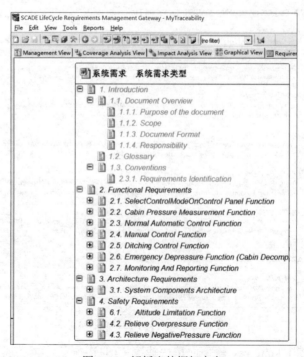

图 8-34　解析出的框架内容

（2）解析文档的项目标识号。

1）回到"系统需求.docx"文档，对诸如 REQ_MAN_FUNC_04 等标识号定义并添加新的样式，例如加粗斜体且蓝色的样式，命名为 Requirement_ID，如图 8-35 所示。

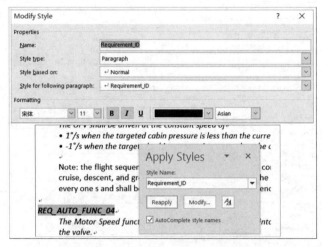

图 8-35　对标识号等定义并添加新样式

2）利用格式刷依次在文档中其他类似标识号上应用该样式。

3）刷新 SCADE RM Gateway 软件后再次观察 intermediate 下的"系统需求.txt"，可以看到 Requirement_ID 样式被成功应用到标识号上了，如图 8-36 所示。

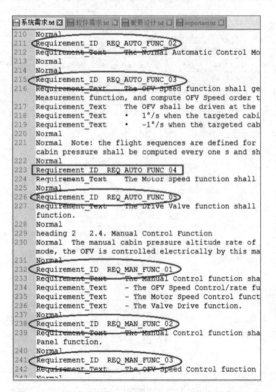

图 8-36　成功应用 Requirement_ID 样式的标识号

4）通过菜单 File→Edit Project 回到配置页面，单击 Types 按钮，展开系统需求类型 requirement 的正则表达式 Regular expression 项，确认内容为^Requirement_ ID[\t]+(\S+)(?:[\t]*\: [\t]*(.+)|)$。查询正则表达式，其含义为：解析前缀为 Requirement_ID 的文本，如图 8-37 所示。

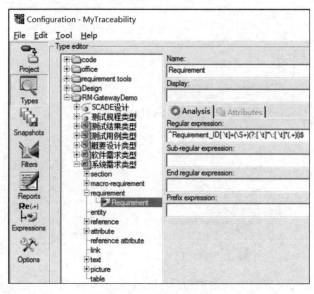

图 8-37　查询正则表达式

5）保存后查看 Graphical View 选项卡，如图 8-38 所示。

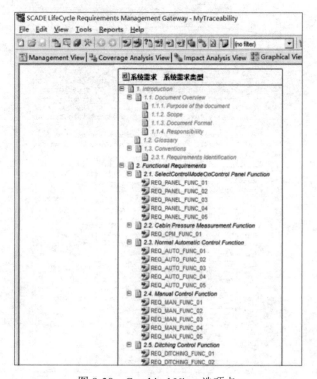

图 8-38　Graphical View 选项卡

（3）解析文档的文本内容。

1）通常解析出需求的标识号后即可进行追踪管理。有时也需要解析出标识号对应的文本内容等元素，方便对照查阅。文本内容的解析方式也是定义特定样式。例如，新建名称为 Requirement_Text 的样式并应用到相关文本上，对应的中间文件"系统需求.txt"的内容也会同样更新，如图 8-39 所示。

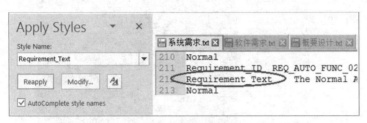

图 8-39　追踪管理示例

2）通过菜单 File→Edit Project 回到配置页面，单击 Types 按钮，展开 Word 系统需求类型的 text 项的 Text 正则表达式 Regular expression 项，确认正则表达式内容为 \bRequirement_Text\t(.+?)(?=\|\d|\n)，如图 8-40 所示。

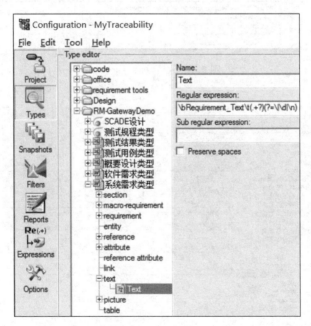

图 8-40　确认正则表达式内容

3）选中任一需求标识号，可在 Attributes 属性的 Text 内容下看到抽取的文本，如图 8-41 所示。

（4）正则表达式的调试方法。

普通文本类型文档解析难点在于如何设计精简的正则表达式来提取文档的标识号等内容。而不同软件支持的正则表达式略有差异，SCADE RM Gateway 中内置正则表达式调试区域。例如在调整合适的正则表达式语句解析"系统需求"的项目标识号时，可以如图 8-42 所示单击左下的 Expressions 按钮或右侧的 Test regular expression 按钮。

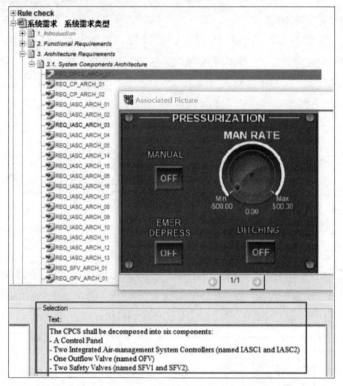

图 8-41　查看抽取的文本

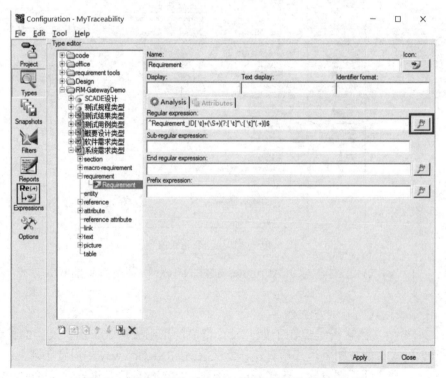

图 8-42　调整合适的正则表达式语句解析的项目标识号

将配置页切换到正则表达式的测试页。将前述的中间文件内容复制到 Test analysis zone 区域，确认 Regular expression 的内容后单击右侧的 Test 按钮，底下会显示该正则表达式中间文件的结果。反复调整正则表达式的内容，结果正确无误后单击右侧的 Update 按钮返回，如图 8-43 所示。

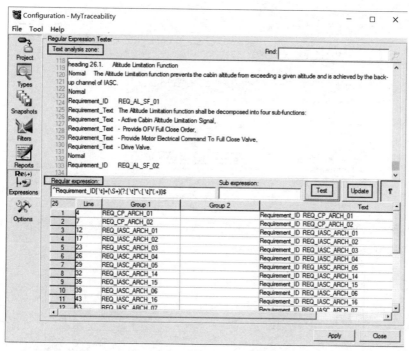

图 8-43　正则表达式测试页

（5）建立文档间的追踪关系。

在提取出相互关联的两层文档的标识号后就可以建立追踪关系了。通常是软件需求追踪到系统需求，软件需求的标识号覆盖系统需求的标识号。在解析出 8.2.3 节定义的"系统需求"和"软件需求"的标识号后，打开"软件需求.docx"。

1）可在软件需求文件的标识号后添加语句[Covers: REQ_AUTO_FUNC_XX]，并添加特定样式应用到该覆盖语句，方便抽取相关字段，如图 8-44 所示。

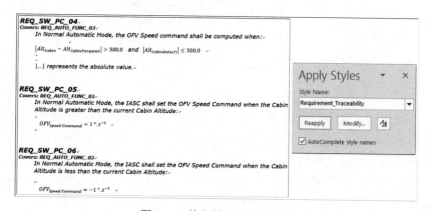

图 8-44　特定样式应用示例图

则中间文件的内容变化如图 8-45 所示。

```
Normal
Normal
Requirement_ID    REQ_SW_PC_04
Requirement_Traceability    Covers: REQ AUTO FUNC 03
Requirement_Text        In Normal Automatic Mode, the OFV Speed command shall
Requirement_Text
Requirement_Text        and
Requirement_Text
Requirement_Text
Requirement_Text        |...| represents the absolute value.
Requirement_ID
Requirement_ID
Requirement_ID    REQ_SW_PC_05
Requirement_Traceability    Covers: REQ AUTO FUNC 03
Requirement_Text        In Normal Automatic Mode, the IASC shall set the OFV
Requirement_Text
Requirement_Text
Requirement_Text
Normal
Normal
Requirement_ID    REQ_SW_PC_06
Requirement_Traceability    Covers: REQ AUTO FUNC 03
Requirement_Text        In Normal Automatic Mode, the IASC shall set the OFV
Requirement_Text
```

图 8-45　中间文件的内容变化

2）在 Types 选项卡中展开软件需求类型的 reference→Coverage，确认内容为^Requirement_Traceability[\t]Covers:[\t]*(.*)$，如图 8-46 所示。

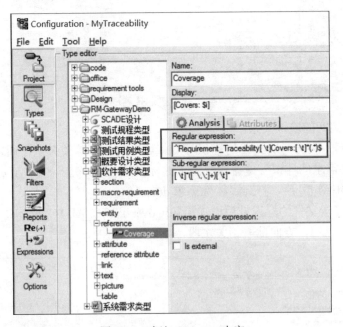

图 8-46　确认 Coverage 内容

3）保存并在程序中刷新，可以得到软件需求到系统需求间的追踪关系。其中黑色的标识号是建立追踪关系的，红色的标识号是没有建立追踪关系的，如图 8-47 所示。

3．定制解析 Excel 的文件格式

Excel 表格只能以 "列" 的方式抽取关键字。示例文件的工作表内容如图 8-48 所示。

转换后的中间文件内容如图 8-49 所示。

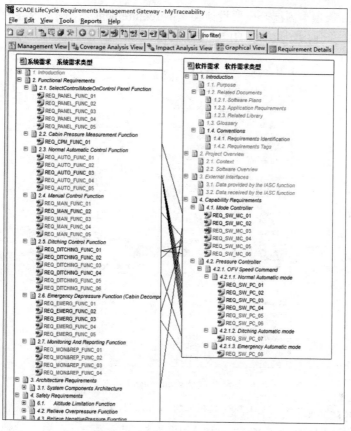

图 8-47　系统需求间的追踪关系

HLR ID	Title	Type	Content	Cover Req ID
REQ_HLR_MC_01	Mode command	te_Mode	[AUTO_NORMAL；DITCHING；EMERGENCY；MANUAL]	REQ_SW_MC_01
REQ_HLR_MC_02	Active Channel	bool	[false；true]	REQ_SW_MC_02
REQ_HLR_PC_01	Feedback OFV Auto	ts_Feedback_OFV	[0；90]	REQ_SW_PC_01
REQ_HLR_PC_02	CabinPressure	OFV_Position	[-300；45000]	REQ_SW_PC_02
REQ_HLR_PC_03	Feedback Compute	ts_AC_Informations	[1025；356]	REQ_SW_PC_03
REQ_HLR_PC_04	Speed Command Auto	PlaneAltitude	[-20.0；-1.0；0.0；1.0；20.0]	REQ_SW_PC_04

图 8-48　Excel 表格示例文件的内容

```
系统需求 ≡× ☒ 软件需求 ≡× ☒ 概要设计 M ☒
Worksheet : Overview
|1   |2 Revision |3 Date |4 Change record   |5 Author(s)   |6
|1   |2 1      |3 June 12, 2014   |4 Initial version |5 Brice Carbou |6

Worksheet : IASC
|1   |2 Flow Name   |3  |4 Refresh Period  |5 Consumer Period  |6 IE Default Value |7 IE Type  |8 IE Unit  |9 IE Te
|1 INPUT    |2 Mode command |3  |4 1s  |5 1s   |6 Auto_Normal  |7 te_Mode  |8 -   |9 [AUTO_NORMAL;DITCHING;EMERGEN
|1   |2 Active Channel A |3  |4  |5 6   |7 bool |8 [false;true] |10 [false;true]  |11
|1   |2 Feedback OFV Auto  |3  |4  |5  |6   |7 ts_Feedback_OFV  |8  |9 |10   |11 percentage   |12
|1   |2 |3 |4 |5 |6  |7 OFV_Position |8 real |9 [0;90] |10 [0;90] |11
|1   |2 AC Information  |3  |4  |5  |6   |7 ts_AC_Informations  |8
|1   |2 |3 |4 |5 |6  |7 PlaneAltitude   |8 feet |9 [-300;45000] |10 [-300;45000]   |11
|1   |2 CabinPressure  |3  |4  |5  |6 O   |7   |8 hPa |9 [1025;356]  |10 [1025;356]  |11
|1 OUTPUT   |2 Feedback Compute  A  |3  |4 1s  |5 1s  |6  |7 te_Status  |8
|1   |2 Speed Command Auto  |3  |4  |5  |6 O  |7 real |8 *.s-1   |9 [-20.0;-1.0;0.0;1.0;20.0]  |10 [-20.0;-1.0

Worksheet : Traceability
|1 HLR ID  |2 Title   |3 Content   |4 Author   |5 Cover Req ID |6
|1 REQ_HLR_MC_01   |2 Mode command |3 te_Mode  |4 [AUTO_NORMAL;DITCHING;EMERGENCY;MANUAL]  |5 REQ_SW_MC_01 |6
|1 REQ_HLR_MC_02   |2 Active Channel  |3 bool |4 [false;true] |5 REQ_SW_MC_02 |6
|1 REQ_HLR_PC_01   |2 Feedback OFV Auto  |3 ts_Feedback_OFV |4 [0;90] |5 REQ_SW_PC_01 |6
|1 REQ_HLR_PC_02   |2 CabinPressure |3 OFV_Position |4 [-300;45000] |5 REQ_SW_PC_02 |6
|1 REQ_HLR_PC_03   |2 Feedback Compute |3 ts_AC_Informations |4 [1025;356]  |5 REQ_SW_PC_03 |6
|1 REQ_HLR_PC_04   |2 Speed Command Auto  |3 PlaneAltitude  |4 [-20.0;-1.0;0.0;1.0;20.0] |5 REQ_SW_PC_04 |6
```

图 8-49　转换后的中间文件内容

（1）在 Types 选项卡内展开概要设计类型的 requirement 项，确认内容为^\|1 (REQ_HLR_\S+)，用于抽取第一列前缀为 REQ_HLR_文本的标识号，如图 8-50 所示。

图 8-50　确认 requirement 项内容

（2）在 Types 选项卡内展开概要设计类型的 reference 项，确认内容为\|5 (REQ_SW_\S+)，用于抽取第五列前缀为 REQ_SW_的文本，如图 8-51 所示。

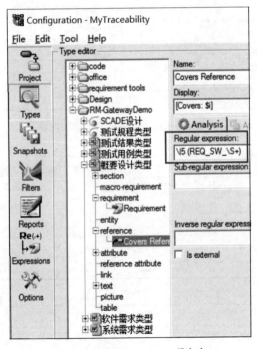

图 8-51　确认 reference 项内容

（3）全部设定完毕后刷新可以得到追踪结果，如图 8-52 所示。

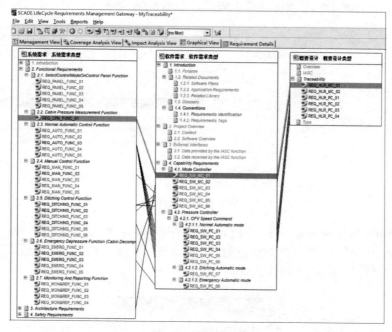

图 8-52　追踪结果

8.2.4　SCADE 文件的追踪

不同于普通文本类型文件的标识号需要用正则表达式解析，SCADE 文件的元素是自动识别出来的。接下来介绍 Suite 模型追踪的典型步骤。

（1）在拓扑结构图中追加一个新元素，类型选择 Scade 6 项并指定对应的.etp 文件，如图 8-53 所示。

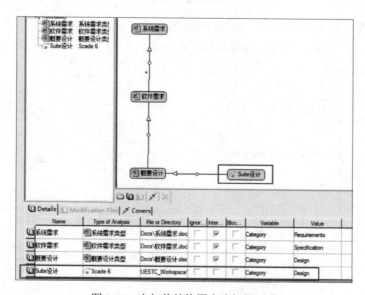

图 8-53　在拓扑结构图中追加新元素

（2）打开要进行追踪管理的 Suite 工程，选中左侧.etp 工程名称，修改并确认属性 Traceability 栏内的.rqtf 追踪管理文件是正确的，如图 8-54 所示。

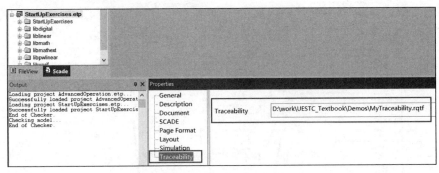

图 8-54　修改并确认追踪管理文件

（3）在 Suite 内打开需求追踪（Requirements Management）工具条，选中左侧的 Show Requirements 按钮，在弹出对话框的左上角单击"刷新"按钮后可以看到自动抽取出来的概要设计标识号，如图 8-55 所示。

图 8-55　自动抽取的概要设计标识号

（4）按照拓扑结构图的定义是 Suite 模型覆盖概要设计，所以只需要在项目框架图中选择特定的元素（包、常量、类型、操作符、输入、输出等），再选中待覆盖的标识号，最后单击"追踪"按钮，如图 8-56 所示。

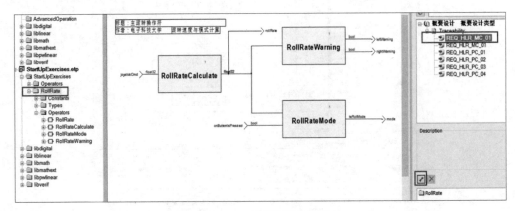

图 8-56　Suite 模型覆盖概要设计

操作完毕后可以得到图示追踪关系，如图 8-57 所示。

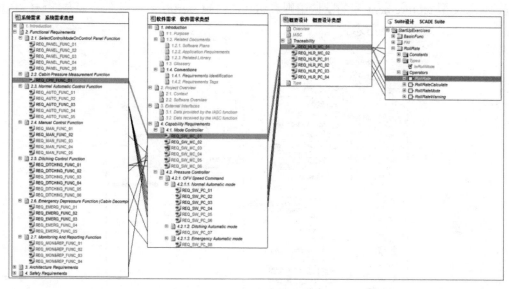

图 8-57　追踪关系图

8.2.5　验证相关文档的追踪

验证相关的文档主要是测试用例、测试规程和测试结果，典型操作步骤如下：

（1）在拓扑结构图中追加测试用例、测试规程和测试结果 3 个新元素，如图 8-58 所示。

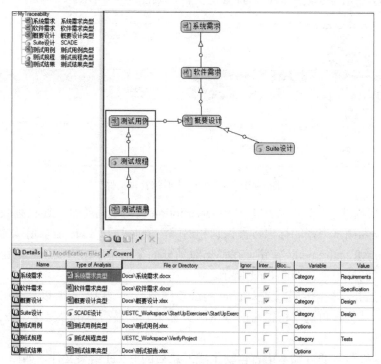

图 8-58　在拓扑结构图中追加 3 个新元素

其中测试用例和测试结果是 Excel 数据类型，测试规程类型是 SCADE Directory 类型。观察测试规程类型 requirement 栏的默认正则表达式，注意 TestProc_前缀的字段是 XML 类型文件的解析方式，如图 8-59 所示。

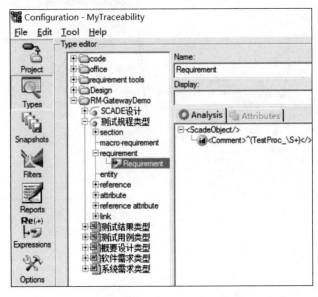

图 8-59　观察 requirement 栏的默认正则表达式

（2）打开要进行追踪管理的 Suite 验证工程，选中左侧的.etp 工程名称，修改并确认在属性的 Traceability 栏内是正确的.rqtf 追踪管理文件，如图 8-60 所示。

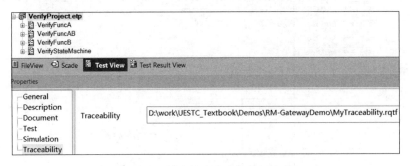

图 8-60　修改并确认追踪管理文件

（3）选中某测试规程，在属性 Test 的 Description 栏内填写符合上述正则表达式前缀的文本。该文本将作为测试规程的标识号被识别和追踪。同时打开 Suite 需求追踪的工具条，选中左侧的 Show Requirements 按钮，在弹出对话框的左上角单击"刷新"按钮后可以看到抽取出来的测试用例标识号，如图 8-61 所示。

（4）按照拓扑结构图的定义是 Suite 测试规程覆盖测试用例，所以只需在项目框架图中选择特定的测试规程，再选中待覆盖的测试用例标识号，最后单击"追踪"按钮，如图 8-62 所示。

分析测试结果后可通过脚本语言自动生成汇总后的 Excel 结果文件，如图 8-63 所示。

图 8-61　测试用例标识号

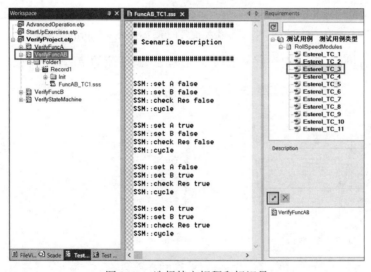

图 8-62　选择特定规程和标识号

RM Gateway Test Demo

Test Procedure	Test Reference	Test result
TestProc_VerifyFuncA	SuiteDemo_Testcase_1	OK
TestProc_VerifyFuncA	SuiteDemo_Testcase_2	UNDO
TestProc_VerifyFuncB	SuiteDemo_Testcase_3	OK
TestProc_VerifyFuncB	SuiteDemo_Testcase_4	OK
TestProc_VerifyFuncAB	SuiteDemo_Testcase_5	OK
TestProc_VerifyFuncAB	SuiteDemo_Testcase_6	NOK
TestProc_VerifyStateMachine	SuiteDemo_Testcase_7	OK
TestProc_VerifyStateMachine	SuiteDemo_Testcase_8	OK

图 8-63　自动生成的汇总后的 Excel 文件

（5）定制测试结果类型文件的 Reference 和 Attribute 属性。Reference 可追踪到测试规程的标识号，Attribute 可根据第三列的内容显示对应的图标，如图 8-64 所示。设定完毕并刷新后，可在 Impact Analysis View 选项卡中观察结果状态。

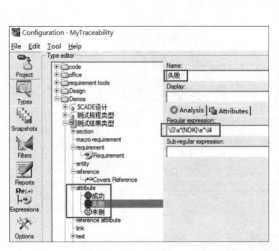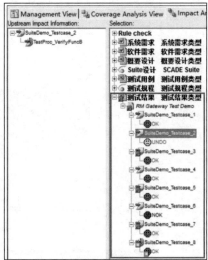

图 8-64　定制测试结果类型文件的 Reference 和 Attribute 属性

（6）在 Graphical View 中观察整个项目开发流、验证流的追踪效果，如图 8-65 所示。

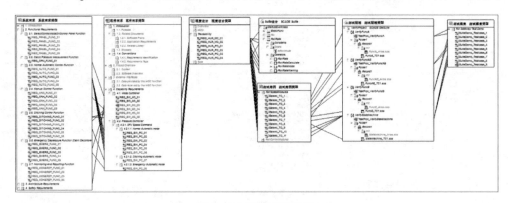

图 8-65　观察追踪效果

8.2.6　生成快照

追踪关系的建立是迭代进行的，每个阶段性的工作完成后，推荐将当前追踪的状态冻结，生成快照，进行配置管理。当再次修改追踪关系并生成新的快照后，可以与前次生成的进行比对，查看工作进度或修改项。生成快照的操作如下：

（1）通过选择菜单 File→New Snapshot for Current Project 打开或者在"配置"对话框中单击按钮切换至快照选项卡 Snapshots，如图 8-66 和图 8-67 所示。

（2）在其中根据项目命名规则和当前状态填写快照信息。

（3）生成快照后，单击任一快照可以自动弹出当时锁定的追踪状态。

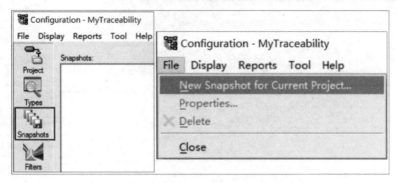

图 8-66　快照选项卡 Snapshots

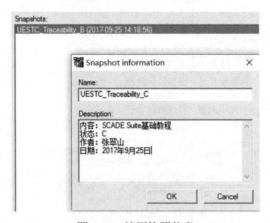

图 8-67　填写快照信息

（4）当有两个以上的快照时，任意选中两个，会在右侧差异栏中显示不同项，如图 8-68 所示。

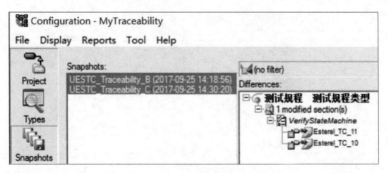

图 8-68　含有两个快照时的差异栏

8.2.7　生成追踪矩阵

建立追踪关系只是过程，最终提交给审核方的是追踪报告。只有两个直接相关的层级元素能生成追踪报告。下面介绍生成追踪报告的步骤。

（1）在程序的 Impact Analysis View 选项卡中选中系统需求和软件需求，单击菜单 Reports →Library Reports→Traceability Matrix，如图 8-69 所示。

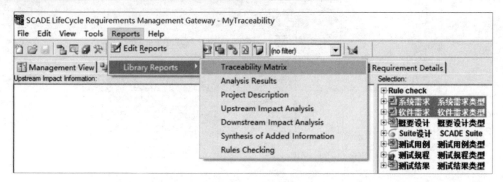

图 8-69　在程序的 Impact Analysis View 选项卡中选中系统需求和软件需求

（2）在弹出的对话框内直接单击 Continue 按钮，如图 8-70 所示。

图 8-70　单击 Continue 按钮

（3）选择适当的目录位置和文件类型存放追踪报告，追踪报告的类型通常为 Excel（.xls）、Word（.rtf）等，如图 8-71 所示。

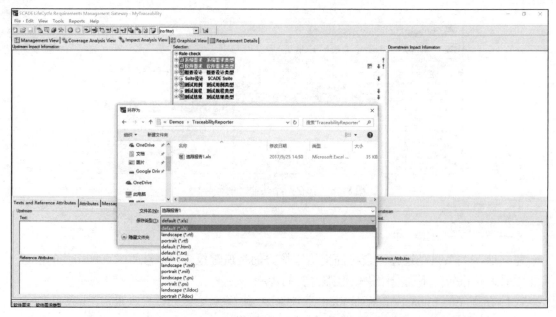

图 8-71　选择适当的目录位置和文件类型存放追踪报告

当选择文件类型为 Excel 格式时生成的报告如图 8-72 所示。

A	B	C
软件需求 covers 系统需求		
Coverage ratio: 14%		
Downstream	Text	Upstream
REQ_SW_MC_01	The Mode Controller shall manage three automatic modes - Normal Automatic mode, where the IASC computes the OFV Speed command - Ditching mode - Emergency mode	REQ_CPM_FUNC_01
REQ_SW_MC_02	The Automatic modes shall be disable during the Manual Mode. Only the Emergency mode can be enable.	REQ_IASC_ARCH_03
REQ_SW_MC_04	The Mode shall be defined by the Pilot input. The default Automatic Mode shall be the Normal Automatic Mode.	REQ_MAN_FUNC_02
REQ_SW_MC_04	The Mode shall be defined by the Pilot input. The default Automatic Mode shall be the Normal Automatic Mode.	REQ_DITCHING_FUNC_02
REQ_SW_MC_04	The Mode shall be defined by the Pilot input. The default Automatic Mode shall be the Normal Automatic Mode.	REQ_EMERG_FUNC_02
REQ_SW_MC_05	The Ditching mode shall only be available if Aircraft altitude is lower than 4572m (15 000ft).	REQ_DITCHING_FUNC_01
REQ_SW_MC_06	The Emergency mode shall have a higher priority than the Manual mode. The Emergency mode shall have a higher priority than the Ditching mode and the Normal Automatic mode. The Manual mode shall have a higher priority than the Ditching mode and the Normal Automatic mode. The Ditching mode shall have a higher priority than the Normal Automatic mode	REQ_DITCHING_FUNC_01
REQ_SW_PC_01	During the Normal Automatic Mode, when the Aircraft altitude is less than 20000 feet, the Cabin altitude targeted shall be:	REQ_AUTO_FUNC_03
REQ_SW_PC_02	During the Normal Automatic Mode, when the Aircraft altitude is greater than 20000 feet, the Cabin altitude targeted shall be:	REQ_AUTO_FUNC_03
REQ_SW_PC_03	In Normal Automatic, the IASC shall compute the rate of the Cabin Altitude: The default value of shall be the current value of Cabin Altitude: ExecutionTime is the execution time of the task where the computation is executed, in minutes	REQ_AUTO_FUNC_03
REQ_SW_PC_04	In Normal Automatic Mode, the OFV Speed command shall be computed when: and [...] represents the absolute value.	REQ_AUTO_FUNC_03
REQ_SW_PC_05	In Normal Automatic Mode, the IASC shall set the OFV Speed Command when the Cabin Altitude is greater than the current Cabin Altitude:	REQ_AUTO_FUNC_03
REQ_SW_PC_06	In Normal Automatic Mode, the IASC shall set the OFV Speed Command when the Cabin Altitude is less than the current Cabin Altitude:	REQ_AUTO_FUNC_03
REQ_SW_PC_07	In Ditching Automatic Mode, the IASC shall set the OFV Speed Command:	REQ_DITCHING_FUNC_04

图 8-72　生成报告表

当选择文件类型为 Word 格式时生成的报告如图 8-73 所示。

2.　测试规程 covers 测试用例

Coverage ratio: 100%

Downstream	Text	Upstream
VerifyFuncA	TestProc_VerifyFuncA	Esterel_TC_1
FuncA_TC1.sss		Esterel_TC_2
VerifyFuncAB	TestProc_VerifyFuncAB	Esterel_TC_3
FuncAB_TC1.sss		Esterel_TC_4
VerifyFuncB	TestProc_VerifyFuncB	Esterel_TC_5
FuncB_TC1.sss		Esterel_TC_6
VerifyStateMachine	TestProc_VerifyStateMachine	Esterel_TC_7
VerifyStateMachine	TestProc_VerifyStateMachine	Esterel_TC_9
VerifyStateMachine	TestProc_VerifyStateMachine	Esterel_TC_10
VerifyStateMachine	TestProc_VerifyStateMachine	Esterel_TC_11
StateMachine_TC1.sss		Esterel_TC_8

图 8-73　生成报告图

8.3　配置管理

软件配置管理（SCM）是一个贯穿软件生命周期始终的整体性过程。它跨越软件生命周期的全部区域，并影响所有的资料和过程。SCM 并不像通常理解的那样只针对源代码，所有的软件生命周期资料都需要它。所有用于制造、验证软件以及说明软件符合性的数据和文档也都需要一定级别的配置管理[1]。

DO-178C 第 11 节列出的所有软件生命周期资料都需要进行 SCM。应用 SCM 的严格度依赖于软件的级别和制品的特质。DO-178C 使用 CC1/CC2（控制类 1/控制类 2）的概念来标识应用于一个资料项的配置管理量。一个分类为 CC1 的资料项必须应用全部的 DO-178C SCM

活动，而一个 CC2 的资料项可以只应用一个子集。CC1 要求最强的控制，适用于安全关键的合格审定资料，对于 A 级和 B 级软件，较多资料被分类为 CC1[1,19]。

DO-178C 配置管理过程中需要满足以下 6 个目标：

- 表 A-8 目标 1：配置项被标识。
- 表 A-8 目标 2：建立了基线和可追踪性。
- 表 A-8 目标 3：建立了问题报告、变更控制、变更评审和配置状态统计机制。
- 表 A-8 目标 4：建立了归档、检索和发布的机制。
- 表 A-8 目标 5：建立了软件加载控制。
- 表 A-8 目标 6：建立了软件生命周期环境控制[19]。

SCADE Suite 的集成开发环境比较老，不推荐通过 Suite 集成开发环境直接与其他版本管理工具桥接进行配置管理。建议通过项目前期合理的工程定义与目录划分在文件级别进行配置管理。

通常一个典型的 Suite 工程有如下文件：推荐配置项主要包含模型设计文件、测试用例文件、测试规程文件、覆盖分析准则文件、模型生成的代码、模型生成的文档、追踪管理文件等。其余的输出文件都是基于模型生成的，建议不用专门进行配置管理，如图 8-74 所示。

文件名	主要作用	功能类型	是否需要配置管理
.vsw	保存工作区配置的文件	设计相关	√
.etp	保存各模型组织关系的工程文件，	设计相关	√
.xscade	保存图形化建模的模型文件	设计相关	√
.scade	保存文本方式建模、或自动转换为文本的模型文件	设计相关	√
.ann	保存注释内容的文件	设计相关	√
.ewo	保存工作区文件用户偏好设置的文件	设计相关	×
.err	保存错误信息的文件	设计相关	×
.aty	保存自定义注释类型的文件	设计相关	×
.ssl	保存自定义样式的文件	样式相关	×
.fonts	保存自定义注释或样式中引用的外部字体文件	样式相关	×
.tot	保存工程自定义偏好设置的文件	样式相关	×
.htm/.xml	包括模型检查、比对、TSO、DV等操作报告的文件	报告相关	√
.log	保存代码生成、仿真调试、MTC等操作报告的文件	报告相关	√
.txt	保存测试报告的文件	报告相关	√
.c/.h	导入的、或模型生成的C代码文件	代码相关	√
.ads/.adb	模型生成的Ada代码文件	代码相关	√
.bat	保存自动生成命令行处理信息的文件	代码相关	√
.dc/.dh	保存C代码模板信息的文件	代码相关	×
.o	保存编译信息的中间文件	代码相关	×
.def	保存仿真时导出动态链接库接口信息的文件	代码相关	×
.a	保存仿真时的静态库文件	代码相关	×
.sss/.cvs	保存测试用例的文件	验证相关	√
.stp	保存测试规程的文件	验证相关	√
.trf	保存测试规程结果的文件	验证相关	√
.out	保存原始测试结果的文件	验证相关	√
.crf	覆盖率验证时，保存各分支信息的文件	验证相关	√
.cdf	覆盖率验证时，保存覆盖率准则信息的文件	验证相关	√
.l4	保存形式化验证	验证相关	√
.scts	保存TSO工程配置信息的文件	验证相关	√
.ais	保存TSO特定处理器配置信息的文件	验证相关	√
.xtc	保存TSO结果的文件	验证相关	√
.elf	保存TSO结果的原始文件	验证相关	√
.fmu	保存符合FMI接口标准的fmu文件	验证相关	√
.rqtf	保存追踪关系配置信息的文件	追溯相关	√
.rqtfimage	保存追踪关系信息的文件	追溯相关	√
.trace	保存追踪关系条目的文件	追溯相关	√
.types	保存追踪文件定制正则表达式等信息的文件	追溯相关	√
.sdy	保存与SCADE Display接口映射关系的文件	图形相关	√

图 8-74　典型的 Suite 工程包含的文件

8.4　建模规范

DO-178C 中要求在软件计划阶段制定 5 个计划（软件合格审定计划、软件开发计划、软件验证计划、软件配置管理计划和软件质量保证计划）和 3 个标准（软件需求标准、软件设计标准和软件编码标准）。本节主要讨论其中和 SCADE 建模相关的软件设计标准。

注意：关于软件编码标准，SCADE 生成的代码使用的是与 MISRA-C:2004 兼容的 C 代码安全子集，是兼容 ISO-C 标准的。由于使用了认证级代码生成器 KCG，工具将自动保证生成的代码是符合软件编码标准的。

软件设计标准为软件设计定义方法、工具、规则和约束。在 DO-178C 中，设计包括低层需求和软件体系结构。标准解释如何编写有效的可实现的设计、使用设计工具、执行追踪、处理导出的低层需求，以及建立满足 DO-178C 标准的设计资料。设计标准还可为设计评审提供准则，以及作为工程师的培训工具。

由于设计可以用不同的方法实现，建立一个通用的设计标准是有挑战性的。许多公司有通用的设计标准，但是它们对于项目特定的需要经常不够有效。可以使用公司范围的标准作为一个起点，但是通常需要一些剪裁[1]。

SCADE R16 安装完毕的路径 help\Common Help Resources\Design Standard 下含有推荐的建模规范 SCADE SUITE APPLICATION SOFTWARE DEVELOPMENT STANDARD[31]。其中对 SCADE 软件的适用领域、工程和库的组织、命名规则、可追踪性、可读性、可重用性、可扩展性等作了通用的规定。用户可在此基础上结合项目具体情况、工程经验等进行额外的定制。

定制特定项目的建模规范时，每个规则都应该有对应的参照示例和唯一的标识号。按照推荐遵循程度的由强到弱使用"必须""强烈推荐"和"推荐"的语句来表述。另外，推荐使用 SCADE 支持的 Tcl、Python 的 API 等进行二次开发形成专门的检查器，用于检查设计完毕的模型是否符合定制的建模规范。

练习题

1. 导入并使用自定义 SCADE 库。
2. 用 SCADE RM Gateway 进行源代码和详细设计（Word 格式）的追踪管理。
3. 用 SCADE RM Gateway 进行 SCADE 模型和高层需求（Excel 格式）的追踪管理。

9

综合案例

9.1 目标

本部分是 SCADE Suite 建模的综合示例，需求是取一维数组的中位数，其中的难点是 Torben 算法和迭代器的设计。

9.2 中位数计算设计实例

9.2.1 Torben 算法求中位数简述

在一个含有 N 个元素的数值型数组中寻找最大值与最小值，其中用到 3 个中间变量：最大值（max）、最小值（min）和以两者的平均值作为的中位数（guess）。

以数组（75，12，34，24，13，21，78）为例，min=12，max=78，guess=45。

（1）分别计算小于 guess 值和大于 guess 值的数值个数（less，greater）。其中 5 个数字比 45 小，所以 less=5；2 个比 45 大，所以 greater=2，这表示实际中位数在 guess 预估值和最小值之间，因此可以使用 guess 预估值作为新的 max 值。而当 guess 值不在数列中时，可以使用比 guess 值排序小一位的数值来作为新的 max 值。所以取 34 为比 guess 小的序列里面的最大值。

（2）第二轮计算中，新的 guess 值为(12+34)/2 = 23；比该 guess 值大的数值个数为 4，小的个数为 3，判断中位数应该大于 23，取最接近的 24，查找中位数结束。

（3）Torben 算法尽可能地取实际计算值为中位数，当数组元素个数为偶数时，可能取最接近 guess 值的数值。

（4）终止条件：less<=(n+1)/2 and greater<= (n+1)/2。

- 若 less< (n+1)/2，中位数为比 greater 大的那部分里的最小值。
- 若 less+guess>= (n+1)/2，中位数为 guess。
- 若 less>= (n+1)/2，中位数为比 greater 小的那部分里的最大值。

9.2.2 实例创建步骤

（1）创建 SCADE 工程。

启动 SCADE Suite，单击菜单 File→New，在弹出的对话框中选择 SCADE Suite Project，在右侧的 Project 栏中输入工程名 median，选择工程保存路径，然后单击"确定"按钮，如图 9-1 所示。

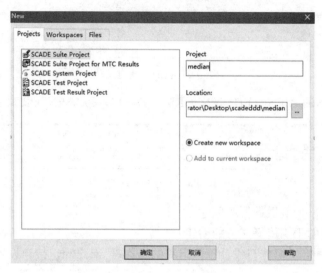

图 9-1　创建工程界面

在图 9-2 所示的界面中，选择 Scade 6.5 版本，然后单击"完成"按钮。

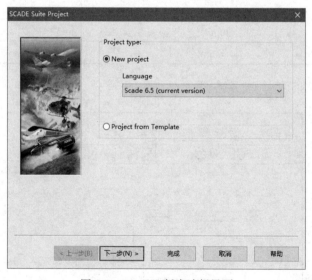

图 9-2　SCADE 版本选择界面

（2）包的创建。

右击 median 文件夹，在弹出的快捷菜单中选择 Insert→Package 选项，输入包的名字 MEDIAN，如图 9-3 所示。

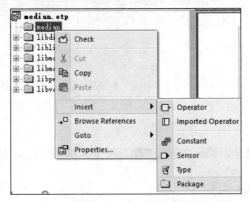

图 9-3　包的创建方法

创建图 9-4 所示的 AIRSPEED_SENSORS 和 DISTANCE_SENSORS 两个常量。

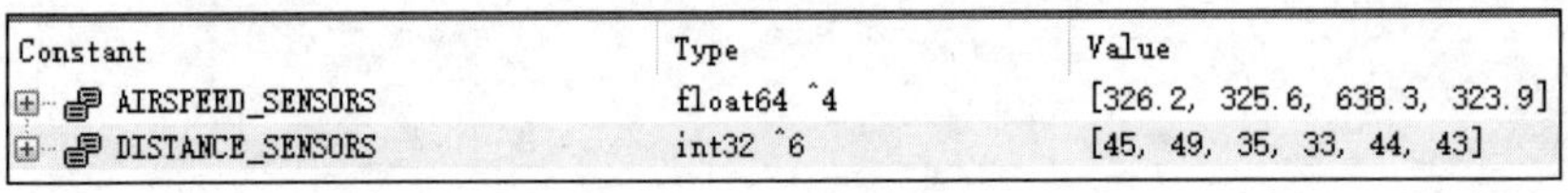

Constant	Type	Value
AIRSPEED_SENSORS	float64 ^4	[326.2, 325.6, 638.3, 323.9]
DISTANCE_SENSORS	int32 ^6	[45, 49, 35, 33, 44, 43]

图 9-4　常量设置方法

（3）求两数的平均值操作符的创建。

1）求两整型数的平均值操作符的创建。

用加法和除法预定义操作符设计整型运算的操作符 meanInt，接口设置如表 9-1 所示。

表 9-1　求两整型数的平均值操作符 meanInt 的 I/O 变量列表

变量名称	作用	类型
a	Input	int32
b	Input	int32
m	Output	int32

逻辑设计如图 9-5 所示。

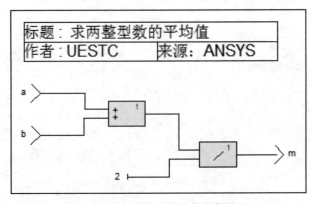

图 9-5　求两整数平均值的逻辑设计

2）求两浮点数的平均值操作符的创建。

用加法和除法预定义操作符设计浮点运算的操作符 meanFloat，接口设置如表 9-2 所示。

表 9-2 求两浮点数的平均值操作符 meanFloat 的 I/O 变量列表

变量名称	作用	类型
a	Input	float32
b	Input	float32
m	Output	float32

逻辑设计如图 9-6 所示。

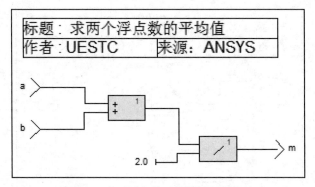

图 9-6 求两浮点数平均值的逻辑设计

3）可同时求两整型和浮点型数的多态操作符的创建。

建立一个导入操作符 mean，在其下建立 I/O 接口如表 9-3 所示。

表 9-3 可以同时求两整型和浮点型数的多态操作符 mean 的 I/O 变量列表

变量名称	作用	类型
a	Input	'T
b	Input	'T
m	Output	'T

将 meanInt 和 meanFloat 与导入操作符 mean 进行关联。选中 meanInt 操作符，在属性 Declaration 栏中勾选 Specialize 复选框，在下拉列表框中选择 mean 操作符，如图 9-7 所示。

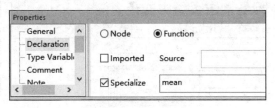

图 9-7 关联设置

（4）求含有 N 个元素的数组的最值操作符的创建。

1）求数组中元素的最大值操作符的创建。

通过大于和 If...Then...Else 操作符设计取较大值的操作符 max_2，I/O 接口如表 9-4 所示，为了同时匹配整型和浮点型的输入，将接口类型设置为通用类型。

表 9-4　求取两个数中较大的数的操作符 max_2 的 I/O 变量列表

变量名称	作用	类型
accIn	Input	'T
v	Input	'T
accOut	Output	'T

逻辑设计如图 9-8 所示。

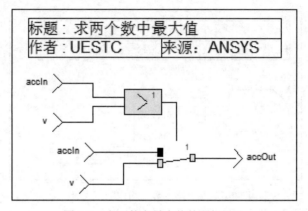

图 9-8　求两数中最大值的逻辑设计

建立操作符 max 对操作符 max_2 进行 mapfold 迭代，用来取数组的最大值；由于不确定数组中元素的个数，因此将此操作符设计为带参数 N 的操作符，设置 I/O 如表 9-5 所示。

表 9-5　求取一个数组中元素的最大值操作符 max 的 I/O 变量列表

变量名称	作用	类型
v	Input	'T^N
M	Output	'T

逻辑设计如图 9-9 所示。

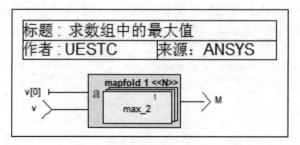

图 9-9　求数组中最大值的逻辑设计

2）求数组中元素的最小值操作符的创建。

通过小于和 If…Then…Else 操作符设计取较小值的操作符 min_2，I/O 接口如表 9-6 所示，为了同时匹配整型和浮点型的输入，将接口类型设置为通用类型。

表 9-6　求取两个数中较小的数的操作符 min_2 的 I/O 变量列表

变量名称	作用	类型
acc_in	Input	'T
v	Input	'T
acc_out	Output	'T

逻辑设计如图 9-10 所示。

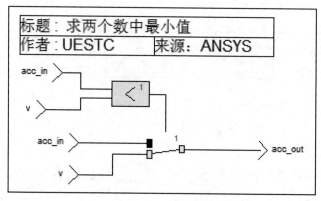

图 9-10　求两数中最小值的逻辑设计

建立操作符 min 对操作符 min_2 进行 mapfold 迭代，取数组的最小值，将此操作符设计为带参数 N 的操作符，设置 I/O 如表 9-7 所示。

表 9-7　求取一个数组中元素的最小值操作符 min 的 I/O 变量列表

变量名称	作用	类型
v	Input	'T^N
m	Output	'T

逻辑设计如图 9-11 所示。

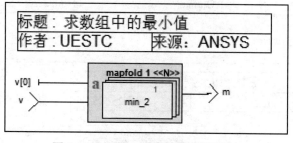

图 9-11　求数组中最小值的逻辑设计

（5）计算 less 和 greater 大小的操作符的创建。

1）计算比 guess 小的数（less）的个数操作符的创建。

创建操作符 count_lt_2，I/O 设置如表 9-8 所示。

表 9-8 操作符 count_lt_2 的 I/O 变量列表

变量名称	作用	类型
acc_in	Input	int32
v	Input	'T
guess	Input	'T
acc_out	Output	int32

逻辑设计如图 9-12 所示。

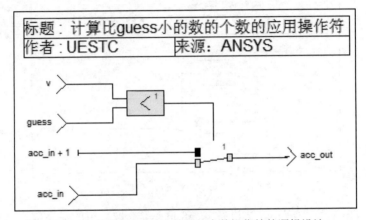

图 9-12 计算比 guess 小的数的个数操作符的逻辑设计

建立操作符 count_lt 对操作符 count_lt_2 进行 mapfold 迭代，来计算比 guess 小的数的个数，将此操作符设计为带参数 N 的操作符，设置 I/O 如表 9-9 所示。

表 9-9 操作符 count_lt 的 I/O 变量列表

变量名称	作用	类型
v	Input	'T^N
guess	Input	'T
count	Output	int32

逻辑设计如图 9-13 所示。

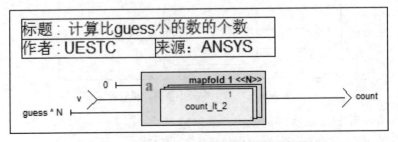

图 9-13 计算比 guess 小的数的个数的逻辑设计

2）计算比 guess 大的数（greater）的个数操作符的创建。

创建操作符 count_gt_2，I/O 设置如表 9-10 所示。

表 9-10　操作符 count_gt_2 的 I/O 变量列表

变量名称	作用	类型
acc_in	Input	int32
v	Input	'T
guess	Input	'T
acc_out	Output	int32

逻辑设计如图 9-14 所示。

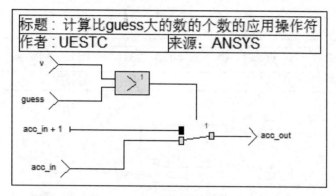

图 9-14　计算比 guess 大的数的个数操作符的逻辑设计

建立操作符 count_gt 对操作符 count_gt_2 进行 mapfold 迭代，来计算比 guess 大的数的个数，将此操作符设计为带参数 N 的操作符，设置 I/O 如表 9-11 所示。

表 9-11　操作符 count_gt 的 I/O 变量列表

变量名称	作用	类型
v	Input	'T^N
guess	Input	'T
count	Output	int32

逻辑设计如图 9-15 所示。

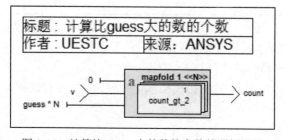

图 9-15　计算比 guess 大的数的个数的逻辑设计

（6）定义新的最值的操作符的创建。

1）最小值操作符的创建。

创建操作符 above_2 作为新最小值的迭代应用操作符，I/O 设置如表 9-12 所示。

表 9-12　操作符 above_2 的 I/O 变量列表

变量名称	作用	类型
acc_in	Input	'T
v	Input	'T
guess	Input	'T
acc_out	Output	'T

逻辑设计如图 9-16 所示。

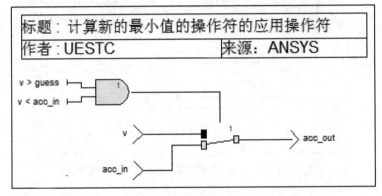

图 9-16　计算新的最小值的操作符的逻辑设计

建立操作符 above 对操作符 above_2 进行 mapfold 迭代，取比 guess 大的那部分里面的最小值为新的最小值，将此操作符设计为带参数 N 的操作符，设置 I/O 如表 9-13 所示。

表 9-13　操作符 above 的 I/O 变量列表

变量名称	作用	类型
max	Input	'T
v	Input	'T^N
guess	Input	'T
mingtguesss	Output	'T

逻辑设计如图 9-17 所示。

2）定义新的最大值操作符的创建。

创建操作符 below_2 作为计算新最大值的操作符，I/O 设置如表 9-14 所示。

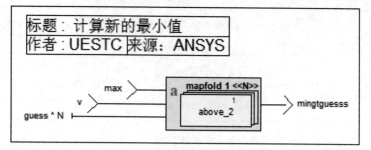

图 9-17 计算新的最小值的逻辑设计

表 9-14 操作符 below_2 的 I/O 变量列表

变量名称	作用	类型
acc_in	Input	'T
v	Input	'T
guess	Input	'T
acc_out	Output	'T

逻辑设计如图 9-18 所示。

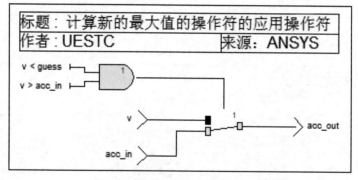

图 9-18 计算新的最大值的操作符的逻辑设计

建立操作符 below 对操作符 below_2 进行 mapfold 迭代，取比 guess 小的那部分里面的最大值为新的最大值，将此操作符设计为带参数 N 的操作符，设置 I/O 如表 9-15 所示。

表 9-15 操作符 below 的 I/O 变量列表

变量名称	作用	类型
min	Input	'T
v	Input	'T^N
guess	Input	'T
maxltguesss	Output	'T

逻辑设计如图 9-19 所示。

（7）集成后的计算中位数的操作符的创建。

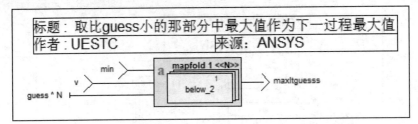

图 9-19　取比 guess 小的那部分数中的最大值的逻辑设计

1）集成后的 guess 计算操作符的创建。

创建操作符 guess，调用设计完毕的其他操作符，通过 If 块筛选出要求的中位数，添加局部变量 break、greater、guess、half、less、max、maxltguess、min、mingtguess，将 guess 设计为带参数 N 的操作符，I/O 设置如表 9-16 所示。

表 9-16　操作符 guess 的 I/O 变量列表

变量名称	作用	类型
accIn	Input	'T^2
v	Input	'T^N
continue	Output	bool
accOut	Output	'T^2

逻辑设计如图 9-20 所示。

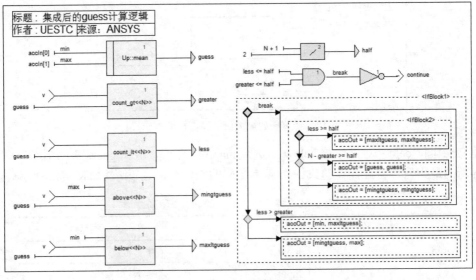

图 9-20　guess 计算的逻辑设计

2）集成后含参数 N 的求中位数操作符的创建。

创建带参数 N 的操作符 median，用 min 和 max 函数计算数组第一次运算时的最大最小值，集成后的 guess 计算逻辑用这两个最值进行 mapfoldw 迭代，将其第一个元素取出来即为要求的中位数，I/O 设置如表 9-17 所示。

表 9-17　操作符 median 的 I/O 变量列表

变量名称	作用	类型
v	Input	'T^N
m	Output	'T

逻辑设计如图 9-21 所示。

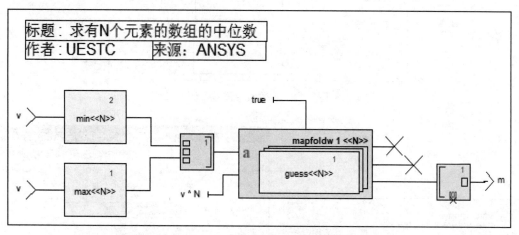

图 9-21　求有 N 个元素的数组的中位数的逻辑设计

3）含参数 N 的求中位数操作符实例化。

取 N 个元素的数组中位数的操作符建立完成，接下来要将其实例化，建立两个常量数组 AIRSPEED_SENSORS: real^4 =[326.2,325.6,638.3,323.9]和 DISTANCE_SENSORS:int^6=[45,49, 35,33,44,43]，并且添加一个输入 input1 来验证逻辑正确性，I/O 设置如表 9-18 所示。

表 9-18　操作符 test 的 I/O 变量列表

变量名称	作用	类型
input1	Input	int32^10
output1	Output	float64
output2	Output	int32
output3	Output	int32

逻辑设计如图 9-22 所示。

（8）SCADE Suite 仿真。

在仿真窗口中选择 Simulation，如图 9-23 所示。

单击左侧的 settings 按钮，改仿真的目标操作符为 test，然后单击"确定"按钮，如图 9-24 所示。

进入仿真界面，改变输入 input1 的值为(1,1,2,3,4,4,5,6,8,10)。中位数仿真结果示例如图 9-25 所示。

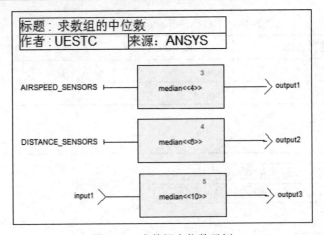

图 9-22　求数组中位数示例

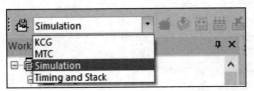

图 9-23　Simulation 选择界面

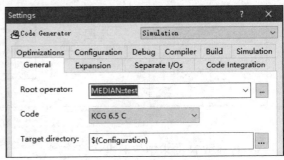

图 9-24　仿真操作符选择设置方法

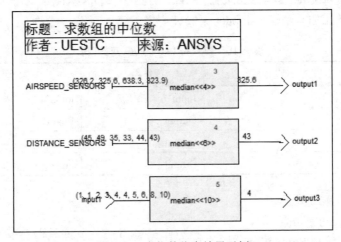

图 9-25　中位数仿真结果示例

（9）生成 C 代码。

结束仿真之后，使用 KCG 生成 C 代码，在下拉列表框中选择 KCG 选项，如图 9-26 所示。

单击左侧的 Settings 按钮，在 Settings 对话框中进行如图 9-27 所示的设置，然后单击"确定"按钮。

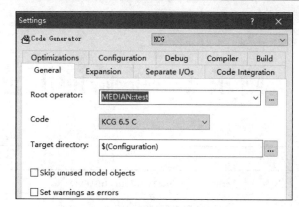

图 9-26 选择生成代码功能　　　　　图 9-27 生成代码时的基础设置方法

单击右侧红框中的"代码生成"按钮 。

代码成功生成后，可以在输出栏中查看生成的代码文件，如图 9-28 所示。

```
ⓘ Information        Generated Files        GENFIL        KCG- Generated files
○                                                         kcg_trace.xml
○                                                         kcg_metrics.txt
○                                                         test_MEDIAN.c
○                                                         median_MEDIAN_int32_10.c
○                                                         min_MEDIAN_int32_10.c
○                                                         max_MEDIAN_int32_10.c
○                                                         guess_MEDIAN_int32_10.c
○                                                         count_lt_MEDIAN_int32_10.c
○                                                         count_gt_MEDIAN_int32_10.c
```

图 9-28 生成的代码文件

（10）生成设计报告。

在 report 工具栏的下拉列表框中选择 RTF，报告文件有两种格式：HTML 和 RTF，文本化的 Tcl 脚本可实现报告的完全定义。

单击 Generate Document，结果示例如图 9-29 所示。

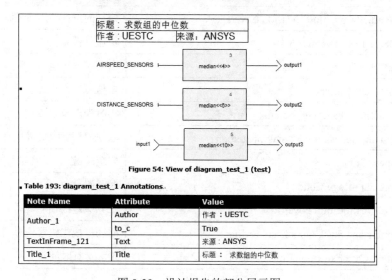

Note Name	Attribute	Value
Author_1	Author	作者：UESTC
	to_c	True
TextInFrame_121	Text	来源：ANSYS
Title_1	Title	标题：求数组的中位数

图 9-29 设计报告的部分展示图

附录 1　缩略词汇总和常用词定义

附表 1-1　缩略词汇总

专有名词	全称	对应中文释义
AVSI	Aerospace Vehicle Systems Institute	欧美的航空设备研究所
CAAC	Civil Aviation Administration of China	中国民用航空局
CVK	Compiler Verification Kit	编译器验证套件
CWCET	Cstack Worst-Case Execution Time	累计的最坏运行时间
DAL	Development Assurance Level	研制保证等级
DV	Design Verifier	设计验证器
EASA	European Aviation Safety Agency	欧洲航空安全局
FAA	Federal Aviation Administration	美国联邦航空管理局
FADEC	Full Authority Digital Engine Control	全权限数字式发动机控制
FMI	Functional Mockup Interface	功能模型接口
FMU	Functional Mockup Unit	功能模型文件
HLR	High Level Requirement	高层需求
KCG	Qualified Code Generator	认证级代码生成器
LLR	Low Level Requirement	低层需求
MBDV	Model Based Development and Verification	基于模型的开发与验证
MC/DC	Modified Condition/Decision Coverage	修订的条件/判定覆盖
MTC	Model Test Coverage	覆盖分析测试
QTE	Qualified Test Environment	自动测试环境
RTF	Rich Text Format	多信息文本格式
RTOS	Real Time Operating System	实时操作系统
SAVI	System Architecture Virtual Integration	系统架构虚拟集成项目
SC	Safety Critical	安全关键
SLOC	Source Lines of Code	源代码行数
TQL	Tool Qualification Level	工具鉴定级别
TSO/TSV	Timing and Stack Optimizer /Verifier	时间堆栈优化器/分析器
WCET	Worst-Case ExecutionTime	最坏运行时间

附表 1-2　常用词定义

常用词	定义解释
Causality Loop	因果循环
Cycle	嵌入式系统运行时轮询的周期
Diagram	SCADE Suite 图形建模页
DO-178B	机载系统和设备合格审定中的软件考虑
Emit	信号变量的激活
Fold	SCADE 的三种迭代器系列之一
Fork	迁移线上的分叉
Function	无上下文环境的操作符
Imported Operator	模型的导入操作符
Input	模型的输入
Intrument	覆盖分析前的模型插桩
Justification	解释无法覆盖的分支
Local Variable	局部变量，无法被优化的变量
Map	SCADE 的三种迭代器系列之一
Mapfold	SCADE 的三种迭代器系列之一，兼有 Map 和 Fold 的功能
Node	有上下文环境的操作符
Operator	操作符，分为 Function 和 Node 两种
Output	模型的输出
Package	SCADE 工程下的一个集合所有实现功能操作符的包
Present	信号变量的等待
Restart	状态机重置，再次迁移回来后从头开始运行
Resume	状态机挂起，再次迁移回来后继续运行
Root operator	模型集成后的根操作符
Sensor	SCADE 中的外部引用变量
Signal	状态机中可用的信号变量
Text diagram	SCADE Suite 文本建模页
Traceability	可追踪性
Transition	状态机之间的迁移

附录 2　SCADE Suite 关于 DO-178C/DO-331 目标的符合性矩阵

本部分参考了 DO178C 标准[19]、DO-331 标准[20]和 ANSYS 公司的《使用 SCADE 高效开发符合 DO-178C 目标的安全航电软件的指南》[32]，只列出和 SCADE Suite 相关的目标和活动项。在下面的表格中，ABCD 列表示软件的安全级别；●表示该目标应该独立地满足；○表示该目标应该满足。

如果 SCADE Suite 相关产品自动化、或省略了用于满足目标的过程或活动，则表中"自动化或省略了活动"列将标记为 Y，否则为 N。

如果 SCADE Suite 相关产品可以完全省略相关活动，则表中"推荐的 SCADE 活动"列带灰色底纹。

附表 MB.A-4　软件设计过程输出的验证（参考 DO-331）

序号	目标	满足目标活动的参考章节	A	B	C	D	自动化或省略了活动	SCADE 的应用	推荐的 SCADE 活动
1	低层需求符合高层需求	MB.6.3.2 MB.6.7 MB.6.8.1 （项目 1）	●	●	○		Y	部分：QTE 部分：MTC 部分：Reporter 部分：DV	评审和模型仿真 使用 SCADE Reporter 生成报告供评审 使用 SCADE QTE 进行主机上的模型仿真 使用 SCADE QTE 进行主机上的模型覆盖分析 使用 SCADE DV 进行形式化验证
2	低层需求是准确的、一致的	MB.6.3.2 MB.6.8.1 （项目 1）	●	●			Y	部分：KCG	自动完成 SCADE 语言是形式化的，确保设计的模型是准确的、一致的 使用 SCADE Suite 模型检查器检查语法语义
3	低层需求与目标计算机兼容	MB.6.3.2	○	○			Y	部分：Reporter 部分：TSO/TSV 部分：CVK	评审和分析 使用 SCADE Reporter 生成报告供评审 使用 TSO/TSV 工具进行模型最坏运行时间和堆栈分析 使用二次开发工具进行模型复杂度分析

序号	目标	满足目标活动的参考章节	A	B	C	D	自动化或省略了活动	SCADE 的应用	推荐的 SCADE 活动
									使用 CVK 套件分析模型生成的代码与目标机的兼容性
4	低层需求是可验证的	MB.6.3.2 MB.6.8.1 （项目 1）	○	○			Y	完全：KCG	自动完成或分析 使用 SCADE Suite 模型检查器检查语法语义 如果模型较复杂，有自定义建模规范中关于模型复杂度的规则 需要使用二次开发工具进行模型复杂度分析
5	低层需求遵从软件设计标准	MB.6.3.2	○	○	○		Y	完全：KCG 规则类别 1：无自定义规则 规则类别 2：有自定义规则	自动完成或分析 SCADE 语言是形式化的，有严格的语法语义 使用 SCADE Suite 模型检查器检查语法语义 如果模型有自定义的建模规范 使用二次开发工具 Tcl 脚本等进行自定义建模规范分析
6	低层需求可追踪至高层需求	MB.6.3.2	○	○	○		Y	部分：RM Gateway	分析 使用 SCADE Lifecycle RM Gateway 分析低层需求和高层需求间的追踪结果
7	算法是准确的	MB.6.3.2 MB.6.8.1 （项目 1）	●	●	○		Y	部分：Reporter 部分：QTE	评审和模型仿真 使用 SCADE Reporter 生成报告供评审 使用 SCADE QTE 进行主机上的模型仿真
8	软件架构与高层需求兼容	MB.6.3.3 MB.6.8.1 （项目 1）	●	○	○		N	部分：Reporter	评审 使用 SCADE Reporter 生成报告供评审
9	软件架构是一致的	MB.6.3.3 MB.6.8.1 （项目 1）	●	○	○		Y	部分：KCG	自动完成 SCADE 语言是形式化的，确保设计的模型是准确的、一致的 使用 SCADE Suite 模型检查器检查语法语义
10	软件架构与目标计算机兼容	MB.6.3.3	○	○			Y	部分：Reporter 部分：TSO/TSV 部分：CVK	评审和分析 使用 SCADE Reporter 生成报告供评审 使用 TSO/TSV 工具进行模型最坏运行时间和堆栈分析 使用二次开发工具进行模型复杂度分析 使用 CVK 套件分析模型生成的样例代码与目标机的兼容性

序号	目标	满足目标活动的参考章节	A	B	C	D	自动化或省略了活动	SCADE 的应用	推荐的 SCADE 活动
11	软件架构是可验证的	MB.6.3.3 MB.6.8.1 （项目 1）	○	○			Y	完全：KCG	自动完成或分析 使用 SCADE Suite 模型检查器检查语法语义 如果模型较复杂，有自定义建模规范中关于模型复杂度的规则 使用二次开发工具进行模型复杂度分析
12	软件架构遵从软件设计标准	MB.6.3.3	○	○	○		Y	完全：KCG 规则类别 1：无自定义规则 规则类别 2：有自定义规则	自动完成或分析 SCADE 语言是形式化的，有严格的语法语义 使用 SCADE Suite 模型检查器检查语法语义 如果模型有自定义的建模规范 使用二次开发工具 Tcl 脚本等进行自定义建模规范分析
13	软件分区的完整性得到确认	MB.6.3.3	●	○	○	○	N	超出 SCADE 的范围	不适用
14	仿真用例正确（项目 1）	MB.6.8.1 MB.6.8.3.2	●	○	○		Y	部分：SCADE QTE 主机上运行	评审、模型仿真、分析 模型仿真若用于满足 1,2,4,7,8,9,11 目标，则还需要满足以下 3 个目标： ● 评审仿真用例和仿真规程 ● SCADEQTE 进行主机上的模型仿真 ● 分析模型仿真的结果，解释差异
15	仿真规程正确（项目 1）	MB.6.8.1 MB.6.8.3.2	●	○	○		Y		
16	仿真结果正确，且差异得到解释（项目 1）	MB.6.8.1 MB.6.8.3.2	●	○	○		Y		

项目 1：DO-331 的 6.8.1 节规定，MB.A-4 表目标 1、2、4、7、8、9 或 11 的实现可以使用仿真作为符合性方法。如果使用了仿真作为符合性方法，则还需要满足目标 14、15、16。

附表 MB.A-5　软件编码和集成过程输出的验证（参考 DO-331）

序号	目标	满足目标活动的参考章节	A	B	C	D	自动化或省略了活动	SCADE 的应用	推荐的 SCADE 活动
1	源代码符合低层需求	MB.6.3.4	●	●	○		Y	完全：KCG	省略 可通过 DO-330 的 TQL-1 级工具鉴定的代码生成器确保源代码符合需求。用户需要确认 KCG 代码生成后的 Log 内没有任何错误

序号	目标	满足目标活动的参考章节	A	B	C	D	自动化或省略了活动	SCADE 的应用	推荐的 SCADE 活动
2	源代码符合软件架构	MB.6.3.4	●	○	○		Y	完全：KCG	省略 可通过 DO-330 的 TQL-1 级工具鉴定的代码生成器确保源代码符合软件架构。用户需要确认 KCG 代码生成后的 Log 内没有任何错误 如果架构设计中有嵌入 SCADE 模型的手工编码需要评审模型和手工编码之间的接口 手工编码的源代码按照传统流程验证
3	源代码是可验证的	MB.6.3.4	○	○			Y	完全：KCG	省略 可通过 DO-330 的 TQL-1 级工具鉴定的代码生成器确保源代码是可验证的。用户需要确认 KCG 代码生成后的 Log 内没有任何错误
4	源代码遵从软件编码标准	MB.6.3.4	○	○	○		Y	完全：KCG	省略 可通过 DO-330 的 TQL-1 级工具鉴定的代码生成器确保源代码遵从软件编码标准。用户需要确认 KCG 代码生成后的 Log 内没有任何错误
5	源代码可追踪至低层需求	MB.6.3.4	○	○	○		Y	完全：KCG	省略 可通过 DO-330 的 TQL-1 级工具鉴定的代码生成器确保源代码可追踪至低层需求。用户需要确认 KCG 代码生成后的 Log 内没有任何错误
6	源代码是准确的、一致的	MB.6.3.4	●	○	○		Y	完全：KCG	省略 可通过 DO-330 的 TQL-1 级工具鉴定的代码生成器确保源代码是准确的、一致的。用户需要确认 KCG 代码生成后的 Log 内没有任何错误
7	软件集成过程的输出是完整的、正确的	6.3.5	○	○	○		N		分析编译、链接、加载的数据
8	参数数据项文件是正确的、完整的	6.6	●	●	○	○	N	超出 SCADE 的范围	不适用
9	满足参数数据项文件的验证	6.6	●	●	○		N	超出 SCADE 的范围	不适用

附表 MB.A-6　集成过程输出的测试（参考 DO-331）

序号	目标	满足目标活动的参考章节	A	B	C	D	自动化或省略了活动	SCADE 的应用	推荐的 SCADE 活动
1	可执行目标代码符合高层需求（项目 1）	6.4.2 6.4.2.1 6.4.3 6.5 MB.6.8.2.a （项目 1）	○	○	○	○	Y	部分：KCG 部分：QTE	测试 使用 QTE 在目标机上进行基于高层需求的正常测试 重用 QTE 在主机上模型仿真的仿真用例和仿真规程
2	可执行目标代码对高层需求是健壮的（项目 1）	6.4.2 6.4.2.2 6.4.3 6.5 MB.6.8.2.a （项目 1）	○	○	○	○	Y	部分：KCG 部分：QTE	测试 使用 QTE 在目标机上进行基于高层需求的健壮性测试 重用 QTE 主机上模型仿真的仿真用例和仿真规程
3	可执行目标代码符合低层需求	6.4.2 6.4.2.1 6.4.3 6.5	●	●	○		Y	部分：KCG 部分：QTE 部分：MTC	测试和分析 使用 QTE 在目标机上进行覆盖分析测试 重用 QTE 主机上模型覆盖分析的仿真用例和仿真规程 目标机上的数学运算相关的导入操作符中手工编码的覆盖分析
4	可执行目标代码对低层需求是健壮的	6.4.2 6.4.2.2 6.4.3 6.5	●	●	○		Y	部分：KCG 部分：QTE	测试 对 SCADE 库工程使用 QTE 在目标机上进行健壮性测试 目标机上的数学运算相关的导入操作符中手工编码的健壮性测试
5	可执行目标代码与目标计算机兼容	6.4.1.a 6.4.3.a	○	○	○	○	N		测试 应用程序在目标机上的软硬件集成测试

附表 MB.A-7　验证过程结果的验证（参考 DO-331）

序号	目标	满足目标活动的参考章节	A	B	C	D	自动化或省略了活动	SCADE 的应用	推荐的 SCADE 活动
1	测试规程是正确的	6.4.5	●	○	○		N	部分：QTE 的仿真规程	评审仿真规程
2	测试结果正确且结果差异得到解释	6.4.5	●	○	○		N	部分：QTE	评审和分析 分析 QTE 在目标机上运行的测试结果报告
3	高层需求的测试覆盖率达到要求	6.4.4.1 MB.6.8.2.a	●	○	○	○	Y	部分：RM Gateway	评审和分析 使用 SCADE Lifecycle RM Gateway 分析仿真用例和高层需求之间的追踪结果

序号	目标	满足目标活动的参考章节	A	B	C	D	自动化或省略了活动	SCADE 的应用	推荐的 SCADE 活动
4	低层需求的测试覆盖率达到要求	6.4.4.1 MB.6.7	●	○	○		Y	部分：QTE 部分：MTC	分析 使用 QTE 在主机上进行模型覆盖分析
5	软件结构覆盖率（MC/DC）达到要求（项目1）	6.4.4.2.a 6.4.4.2.b 6.4.4.2.d 6.4.4.3 MB.6.8.3.2b （项目1）	●				Y	部分：QTE 部分：MTC	分析 使用 QTE 在主机上进行模型覆盖分析、代码覆盖分析 使用 MC/DC 覆盖准则
6	软件结构覆盖率（DC）达到要求（项目1）	6.4.4.2.a 6.4.4.2.b 6.4.4.2.d 6.4.4.3 MB.6.8.3.2b （项目1）	●	●			Y	部分：QTE 部分：MTC	分析 使用 QTE 在主机上进行模型覆盖分析、代码覆盖分析 按照 DC 覆盖准则
7	软件结构覆盖率（SC）达到要求（项目1）	6.4.4.2.a 6.4.4.2.b 6.4.4.2.d 6.4.4.3 MB.6.8.3.2b （项目1）	●	●	○		Y	部分：QTE 部分：MTC	分析 使用 QTE 在主机上进行模型覆盖分析、代码覆盖分析 按照 DC 覆盖准则 注意：对 KCG 生成代码，DC 准则包含 SC 准则
8	软件结构覆盖率（数据耦合和控制耦合）达到要求（项目1）	6.4.4.2.c 6.4.4.2.d 6.4.4.3 MB.6.8.3.2b （项目1）	●	●	○		Y	部分：QTE 部分：MTC	分析 使用 QTE 在主机上进行模型覆盖分析、代码覆盖分析 按照数据耦合和控制耦合准则 注意：SCADE Suite KCG 确保数据耦合和控制耦合在代码级正确反映
9	验证无法追踪到源代码的附加代码	6.4.4.2.b	●				N	部分：CVK	分析 使用 CVK 套件分析 KCG 代码子集中的目标码与源代码的追踪关系
10	仿真用例正确（项目2）	MB.6.8.3.2	●	○	○		Y	部分：QTE	评审、模型仿真、分析 模型仿真若用于满足 MB.A-6 表的前两个目标，则还需要满足以下 3 目标： ● 评审仿真用例和仿真规程 ● SCADE QTE 进行主机上的模型仿真 ● 分析模型仿真的结果，解释差异
11	仿真规程正确（项目2）	MB.6.8.3.2	●	○	○		Y	部分：QTE	
12	仿真结果正确，且差异得到解释（项目2）	MB.6.8.3.2	●	○	○		Y	部分：QTE	

项目 1：DO-331 的 6.8.2 节规定，如果使用了仿真作为满足 MB.A-7 表目标 5、6、7 或 8 的符合性方法，则只需要进行 6.8.2b 的活动。

项目 2：DO-331 的 6.8.2 节规定，如果使用了仿真作为满足 MB.A-6 目标 1 或 2 的符合性方法，则需要满足以下 3 个目标：

- 评审仿真用例和仿真规程
- SCADE QTE 进行主机上的模型仿真
- 分析模型仿真的结果，解释差异

另外，按照 DO-331 标准中 FAQ#16 的描述，如果满足以下 3 个条件后，且基于高层需求的测试是在目标机上运行的，则 DO-331 的 6.8.2 节可以不适用：

- 仿真用例是基于高层需求编写的。
- 仿真用例测试验证了可执行目标码是符合高层需求的。
- 仿真用例进行了设计模型的仿真，验证了设计模型是符合高层需求的。

参考文献

[1] Leanna Rierson. 安全关键软件开发与审定——DO-178C 标准实践指南[M]. 崔晓峰译. 北京：电子工业出版社，2015.

[2] 蔡喟，郑征，蔡开元，等. 机载软件适航标准 DO-178B/C 研究[M]. 上海：上海交通大学出版社，2013.

[3] 沈小明，王云明，陆荣国，等. 机载软件研制流程最佳实践[M]. 北京：电子工业出版社，2013.

[4] Halbwachs N. Synchronous Programming of Reactive Systems[M]. Springer US, 1993.

[5] Halbwachs N. A synchronous language at work: the story of Lustre[C].ACM/IEEE International Conference on Formal Methods and MODELS for Co-Design. IEEE Computer Society, 2005:3-11.

[6] 王云明. 同步编程[EB/OL].http://www.yunmingwang.cn, 2009.

[7] Berry G. The Constructive Semantics of Pure Esterel[EB/OL].http://www.inria.fr/meije/Personnel/Gerard.Berry. html.Dec 16, 2002

[8] Halbwachs N, Caspi P, Raymond P, et al. The synchronous data flow programming language LUSTRE[J]. Proceedings of the IEEE, 2002, 79(9):1305-1320.

[9] Benveniste A, Caspi P, Edwards S A, et al. The synchronous languages 12 years later[J]. Proceedings of the IEEE, 2003, 91(1):64-83.

[10] Bergerand J L, Pilaud E. SAGA: A Software Development Environment for Dependability Automatic Controls[J]. Ifac Proceedings Volumes, 1988, 21(18):11-16.

[11] Harel D. Statecharts: a visual formalism for complex systems[J]. Science of Computer Programming, 1987, 8(3):231-274.

[12] And C. Representation and analysis of reactive behaviors: A synchronous approach[J]. Computational Engineering in Systems Applications IEEESMC, 1996, Lille(F):19-29

[13] Pilaud D. Example of technologies push in the embedded market[J], 1999.

[14] Jean-Louis Colaço, Pagano B, Pouzet M. A conservative extension of synchronous data-flow with state machines[C].EMSOFT '05: Proceedings of the, ACM International Conference on Embedded Software. ACM, 2005:173-182.

[15] Maraninchi F, Morel L. Arrays and Contracts for the Specification and Analysis of Regular Systems[C]. International Conference on Application of Concurrency To System Design. IEEE Computer Society, 2004:57.

[16] Jean-Louis Colaco.The brief history of the SCADE Language[EB/OL].Esterel Technologies.Jan 21,2017.

[17] Kornecki A, Zalewski J. Assessment of software development tools for safety-critical real-time systems[J]. IFAC Proceedings Volumes, 2003, 36(1): 1-6.

[18] Amaya Atencia Yepez,Joaquin Autran Cerqueira, Ramon Jurado Sagarminaga,et al. SOMCA-Safety implications in performing Software Model Coverage Analysis[R]. Research Project EASA.Mar,2010

[19] DO-178C.Software Considerations in Airborne Systems and Equipment Certification[S]. Dec 13, 2011.

[20] RTCA (Firm). SC-205, EUROCAE (Agency). Working Group 71. Model-based Development and Verification

Supplement to DO-178C and DO-278A[M]. RTCA, Incorporated, 2011.

[21] RTCA S C. DO-333 formal methods supplement to DO-178C and DO-278A[J]. Tech. Rep., 2011.

[22] Boulanger J L. Formal Methods: Industrial Use from Model to the Code[M].Formal Methods, 2013:55-125.

[23] Whalen M, Cofer D, Miller S, et al. Integration of Formal Analysis into a Model-Based Software Development Process[M].Formal Methods for Industrial Critical Systems. DBLP, 2007:68-84.

[24] Dajanibrown S, Cofer D, Bouali A. Formal Verification of an Avionics Sensor Voter Using SCADE[J]. Lecture Notes in Computer Science, 2004, 3253:5-20.

[25] Sheeran M, Singh S. Checking Safety Properties Using Induction and a SAT-Solver[C].International Conference on Formal Methods in Computer-Aided Design. Springer-Verlag, 2000:108-125.

[26] Certification Autorities Software Team.Guidelines for Approving Source Code to Object Code Traceability [EB/OL].

http://www.mendeley.com/research/certification-authorities-software-team-cast-position-paper.Dec,2002

[27] Holzmann G J. The Power of 10: Rules for Developing Safety-Critical Code[J], 2006, 39(6):95-97.

[28] Delange J, Hudak J J, Nichols W R, et al. Evaluating and Mitigating the Impact of Complexity in Software Models[J]. 2015.

[29] SAVI. System Architecture Virtual Integration[EB/OL].http://savi.avsi.aero/about-savi/, 2018.

[30] Lockheed Martin Corporation. Joint Strike Fighter Air Vehicle C++ Coding Standards for the System Development and Demonstration Program[EB/OL]. http://www.stroustrup.com/JSF-AV-rules.pdf.December 2005.

[31] Esterel Technologies. SCADE Suite Application Software Development Standard. [EB/OL]. http://www. esterel-technologies.com .Jun 30,2014.

[32] Esterel Technologies SAS.Efficient Development of Safe Avionics Display Software with DO-178C Objectives using SCADE[EB/OL]. www.esterel-technologies.com.Feb,2016.